Elemente der Mathematik

Sachsen
8. Schuljahr
Lösungen

Herausgegeben von

Heinz Griesel

Helmut Postel

Friedrich Suhr

Schroedel

ELEMENTE DER MATHEMATIK
Sachsen
8. Schuljahr
Lösungen

Herausgegeben von
Prof. Dr. Heinz Griesel, Prof. Helmut Postel, Friedrich Suhr

Bearbeitet von
Christine Fiedler, Reinhard Kind, Werner Ladenthin, Prof. Dr. Matthias Ludwig,
Prof. Helmut Postel, Heinz Klaus Strick, Friedrich Suhr

Für Sachsen bearbeitet von
Angelika Barth, Arno Bierwirth, Jens Köcher, Tino Müller, Ute Petlinski,
Ines Petzschler, Carola Raack, Peter Weigert, Anita Wolf

Druck A[7] / Jahr 2015
Alle Drucke der Serie A sind im Unterricht parallel verwendbar.

Redaktion: Dr. Rüdiger Scholz / dlw medien GmbH Hannover
Herstellung: Udo Sauter
Umschlaggestaltung: creativ design, Hildesheim
Zeichnungen: Günter Schlierf, Michael Wojczak
Satz: Christina Gundlach
Druck und Bindung: westermann druck GmbH, Braunschweig

ISBN 978-3-507-**87198**-4

Inhaltsverzeichnis

1. Arbeiten mit Termen und Gleichungen

1.1 Terme mit mehreren Variablen 5
1.2 Addieren und Subtrahieren – Multiplizieren und Dividieren von Produkten 10
1.3 Auflösen und Setzen einer Klammer 17
1.4 Lösen von Gleichungen mit Klammern 22
1.5 Lösen von Sachaufgaben mithilfe von Gleichungen 24
1.6 Lösen von Ungleichungen durch Umformen 25
1.7 Multiplizieren von Summen – Binomische Formeln 27
Im Blickpunkt: Pascal'sches Dreieck – Potenzieren von Summen 34
1.8 Bruchterme und Bruchgleichungen 36
1.9 Umstellen von Formeln 42
1.10 Vermischte und komplexe Übungen 44
Bist du fit? .... Siehe Schülerband, Seite 254

2. Zufallsversuche

2.1 Zufallsversuche – Wahrscheinlichkeit 46
Im Blickpunkt: Junge oder Mädchen 50
2.2 Ereignisse und ihre Wahrscheinlichkeiten 51
2.3 Wahrscheinlichkeiten bei mehrstufigen Zufallsversuchen 56
2.4 Ziehvorgänge in der Stochastik – Modellbildung 63
2.5 Simulation von Zufallsversuchen 69
2.6 Vermischte und komplexe Übungen 71
Bist du fit? .... Siehe Schülerband, Seite 255

Wahlthema: Simulation mit Zufallszahlen 74

3. Lineare Funktionen

3.1 Funktionen 76
3.2 Lineare Funktionen 89
3.3 Nullstellen linearer Funktionen 102
3.4 Bestimmen von Gleichungen linearer Funktionen 103
3.5 Vermischte und komplexe Übungen 104
Bist du fit? .... Siehe Schülerband, Seite 257

4. Lineare Gleichungen mit zwei Variablen – Systeme linearer Gleichungen

4.1 Lineare Gleichungen der Form ax + by = c ... 110
4.2 Systeme linearer Gleichungen – Grafisches Lösungsverfahren ... 115
4.3 Rechnerisches Lösungsverfahren ... 118
4.4 Lösen von Sachaufgaben mithilfe von linearen Gleichungssystemen ... 123
Im Blickpunkt: Systeme mit mehr als zwei Variablen ... 127
Bist du fit? ... Siehe Schülerband, Seite 258

Wahlthema: Lineare Optimierung ... 127

5. Ähnlichkeit

5.1 Zentrische Streckung – Eigenschaften ... 131
5.2 Ähnliche Figuren – Eigenschaften ... 136
5.3 Hauptähnlichkeitssatz für Dreiecke – Konstruktionen – Beweise ... 142
Im Blickpunkt: Selbstähnlichkeit ... 148
5.4 Anwenden der Ähnlichkeit zur Längenberechnung in ebenen und räumlichen Figuren ... 149
5.5 Vermischte und komplexe Übungen ... 130
Bist du fit? ... Siehe Schülerband, Seite 260

6. Heuristische Strategien

6.1 Einführung ... 159
6.2 Das Vorwärtsarbeiten ... 159
6.3 Das Rückwärtsarbeiten ... 160
6.4 Aufgaben zum Vorwärts- und Rückwärtsarbeiten ... 160

Wahlthema: Programmierung mathematischer Algorithmen ... 163

1. Arbeiten mit Termen und Gleichungen

1.1 Terme mit mehreren Variablen

1.1.1 Aufstellen von Termen – Berechnen von Termwerten

9 **2. a)**

L1 = x	L2 = y	L3 = 2x – y +3
1	2	3
1	–3	8
2	1	6
2	–2	9
0	0	3
–3	–1	–2
–3	2	–5

b) Z. B.:
$2x - y + 3 = 3$ für $(x, y) \in \{(1, 2); (2, 4); (0, 0); (-2; -4)\}$
$2x - y + 3 = 0$ für $(x, y) \in \{(1, 5); (2, 7); (0, 3); (-2; -1)\}$
$2x - y + 3 = -3$ für $(x, y) \in \{(1, 8); (2, 10); (0, 6); (-2; 2)\}$
$2x - y + 3 = 100$ für $(x, y) \in \{(50, 3); (100, 103); (10, -77); (25; -47)\}$
c) Siehe a)

3. a) $s = 8x + 4y$
b) (1) $s = 72$ (2) $s = 84$ (3) $s = 106{,}4$
c) $8x + 4y = 64$ muss erfüllt sein;
z. B. $x_1 = 4$ $x_2 = 6$
$y_1 = 8$ $y_2 = 4$.

10 **4. a)** $\gamma = 180° - \alpha - \beta$; $\delta = 180° - \alpha$
b) (1) $\gamma = 85°$, $\delta = 137°$; beliebiges Dreieck
(2) $\gamma = 100°$, $\delta = 140°$; gleichschenkliges Dreieck
(3) $\gamma = 60°$, $\delta = 120°$; gleichseitiges Dreieck

5. a) $O = 2ab + 2bc + 2ac$ $s = 2a + 2b + 4c + 20$
b) (1) $O = 122$, $s = 54$ (2) $O = 105{,}3$, $s = 51{,}6$

6. a) $3 \cdot a \cdot b = 3ab$
b) $4 \cdot 5 \cdot x = 4 \cdot 5x$
c) $7 \cdot (a - 8 \cdot 6) = 7\,(a - 8 \cdot 6)$
d) $2 \cdot \frac{1}{2} + \frac{3 \cdot x}{2} = 2 \cdot \frac{1}{2} + \frac{3x}{2}$
e) $3 \cdot 5^2 - 1 \cdot x = 3 \cdot 5^2 - 1x$
f) $(4 + x) \cdot (4 - x) = (4 + x)\,(4 - x)$
g) $5 \cdot x^2 \cdot 3 \cdot y = 5x^2 3y$
h) $-2 \cdot p^3 - 3 \cdot (p - q) = -2p^3 - 3(p - q)$

10

7. Anna hat die Einordnungen für ab nicht als Produkt geschrieben.
Bastian hat die Klammern um –3 und um –4 vergessen.
Christian hat es richtig gemacht.
Paul hat es auch richtig gemacht und hat Minus mal Minus zu Plus umgewandelt,
Laura hat das Minus bei der 3 vergessen,
Tina hat es richtig gemacht und die entstehenden Klammern gleich ausgerechnet.

8.

	x	y	$2x - xy^2$
(1)	0	1	0
(2)	1	0	2
(3)	1	1	1
(4)	–1	1	–1
(5)	1	–1	1
(6)	2	1	2
(7)	1	2	–2
(8)	$\frac{1}{2}$	$-\frac{2}{3}$	$\frac{7}{9}$
(9)	0,7	–1,1	0,553
(10)	$\frac{3}{4}$	–1,4	0,3

9. (1) **a)** 1 **b)** 21 **c)** $-\frac{17}{36}$ **d)** 1,3

(2) **a)** –14 **b)** 21 **c)** $\frac{7}{9}$ **d)** 0,6

(3) **a)** 1 **b)** 46 **c)** $-\frac{29}{36}$ **d)** 0,5

(4) **a)** –8 **b)** 96 **c)** $\frac{5}{72}$ **d)** 0

11

10. **a)** Wenn der Eintrag L1 x ist, lautet der Term $4 \cdot x - 5$.
b) -

11. **a)** Der Wert des Terms wird negativ, wenn für a positive Zahlen eingesetzt werden.
Der Wert des Terms wird positiv, wenn für a negative Zahlen eingesetzt werden.
b) Der Wert des Terms wird größer als 1, wenn a größer ist als b.
Der Wert des Terms wird kleiner als 1, wenn b größer ist als a.

12. **a)** $y \cdot z$ **c)** $x^2 - y^2$ **e)** 2rs
b) $2y + 2z$ **d)** $4x + 2y$ **f)** $3r + 4s$

11

13. a) $P = x \cdot y + z$

b)

Verbrauch (in kWh)	Kosten (in €)		
	Single	Couple	Family
100	38	66	142
200	51	78	152
300	64	90	162
400	77	102	172
500	90	114	182
600	103	126	192
700	116	138	202
800	129	150	212
900	142	162	222
1 000	155	174	232
1 100	168	186	242
1 200	181	198	252
1 300	194	210	262
1 400	207	222	272
1 500	220	234	282
1 600	233	246	292
1 700	246	258	302
1 800	259	270	312
1 900	272	282	322
2 000	285	294	332
2 100	298	306	342
2 200	311	318	352
2 300	324	330	362
2 400	337	342	372
2 500	350	354	382
2 600	363	366	392
2 700	376	378	402
2 800	389	390	412
2 900	402	402	422
3 000	415	414	432
3 100	428	426	442
3 200	441	438	452
3 300	454	450	462
3 400	467	462	472
3 500	480	474	482
3 600	493	486	492
3 700	506	498	502
3 800	519	510	512
3 900	532	522	522
4 000	545	534	532

11 **14. a)**

Temperatur (in °C)	Länge der Brücke (in m)
–20	29,28
–15	29,46
–10	29,64
–5	29,82
0	30
5	30,18
10	30,36
15	30,54
20	30,72
25	30,9
30	31,08

b) Die Dehnungsfuge muss 31,26 m – 29,10 m = 2,16 m breit sein.

1.1.2 Struktur eines Terms

13 **2. a)** 153 (x + y)   153 (79 + 121) = 30 600

b) Dividiere die Differenz der Multiplikation von 3 mit x und y durch 10.

(1) –0,3

(2) –1

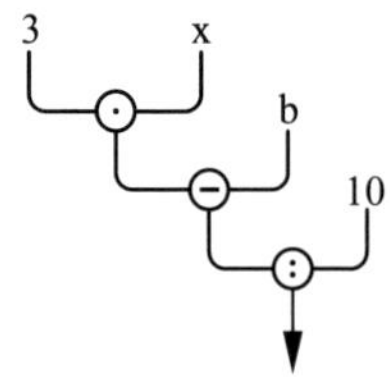

3. a) zuletzt ausgeführt: Addieren

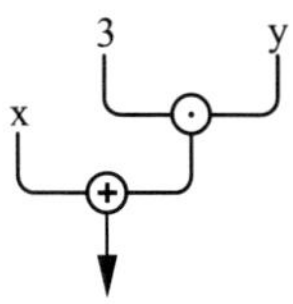

b) zuletzt ausgeführt: Multiplizieren

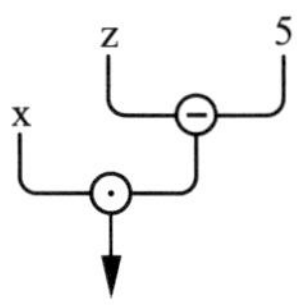

c) zuletzt ausgeführt: Potenzieren

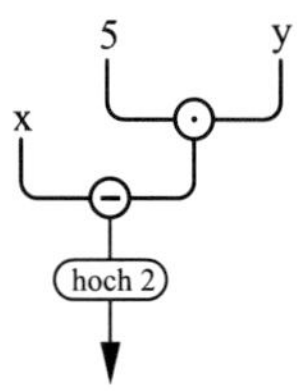

d) zuletzt ausgeführt: Subtrahieren

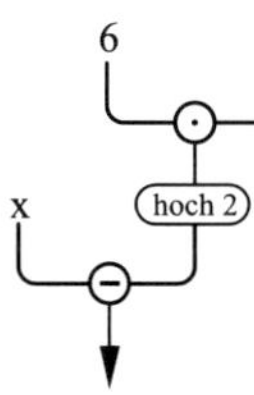

13

3. e) zuletzt ausgeführt: Subtrahieren

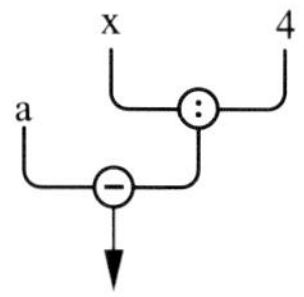

f) zuletzt ausgeführt: Dividieren

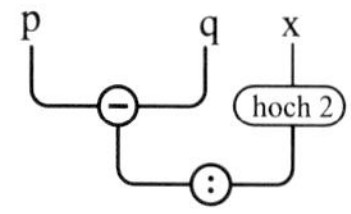

g) zuletzt ausgeführt: Subtrahieren

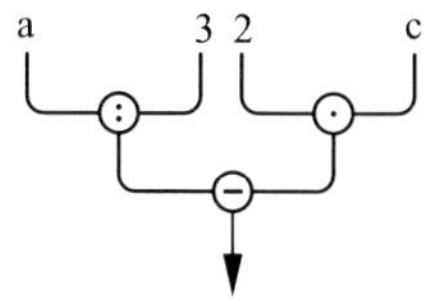

h) zuletzt ausgeführt: Dividieren

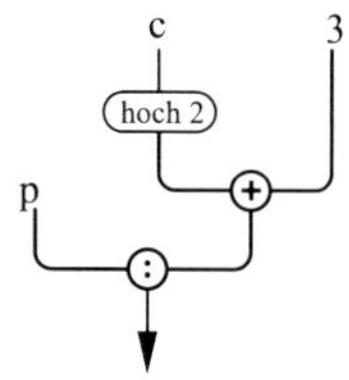

i) zuletzt ausgeführt: Subtrahieren

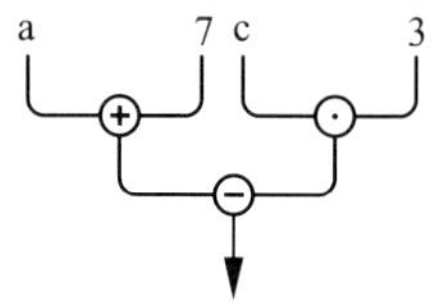

j) zuletzt ausgeführt: Multiplizieren

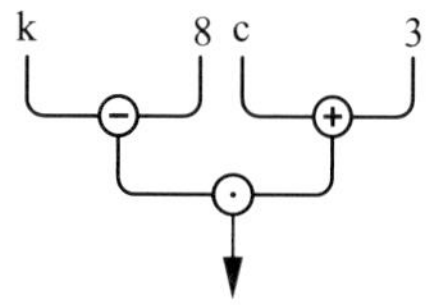

4. a) Dividiere das Produkt von –4 und a durch x;
einschränkende Bedingung: $x \neq 0$.

b) Dividiere die Differenz von a und 7 durch das Produkt von 6 und x subtrahiert mit 2;
einschränkende Bedingung: $x \neq \frac{1}{3}$.

c) Dividiere die Summe von a und b durch die Summe von x und 2;
einschränkende Bedingung: $x \neq -2$.

d) Dividiere das Produkt von 4 und x, von dem 1 subtrahiert wird, durch die Summe von x mit der Potenz 2 und 2.
einschränkende Bedingung: keine.

e) Dividiere a durch die Differenz von x mit der Potenz 2 und 4;
einschränkende Bedingung: $x \neq \pm 2$.

f) Dividiere das Produkt von 3 und x durch das Produkt von x und die Differenz von x und 2;
einschränkende Bedingung: $x \neq 2$ und $x \neq 0$.

5. a) (1) Summe (2) Differenz (3) Summe (4) Potenz

b) (1) Differenz (2) Produkt (3) Differenz (4) Potenz

13 **5.** **c)** (1) Differenz (2) Summe (3) Produkt (4) Differenz
d) (1) Differenz (2) Potenz (3) Summe (4) Summe
e) (1) Differenz (2) Quotient (3) Differenz (4) Differenz
$a-\frac{b}{4}-c$ $\frac{a-b}{4-c}$, $c \neq 4$ $\frac{a-b}{4}-c$ $a-\frac{b}{4-c}$, $c \neq 4$

6. **a)** $25 + y + x$ ist eine Summe.
b) $(x+y)^2$ ist eine Potenz.
c) $x : y^3$ ist ein Quotient.
d) $(x + y) \cdot (x - y)$ ist ein Produkt.
e) $(a \cdot b) - (a : b)$ ist eine Differenz.
f) $(a+b)^3$ ist eine Potenz.
g) $x^4 : (x+y)$ ist ein Quotient.

7. **a)** Addiere zu x das Produkt aus 2 und 8.
b) Multipliziere die Summe aus x und 2 mit 8.
c) Subtrahiere 14 vom Produkt aus x und y.
d) Dividiere die Differenz aus 1 und x durch y.
e) Multipliziere das Quadrat der Differenz aus x und 7 mit z.

8. Z. B. (1) Summe $-3r + 4s \cdot t^2 = 54{,}5$
(2) Produkt $-3r : 4s \cdot t^2 = 56{,}25$
(3) Differenz $-3r + 4s - t^2 = -18{,}5$
(4) Quotient $-3r \cdot 4s : t^2 = 0{,}36$

9. (1) $(2-x\cdot 4)+(y:3)^2 = -2$
(2) $(2-x)\cdot(4+y:3)^2 = 0$
(3) $2-(x\cdot 4+y:3)^2 = -98$
(4) $(2-x\cdot 4+y):3^2 = 0$
(5) $(2-x\cdot 4+y:3)^2 = 16$

1.2 Addieren und Subtrahieren – Multiplizieren und Dividieren von Produkten

1.2.1 Zusammenfassen gleichartiger Glieder

16 **2.** **a)** -
b) (1) $72ab + 8b + 19ab = 72ab + 19ab + 8b = 91\,ab + 8b$
(2) $-34xz^2 + 16x^2z + 62xz^2 = -34xz^2 + 62xz^2 + 16x^2z = 28xz^2 + 16x^2z$
(3) $-32uv + 64vw - 9uv - 3vw = -32uv - 9uv + 64vw - 3\,vw$
$= -41uv + 61vw$

3. **a)** -
b) Malpunkte zwischen Variablen und Zahlen dürfen weggelassen werden.

17

4. $a \cdot ba = a^2b$ (Kommutativgesetz der Multiplikation)
$4a^2b + a^2b = 5a^2b$ (Zusammenfassen gleichartiger Glieder)

5. **a)** -
b) Z. B. für x = 1: $2 - 3 - 1 = -2$ und $2 - (3 - 1) = 0$

6. (1) 42 | (2) −3 | (3) −5
42 | −3 | −5
42 | −3 | −5

Die Terme könnten wertgleich sein. Durch Vereinfachen erhält man bei allen Termen den Term $4 - 6y$. Die Terme sind also wertgleich.

7. **a)** Z. B. $a = 1, x = -3$ **b)** Z. B. $u = 2, v = 3$ **c)** Z. B. $x = 1$

8. Z. B. $x = 0, y = 0$; $x = -1, y = 14$; $x = 0{,}5, y = -8$

9. Gegenbeispiel: $x = 1, y = 2$

10. **a)** $a + b + a + b = a + a + b + b = 2a + 2b$ bzw. $(a + b) + (a + b) = 2(a + b)$
b) (1) $u = 24$ (2) $u = 9$ (3) $u = 2\frac{1}{3}$
c) Z. B. für (1) $a = 3; b = 9$ (2) $a = 1{,}5; b = 3$ (3) $a = \frac{1}{3}; b = 2$
Es gibt unendlich viele Möglichkeiten.

18

11. (1) $4a - b$ (3) $3a - (b - a) = 4a - b$
(2) $4a - 4b$ (4) $(a - b) \cdot 4 = 4a - 4b$
Die Terme in (1) und (3) sind wertgleich zueinander, ebenso die Terme (2) und (4). Die Terme (1) und (2), (1) und (4), (2) und (3), sowie (3) und (4) sind nicht wertgleich zueinander.

12. **a)** *Beispiele:* $a^2 - b^2$ oder $a(a - b) + (a - b)b$
b) (1) 375 (2) 580

13. **a)** $4x$ **c)** $3a + b + c$ **e)** $a^2 + 2a + 2ab$
b) $2k + 5t$ **d)** $3ab$ **f)** $2x^2y + xy + xy^2$

14. **a)** $x + x + x + x + x + x + x$
b) $a + a + b + b + b$
c) $x + x + x + 4$
d) $m \cdot m + k \cdot k + k \cdot k + k \cdot k$
e) $xy + xy + y \cdot y + y \cdot y + y \cdot y + x \cdot x + x \cdot x + x \cdot x + x \cdot x$
$+ x \cdot z \cdot z + x \cdot z \cdot z$

18

15. *Beispiele:*

a) $x + 15x$; $8x + 8x$; $4x + 12x$

b) $h + 8h$; $2h + 7h$; $4h + 5h$

c) $12ab + 12ba$; $ab + 23ab$; $5ab + 19ab$

d) $s^2 + 5s^2$; $3s^2 + 3s^2$; $2s^2 + 4s^2$

e) $z^2y + 19yz^2$; $10z^2y + 10yz^2$; $5z^2y + 15z^2y$

f) $b^2x^3 + 11b^2x^3$; $6b^2x^3 + 6b^2x^3$; $5b^2x^3 + 7x^3b^2$

16. (1) - (2) 11d (3) - (4) - (5) 0

17. $-\frac{3}{10}x$ wird als $\frac{-3x}{10}$ dargestellt.

18. **a)** $12x + 4y + 8x =$

} Kommutativgesetz der Addition

$12x + 8x + 4y =$

} Zusammenfassen gleichartiger Terme

$20x + 4y$

b) $8ab + 5b - 2ba - 6b =$

} Kommutativgesetz der Addition

$8ab - 2ba + 5b - 6b =$

} Kommutativgesetz der Multiplikation

$8ab - 2ab + 5b - 6b =$

} Zusammenfassen gleichartiger Terme

$6ab + 5b - 6b =$

} Zusammenfassen

$6ab - b$

c) $2r^2s^2 + 6s^2 - 7r^2s^2 + 5r^2 - 3s^2 =$

} Kommutativgesetz der Addition

$2r^2s^2 - 7r^2s^2 + 6s^2 - 3s^2 + 5r^2 =$

} Zusammenfassen gleichartiger Terme

$-5r^2s^2 + 3s^2 + 5r^2$

19. **a)** $18x$; $-6a + 5$; $-3a$; $8w^2 - 2w$

b) $15ab$; $-8uv - u$; $8kt$; $-7 - 7cd$

c) $3{,}6abc + 2{,}9ab - 4{,}1ac$; $-1{,}1abc$; $5a^2b$; $3{,}5u^2 + 2{,}5uv^2 - 4{,}5u^2v^2$

d) $\frac{1}{8}r^2$; $-\frac{5}{12u}$; $\frac{23}{20}ba$

19 **20.** Michael hat bei allen Aufgaben nicht beachtet, dass die Glieder nicht gleichartig sind.

21. **a)** $-2xy - 4x^2 + 7x^2y - y^2$

b) $-12a^2b - 4ab - 8a + 10a^2$

c) $0{,}2uv^2 + 0{,}3u^2v - 0{,}9uv$

d) $-\frac{5}{12}cd - \frac{4}{3}cd^2 - \frac{1}{12}c^2d + \frac{5}{6}c^2d^2$

22. **a)** 1. Zeile: $(x + z) + (x + y - z) + (x - y) = 3x$
2. Zeile: $(x - y - z) + x + (x + y + z) = 3x$
3. Zeile: $(x + y) + (x - y + z) + (x - z) = 3x$
1. Spalte: $(x + z) + (x - y - z) + (x + y) = 3x$
2. Spalte: $(x + y - z) + x + (x - y + z) = 3x$
3. Spalte: $(x - y) + (x + y + z) + (x - z) = 3x$
Hauptdiagonale: $(x + z) + x + (x - z) = 3x$
Nebendiagonale: $(x - y) + x + (x + y) = 3x$

b)

u	v + w	x − w	y
x − z	y	u	v + z
z + y	x	v	u − z
v	u − w	y + w	x

c) Zum Beispiel kann nicht u = 16 und u = 11 gelten. Es gibt also keine Einsetzung für die Variablen, mit denen man das magische Quadrat erhält.

23. **a)** 2,24 **b)** 0,165

24. **a)** $d = 6 \cdot (2x + 2y)$ d = 60 [d = 36] Maße in cm
b) $d = 20\,(2x + 2y)$ d = 680 [d = 1 320] Maße in mm
c) $d = n\,(2x + 2y)$

1.2.2 Multiplizieren und Dividieren von Produkten und Potenzen

21 **2.** **a)** $25b^2$ **c)** $0{,}09x^2y^2$ **e)** $6s^2t^2$

b) p^2q^2 **d)** $16v^2w^2$

3. **a)** -
b) Klammern haben keine Auswirkungen;
Multiplikationszeichen zwischen Zahlen und Variablen (Buchstaben) können weggelassen werden.

21 **4. a)** (1) $12a$ (Assoziativgesetz)
(2) $6xy$ (Kommutativ- und Assoziativgesetz)
(3) a^3 (Multiplizieren oder Potenzieren)
(4) $3ab^2$ (Dividieren als Umkehrung des Multiplizierens von Potenzen)

b) (1) $u = 4 \cdot 3a$ (2) $A = 2x \cdot 3y$

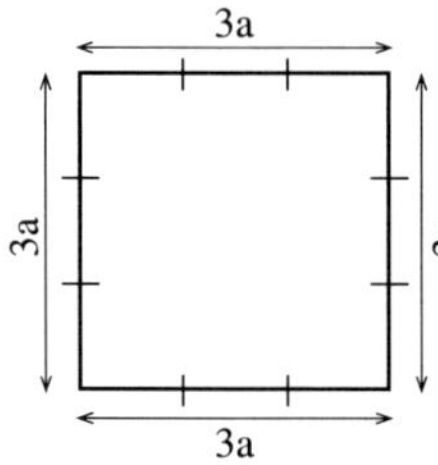

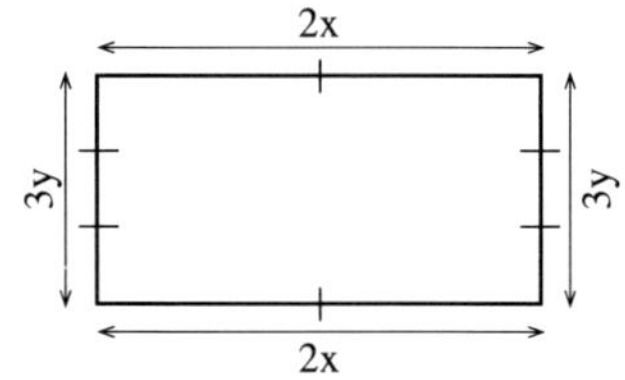

(3) $V = a^2 \cdot a$ (4) $V = 12ab^2 : 4$

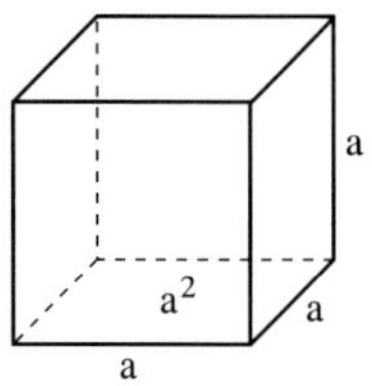

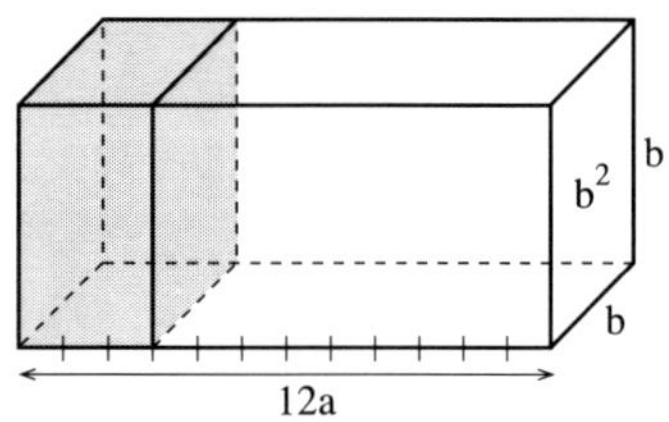

5. a) $8 \cdot (3x) = (8 \cdot 3) \cdot x = 24x$ Assoziativgesetz der Multiplikation
b) $5a \cdot 7b = 5 \cdot 7 \cdot ab = 35ab$ Kommutativgesetz der Multiplikation
c) $\frac{1}{3}(-9u) = \left(-\frac{1}{3} \cdot 9\right)u = -3u$ Assoziativgesetz der Multiplikation
d) $(-0{,}2x) \cdot (-5y) = (-0{,}2)\,(-5)\,xy = xy$
Assoziativ- und Kommutativgesetz der Multiplikation
e) $8xy : 2 = 8 : 2 \cdot xy = 4xy$ Kommutativgesetz der Multiplikation
f) $\left(-64r^2t : (-16)\right) = (-64) : (-16) \cdot r^2t = 4r^2t$
Kommutativgesetz der Multiplikation

6.

a) $60a$	**c)** 12	**e)** $-60x$	**g)** $-0{,}4u$
$60a$	$\frac{5}{9}r$	$-3{,}6y$	$23x$
$-60a$	$-1{,}5y$	$\frac{7}{2}t^2$	$4yz$
b) $2x$	**d)** $22y$	**f)** $-45y$	**h)** $\frac{5}{2}a$
$-2x$	$-4t$	$-132r$	$-\frac{3}{5}s$
$2x$	$\frac{6}{7}k^2$	$80s^2$	$0{,}75xy^2$

7. a) 9 **b)** 12 **c)** 12 **d)** $2y$ **e)** $\frac{1}{2}z$ **f)** $4b$

21

8. **a)** Potenz anstatt Produkt; richtig: $y + y + y = 3y$

b) Exponent dividiert; richtig: $x^6 : 3 = x^6 : 3$

c) Beide Faktoren multipliziert; richtig: $7 \cdot (ab) = 7ab$

d) Beide Faktoren dividiert; richtig: $(18a \cdot 21b) : 3 = 126ab$

22

9. (1) $\frac{5}{2}a^2x$; $-\frac{3}{2}a^2x$; k^2a; $-2ay$; $-\frac{axy}{10}$

(2) $10x^2a$; $6x^2a$; $-4k^2x$; $8xy$; $\frac{2x^2y}{5}$

(3) $50a^3x$; $-30a^3x$; $20a^2k^2$; $-40a^2y$; $-2a^2xy$

10.

a)	b)	c)	d)
$12xy$	$\frac{1}{5}y^2$	$-3z^2b$	$-\frac{2}{7}a^2b$
$8k^2$	$-64y^2x$	$-3m^2a$	$\frac{1}{5}t^3$
$4a$	$-\frac{2}{5}w$	$13t^2as$	$-77a^3b^2cd$
$6a$	$4ab$	$3x^2y^2$	$\frac{2}{15}y^2x$

11. **a)** $27x + 15y$ **b)** $28a - 21b$ **c)** $-18u + 18v$ **d)** $10x + 2y$ **e)** $-2p - 3q$ **f)** $-8a$

12.

a)	b)	c)	d)
$100a^3b$	$3x^2y^3$	$48a^2x^3$	$90xy$
$-180x^3y$	$-3xz^4$	$-180rs$	$-154r^2t^2$
$\frac{2}{3}u^2t$	$\frac{4}{3}a^2b^2$	$-60km$	$\frac{36}{35}abc$
$-58rt^5$	$-\frac{3}{5}u^2v$	$-120txy$	$-0{,}48uv$

13. **a) b)** (1) $V = 4b \cdot t \cdot h + b \cdot h \cdot h = 4bht + bh^2$

$O = 2\,(4b \cdot h) + 2 \cdot b \cdot h + 4b \cdot t + t \cdot h + 3b \cdot t + t \cdot h + bt + 2h \cdot t$
$= 10bh + 8bt + 4ht$

(2) $V = 3h \cdot b \cdot t + 3b \cdot t \cdot h = 6bht$

$O = 2\,(3b \cdot h + 3h \cdot b) + bt + t \cdot 3h + bt + th + 3bt + th + tb + 3ht$
$= 12bh + 6bt + 8ht$

(3) $V = 3b \cdot t \cdot h + 2\,(bht) = 5bht$

$O = 2\,(3b \cdot h + 2b \cdot h) + 3bt + 2ht + bt + ht + bt + ht + bt + 2ht$
$= 10bh + 6bt + 6ht$

c) d)

(1)	S:	V = 9 180 cm³	O = 3 204 cm²	m = 20,196 kg
	M:	V = 21 760 cm³	O = 5 696 cm²	m = 47,872 kg
	L:	V = 42 500 cm³	O = 8 900 cm²	m = 93,500 kg
(2)	S:	V = 9 720 cm³	O = 3 888 cm²	m = 21,384 kg
	M:	V = 23 040 cm³	O = 6 912 cm²	m = 50,688 kg
	L:	V = 45 000 cm³	O = 10 800 cm²	m = 99,000 kg
(3)	S:	V = 8 100 cm³	O = 3 258 cm²	m = 17,820 kg
	M:	V = 19 200 cm³	O = 5 792 cm²	m = 42,240 kg
	L:	V = 37 500 cm³	O = 9 050 cm²	m = 82,500 kg

22

14. -

15. **a)** $A = a^2 + 4 \cdot 0{,}9a \cdot a = 4{,}6a^2$

b) $O = 6a^2$ $\quad 4{,}6a^2$ sind $76\frac{2}{3}\,\%$ von $6a^2$.

23

16. **a)** $16xy - 15x + 8z$

b) $-7a^2 - 12a$

c) $56uvw + 6v$

d) $-36xyz + 5xz$

e) $-a^2b^2 - 13ab^2$

17. $(3x)^2 = 9x^2 = (-3x)^2$

$-(3x)^2 = -9x^2$

18. **a)** 25aa
4uuvv
36xxyyzz

b) 9yy
16aabb
4kllmmmm

c) 3aabb
4xyyzz
–42xxaabb

19. **a)** $0{,}81x^2y^2$

b) $0{,}25r^2s^2$

c) a^4b^2

d) $-\frac{1}{2}h^2l^2m^2$

e) $-3a \cdot u^2v^2$

20. **a)** $9x^2$ **b)** $(5z)^2$ **c)** $\left(6a^2\right)^2$ **d)** $\left(\frac{1}{2}u\right)^2$ **e)** $\left(\frac{1}{9}z^3\right)^2$ **f)** $(2xy)^2$ **g)** $\left(10ab^2\right)^2$ **h)** $\left(8uv^2w\right)^2$ **i)** $\left(\frac{1}{3}pa^2\right)^2$ **j)** $\left(\frac{4}{9}cd^2e^3\right)^2$

21. **a)** $12x^3y$
$6a^3b^2$
$-15c^4d$

b) $-48p^3q^3$
$-4v^3w^4$
$3p^6q^4$

c) $16a^5b^4$
$-3y^4z^5$
$0{,}032x^4y^3$

d) $0{,}9m^3n^5$
$\frac{4}{9}a^4b^5$
$-\frac{3}{4}u^3v^3$

22. **a)** $11u^2v^2$

b) $36x^2y^2$

c) $-4u^2v^2$

d) $-38a^2b^2$

e) $8r^5s^2 - 48r^3s^2$

f) $11p^2q^4$

g) $36u^2v^4 + 24u^2v^2$

h) 0

i) $4s^3t^2 + 18s^5t^4$

23. **a)** (1) $V_a = a^3$

$V_{2a} = (2a)^3 = 8a^3$

(2) $O_a = 6a^2$

$O_{2a} = 6 \cdot (2a)^2 = 24a^2$

b) (1) $V_{3a} = (3a)^3 = 27a^3$

$O_{3a} = 6 \cdot (3a)^2 = 54a^2$

(2) $V_{\frac{11}{10}a} = \left(\frac{11}{10}a\right)^3 = \frac{1\,331}{1\,000}a^3$

$O_{\frac{11}{10}a} = 6 \cdot \left(\frac{11}{10}a\right)^2 = \frac{726}{100}a^2 = \frac{363}{50}a^2$

1.3 Auflösen und Setzen einer Klammer

1.3.1 Multiplizieren von Summen und Differenzen

25

2. **a)** Die Division wird auf die Multiplikation mit dem Kehrwert zurückgeführt.

b) (1) $(4a+6b):\frac{2}{3}$
$=(4a+6b)\cdot\frac{3}{2}$
$=4a\cdot\frac{3}{2}+6b\cdot\frac{3}{2}$
$=6a+9b$

(2) $(8p-12q):4$
$=(8p-12q)\cdot\frac{1}{4}$
$=8p\cdot\frac{1}{4}-12q\cdot\frac{1}{4}$
$=2p-3q$

(3) $(6x-9y):(-3)$
$=(6x-9y)\cdot\left(-\frac{1}{3}\right)$
$=6x\cdot\left(-\frac{1}{3}\right)-9y\cdot\left(-\frac{1}{3}\right)$
$=-2x+3y$

(4) $(12r-9s):\left(-\frac{3}{4}\right)$
$=(12r-9s)\cdot\left(-\frac{4}{3}\right)$
$=12r\cdot\left(-\frac{4}{3}\right)-9s\cdot\left(-\frac{4}{3}\right)$
$=-16r+12s$

c) Man dividiert jedes Glied der algebraischen Summe in der Klammer durch den Divisor. Die Zeichen + und – werden nach den Vorzeichenregeln gesetzt.

d) $(a+b):c=(a+b)\cdot\frac{1}{c}=a\cdot\frac{1}{c}+b\cdot\frac{1}{c}$

3. **a)** -

b) Steht die Klammer in einer Summe oder Differenz, löst das CAS sie auf. Bei Produkten und Quotienten wird sie nicht aufgelöst.

4. **a)** $A = a \cdot c + a \cdot b$ $\quad A = a \cdot (b + c)$

b) $A = 704\ m^2$

c) Diesem Beispiel kann man das Distributivgesetz entnehmen.

26

5.

a) $5x + 5y$	**c)** $xa + xb$	**e)** $9x - 9y$	**g)** $4-4u^2$
$2,1 + 0,7x$	$xz + yz$	$7x - 7y$	$r^2 - r$
$-8y - 56$	$rt + st$	$-5x + 5y$	$-s + st$
b) $7x + 7y$	**d)** $x + xy$	**f)** $x - xy$	**h)** $-4a - 4b$
$9,5x + 38$	$-kr - k$	$xy - y$	$6 - 2x$
$-3 - 3x$	$a + ab$	$-3a + 3b$	$u + u^2$

6.

a) $56x + 35$	**b)** $30x - 20y$	**c)** $7ax + 5ay$	**d)** $0,5cx + 3,7cy$
$18 + 30r$	$-63a + 36b$	$3rt - 14st$	$12a - 38b$
$36t + 4$	$24r - 72s$	$9uw + 12vw$	$-4u - 14v$
$80b + 60$	$-60d + 135c$	$-8ac - 7bc$	$2p + 5,6q$

26

7. $2x \cdot (x + y) = 2x^2 + 2xy$

$2x \cdot (z - 1) = 2xz - 2x$

$2x \cdot (2u - v) = 4xu - 2xv$

$u \cdot (x + y) = ux + uy$

$u \cdot (z - 1) = uz - u$

$u \cdot (2u - v) = 2u^2 - uv$

$(-3v) \cdot (x + y) = -3vx - 3vy$

$(-3v) \cdot (z - 1) = -3vz + 3v$

$(-3v) \cdot (2u - v) = -6uv + 3v^2$

$(-3) \cdot (x + y) = -3x - 3y$

$(-3) \cdot (z - 1) = -3z + 3$

$(-3) \cdot (2u - v) = -6u + 3v$

8. **a)** $6ax - 8bx$

$35ab + 5ac$

$9rx + 99ry$

$24xz - 28yz$

b) $45ax - 105a$

$12ax - 60bx$

$9t - 36rt$

$54tz - 42qz$

c) $-56cz + 32yz$

$-15st - 100su$

$180qk - 15k$

$-15r - 5st$

d) $-12ax + 3ay$

$-10ar + 20rt$

$63uv + 21uw$

$-2xy + 100xz$

9. **a)** $48x - 80y$

$55a + 172{,}5b$

$-8v + 26t$

$-40u - 18v$

b) $90ax - 162ay$

$-24x^2 - 51xy$

$\frac{2}{3}k - \frac{4}{5}km$

$16{,}8ac - 6{,}3bc$

c) $0{,}15ab + 0{,}36ac$

$\frac{x^2}{6} + \frac{xy}{4}$

$\frac{1}{2}ut + \frac{1}{5}vt$

$-0{,}4rs + \frac{1}{2}s^2$

d) $-90r^2 + 60rs$

$-35uv + 16v^2$

$0{,}3kt + 0{,}5t^2$

$-u^2 + 4u$

10. **a)** Jedes Glied der Summe wird durch 2 dividiert.

b) (1) $(6a - 3b) : 3$
$= 6a : 3 - 3b : 3$
$= 2a - b$

(2) $(8a + 12b) : 4$
$= 8a : 4 + 12b : 4$
$= 2a + 3b$

(3) $\left(\frac{1}{2}x + \frac{3}{2}y\right) : \frac{1}{2}$
$= \frac{1}{2}x : \frac{1}{2} + \frac{3}{2}y : \frac{1}{2}$
$= x + 3y$

(4) $\left(\frac{2}{3}u - 3v\right) : \frac{2}{3}$
$= \frac{2}{3}u : \frac{2}{3} - 3v : \frac{2}{3}$
$= u - \frac{9}{2}v$

(5) $\left(14c - 8d^2\right) : (-4)$
$= 14c : (-4) - 8d^2 : (-4)$
$= -\frac{7}{2}c + 2d^2$

(6) $\left(8u^2 - \frac{1}{2}\right) : \left(-\frac{3}{4}\right)$
$= 8u^2 : \left(-\frac{3}{4}\right) - \frac{1}{2} : \left(-\frac{3}{4}\right)$
$= -\frac{32}{3}u^2 + \frac{2}{3}$

26

10. b) (7) $(3p + 4{,}5q) : 1{,}5$
$= 3p : 1{,}5 + 4{,}5q : 1{,}5$
$= 2p + 3q$

(8) $\left(2{,}5r - 3s^2\right) : 0{,}5$
$= 2{,}5r : 0{,}5 - 3s^2 : 0{,}5$
$= 5r - 6s^2$

(9) $\left(4g - 5{,}5h^2\right) : (-0{,}25)$
$= 4g : (-0{,}25) - 5{,}5h^2 : (-0{,}25)$
$= -16g + 22h^2$

(10) $\left(\frac{2}{3}cd - \frac{3}{4}c^2 + \frac{1}{2}d^2\right) : \left(-\frac{3}{4}\right)$
$= \frac{2}{3}cd : \left(-\frac{3}{4}\right) - \frac{3}{4}c^2 : \left(-\frac{3}{4}\right) + \frac{1}{2}d^2 : \left(-\frac{3}{4}\right)$
$= -\frac{8}{9}cd + c^2 - \frac{2}{3}d^2$

11. (1) Richtig
(2) Falsch $\quad -8(2{,}5p - 4) = -20p + 32$
(3) Falsch $\quad \left(\frac{1}{4}x + \frac{2}{5}y\right) : \frac{1}{2} = \frac{1}{8}x + \frac{1}{5}y$
(4) Falsch $\quad \frac{a}{2}\left(\frac{b}{3} + \frac{a}{4}\right) = \frac{ab}{b} + \frac{a^2}{8}$
(5) Falsch $\quad \left(4q^2 - \frac{2}{z}\right) : -\frac{3}{2} = -\frac{8}{3}q^2 + \frac{4}{21}$
(6) Falsch $\quad (4ab - 2b) \cdot \frac{1}{4}a = a^2b - \frac{1}{2}ab$

27

12. a) $8a + 8b + 8c$
$5f + 10g - 5$
$36x - 60y - 6z$

b) $7ax + 14bx + 21cx$
$-2av - 2aw + 10ax$
$20ay - 15y^2 + 55y$

c) $12a^2b + 15a^2b^2 - 6abc$
$-28uv^3 + 12u^3v^2 + 20u^2v^3$
$-\frac{5}{27}pq + \frac{6}{45}p^2 - \frac{1}{18}pq$

13. a) $\boxed{2} \cdot (3x - 7y) = 6x - \boxed{14y}$

b) $\left(\boxed{4a} + \boxed{3c}\right) = 4ab + 3bc$

c) $\boxed{\frac{1}{2}a}\left(8ab + \boxed{6}\right) = 4a^2b + 3a$

d) $3kd\left(-4k - \boxed{(-5)}\right) = \boxed{-12k^2d} + 15kd$

e) $0{,}5x\left(\boxed{12ax} - z\right) = 6ax^2 - \boxed{0{,}5xz}$

f) $\boxed{-2c}\left(\boxed{3a} - 4bc\right) = -6ac + 8bc^2$

27 **14.** Zu $2x(3y+4x)$: das CAS hat die Variablen lediglich sortiert.

Zu $\frac{2x-6y}{2}$: das CAS hat in beiden Summanden eine 2 gekürzt.

Zu $\frac{2x-5y}{2}$: das CAS hat keine Umformung vorgenommen.

15. **a)** $5a - 3b + 7a - 7b = 12a - 10b$

$xy - 9x + 3x - xy = -6x$

$7x + 7y + 3x - 3y = 10x + 4y$

b) $12x - 20y - 7x + 11y = 5x - 9y$

$b + 40a + 80b - 40a = 81b$

$r - 3s + 42r + 56s = 43r + 53s$

c) $3r - 4s + 5s - 4r = -r + s$

$7a + \frac{3}{5}b + 11 - \frac{1}{2}b = 7a + \frac{1}{10}b + 11$

$-2x + 2x^2 + x^2 + 4x = 2x + 3x^2$

16. $x \cdot (x-2) + 4x - x^2 = 2x$

Herr Hultsch muss das Ergebnis nur halbieren, dann hat er die gesuchte Zahl x.

17. **a)** $41ay - 21az - 2bx + 18by + 2cx$

b) $-9{,}6r + 13{,}1s - 10{,}2t$

c) 0

18. **a)** $4 \cdot a \cdot h + 4 \cdot a \cdot \frac{2}{3}a + 2 \cdot a^2 + 2 \cdot a + h = 4ah + \frac{14}{3}a^2 + 2a + h$

b) (1) 442,5 (2) 214,17

1.3.2 Minuszeichen vor einer Klammer – Subtrahieren einer Klammer

28 **2.** **a)** Mithilfe des „expand"-Befehls löst das CAS Minusklammern stets auf.

b) a) $-x + 4$ c) $3a - 5b$ e) $-2k + 5r$

b) $-3x - 8y$ d) $-2a + b$ f) $-8v^2 - v$

29 **3.** **a)** 100 € – (h € + p €) = 100 € – h € – p €

b) 100 € – (102 € – x €) = –2 € + x €

4. **a)** $-a - b$

$-x + y$

$3 - r$

b) $-a + b$

$-4x - y$

$u + 7v$

c) $-3 - x + 2 = -1 - x$

$-x - 5y + 3y = -x - 2y$

$-a^2 + b^2 - b^2 = -a^2$

d) $-3x + y + 2x - 2y = -x - y$

$2a - 1{,}8b + 2a + ab = 4a - 1{,}8b + ab$

$-r - 0{,}9x + r - rx = -0{,}9x - rx$

5. **a)** $x - y - z$

$x - y + z$

$a - 5 - b$

b) $2x + y$

$9a - 2b$

$6r + s$

c) $2a + 3b$

$9x + 7z$

$-2u + 4v$

d) $6 + a - b$

$-2x - y + 2z$

$5r + s - 5$

29 **6.** $x - y - 2z$; $x - (y + 2z)$

7. $h - (r + t)$; $h + t - r$

8. **a)** $-5{,}8a - b$
$-2{,}6x - 1{,}9y$
$s + 2{,}5r$

b) $-23x - 15y$
$2{,}5s$
$18x^2 + 2x + 27y$

c) $3a - 25b$
$\frac{3}{32}y$
$\frac{2}{3}t^2$

9. 1) $\left(x^2 + y\right) - \left(x^2 - y\right)$
$= x^2 + y - x^2 + y$
$= 2y$

2) $u^2 - 2(v + u)^2$
$= u^2 - 2\left(v^2 + 2uv + u^2\right)$
$= u^2 - 2v^2 - 4uv - 2u^2$
$= -u^2 - 4uv - 2v^2$

10. **a)** $-2b$
$2x^2 + 2y^2$
0

b) $-mn + 1 + n$
$6a^2 - 11ab - 4b^2$
$-3xy - x^2y$

c) $-17 + 7a$
$x^2y - y^3 - 3x$
$-pq - 3q^2 - p^2$

1.3.3 Ausklammern

30 **2.** **a)** Der Term sollte so weit wie möglich durch Faktorisieren vereinfacht werden.
b) -

3. **a)** $10\left(x^2 + y\right)$ **b)** $-4\ (a + b)$

31 **4.** **a)** z. B. $3\ (x + x)$
b) z. B. $4\ (2a + 3b)$
c) z. B. $x\ (4 + a)$
d) z. B. $3pq\ (p + 2)$
e) z. B. $4x^2z(2x - 1)$
f) z. B. $7\ (u - 1)$

5. **a)** $6\ (x + y)$
$5\ (3r - 4)$
$x\ (y + 1)$

b) $7x\ (1 + y)$
$12\ (3a - 4b)$
$pq\ (-5r + 4)$

c) $8\left(ab - 2c^2\right)$
$7\left(-7 + 2x^2\right)$
$b\left(a^2 - c^2\right)$

d) $-9x\ (y - z)$
$-4a\left(b^2 + 6c^2\right)$
$22t\ (3t - 1)$

e) $8k\ (2k + 3b)$
$5vc\ (15c - 10v)$
$13bc\ (abc - 3)$

31 **6.** Anna: $4xy - 4xz = 4x\,(y - z)$ Christian: $-30cd - 24ce = -6c\,(5d + 4e)$
Bert: richtig

7. **a)** $12 - 3x = -3 \cdot \left(\boxed{-4} + x\right)$ **d)** $9x - 12xy = \boxed{3x}(-3x + 4y)$

b) $-x + xy = -x\left(1 - \boxed{y}\right)$ **e)** $a^2 - ab = \boxed{-a} \cdot (-a + b)$

c) $-ab - 8a = -a\left(\boxed{b} + 8\right)$ **f)** $xy - y^2 = \boxed{-y} \cdot (y - x)$

8. **a)** $9a\,(b + c)$; $5r\,(r - s)$; $7x\,(y + 1)$
b) $4x\,(y + z)$; $17y^2(x - z)$; $r\left(9q^2 + 7t^2\right)$
c) $v\,(8u - w)$; $ab\,(0{,}5 + c)$; $\frac{1}{12}y(x + z)$
d) $a\,(ab - c)$; $8y\left(100xy + 3t^2\right)$; $9uv\,(2u - 111)$
e) $5u\,(3v - t + 4r - 9v)$; $6s\,(2r - 3t - 5s - 7rt)$; $\frac{1}{5}a(2b + 2ac - 4bc - 1)$
f) $4a\left(2b + 3a + 15b^2\right)$; $25x^2\left(3xuv + 5r^2 - 6x^2\right)$; $7s\,(6r + 8t - 5s + 13rt)$

9. **a)** $16\,(x + y)$ **b)** $26\,(x - y)$ **c)** $-6\,(5x - 4y)$

10. **a)** $(-1)\,(5 + a)$; $(-1)\,(x + y)$
b) $(-1)\left(r^2 + 9\right)$; $(-1)\left(x^2y + 11\right)$
c) $(-1)\,(x - y)$; $(-1)\,(q - 4)$
d) $(-1)\,(-a + b)$; $(-1)\,(a + x)$
e) $(-1)\left(-x^2 + y^2 - 1\right)$; $(-1)\,(-a - b + c)$
f) $(-1)\,(-u + 1{,}7 - v)$; $(-1)\left(-\frac{4}{5} - x - y\right)$

11. 1) $-(-5x + y + 7)$ 3) $-(7x + 14y)$
2) $-(-3a + 2b - 4)$ 4) $-(-7a + 2x + 4y - 9)$

12. **a)** $O = 4ah + 2a^2$
b) $O = 2a(2h + a)$
Dies ist ein Rechteck mit den Seitenlängen 2a und 2h + a.
c) $O = 105 + 24{,}5 = 129{,}5$ $O = 7 \cdot (15 + 3{,}5) = 129{,}5$

1.4 Lösen von Gleichungen mit Klammern

33 **1.** Zählung: obere Reihe (1) – (4); untere Reihe (5) – (7)
Die Gleichungen (1), (2), (4) und (6) sind äquivalent zueinander, da alle die gleiche Lösungsmenge {4; 8} besitzen.
Die Gleichungen (3) und (5) sind äquivalent zueinander, da beide die Lösungsmenge {8} besitzen.
(7) ist zu keiner anderen Gleichung äquivalent.

33 **2.** oben links: links −x gerechnet aber rechts +x gerechnet
unten links: ein Minuszeichen vergessen
oben rechts: 12 nicht durch 3 geteilt und Ausklammern möglich
unten rechts: 44 durch 2 geteilt anstelle mit 2 multipliziert

3. **a)** $a = -1$ **b)** $x = 10$ **c)** $x = -1{,}5$ **d)** $x = \frac{4}{3}$

Zum Üben

34 **1.** **a)** $L = \{46\}$ **c)** $L = \{-5\}$ **e)** $L = \left\{-\frac{27}{13}\right\}$ **g)** $L = \{0{,}07\}$
b) $L = \mathbb{Q}$ **d)** $L = \{4\}$ **f)** $L = \{2\}$ **h)** $L = \{\ \}$

2. **a)** Julia hat die Klammern nicht durch Multiplizieren aufgelöst, sondern beide Seiten der Gleichung durch 4 dividiert.
b) (1) $L = \{4\}$ (3) $L = \{-5\}$ (5) $L = \{-9\}$
(2) $L = \{2\}$ (4) $L = \{-3\}$ (6) $L = \{3\}$

3. **a)** Volker hat die Klammern ausmultipliziert und dann die Seiten einzeln zusammengefasst.
Gunnar und Gregor haben zunächst $2(x + 1)$ auf beiden Seiten subtrahiert.
Gunnar dann x nach links gebracht, Gregor nach rechts.
Gunnars und Gregors Weg sind fast identisch und gleich schnell, Volkers ist aufwändiger.
b) (1) $x = -\frac{3}{5}$ (2) $x = \frac{1}{3}$

4. **a)** true bedeutet $L = \mathbb{Q}$ false bedeutet $L = \{\ \}$
b) -

5. **a)** $L = \left\{\frac{34}{49}\right\}$ **c)** $L = \{\ \}$ **e)** $L = \{-3\}$
b) $L = \left\{\frac{48}{11}\right\}$ **d)** $L = \mathbb{R}$ **f)** $L = \mathbb{R}$

6. **a)** $x = -9$ $\left[x = \frac{37}{7};\ x = \frac{72}{7}\right]$ **c)** $x = 2$ $\left[x = 3;\ x = \frac{21}{8};\ x = 8\right]$
b) $x = 86$ $\left[x = \frac{1}{2};\ x = 0\right]$

1.5 Lösen von Sachaufgaben mithilfe von Gleichungen

36

3. Der kleinste Winkel ist 70° groß, der nächste 90° und die beiden anderen jeweils 100°.

4. x: Länge der kürzesten Kante (in cm)
Gleichung: $4x + 4 \cdot (2x) + 4\,(x + 12) = 144$ *Lösung:* $x = 6$
Antwort: Die kürzeste Seite ist 6 cm, die mittlere 12 cm und die längste 18 cm lang.

Das Volumen ist $V = 18\text{ cm} \cdot 12\text{ cm} \cdot 6\text{ cm} = 1\,296\text{ cm}^3$.

5. x: Größe der Grundfläche (in cm²)
Gleichung: $2x + 2 \cdot \left(\frac{1}{2}x\right) + 2 \cdot (x - 10) = 280$ *Lösung:* $x = 60$

Antwort: Die Grundfläche ist 60 cm^2 groß, eine kleine Seitenfläche 30 cm^2 und eine große Seitenfläche 50 cm^2 groß.

6. **a)** $(7 - x) \cdot 5 = 15;\ L = \{4\}$ **c)** $(10 - 4x) \cdot 1{,}5 = 3x - 6;\ L = \left\{\frac{3}{7}\right\}$

b) $(2x + 5) : 3 = 8x;\ L = \left\{\frac{5}{22}\right\}$

7. **a)** x: Anzahl der Jahre bis die Großmutter fünfmal so alt ist
Gleichung: $84 + x = 5 \cdot (8 + x)$ *Lösung:* $x = 11$
Antwort: In 11 Jahren ist die Großmutter fünfmal so alt wie die Enkelin. Sie ist dann 95 Jahre, die Enkelin 19 Jahre alt.

b) x: Anzahl der Jahre, vor denen die Großmutter zwanzigmal so alt war
Gleichung: $84 - x = 20 \cdot (8 - x)$ *Lösung:* $x = 4$
Antwort: Vor 4 Jahren war die Großmutter zwanzigmal so alt wie die Enkelin. Sie war damals 80 Jahre, die Enkelin 4 Jahre alt.

8. x: Alter des Sohnes heute (in Jahren)
Gleichung: $x + 16 + 2 \cdot (x + 16) = 40 + 2 \cdot 16$ *Lösung:* $x = 8$
Antwort: Der Sohn ist heute 8 Jahre, der Vater 32 Jahre alt. In 16 Jahren ist der Sohn 24 Jahre, der Vater 48 Jahre alt.

9. x: Alter der Schwester heute (in Jahren)
Gleichung: $2x - 4 = (x - 4) \cdot 4$ *Lösung:* $x = 6$
Antwort: Der Junge ist heute 12 Jahre, die Schwester 6 Jahre alt. Vor 4 Jahren war der Junge 8 Jahre, die Schwester 2 Jahre alt.

10. x: Anzahl der Bienen
Gleichung: $\frac{1}{5}x + \frac{1}{3}x + 3 \cdot \left(\frac{1}{3}x - \frac{1}{5}x\right) + 1 = x$ *Lösung:* $x = 15$

Antwort: Es sind 15 Bienen.

36 **11.** x: Anzahl der Schafe

Gleichung: $\left(x-\left(\frac{1}{2}x+3\right)\right)\cdot 8 = x-\left(\frac{1}{2}x+3\right)+7$ *Lösung:* $x = 8$

12. a) Nimmt man z. B. das zweieinhalbfache dieser um 4 erhöhten Zahl, so erhält man das gleiche als wenn man die Zahl vervierfacht und acht abzieht. $L = \{12\}$

b) -

1.6 Lösen von Ungleichungen durch Umformen

39 **2. a)** - **b)** (1) $L = \left\{x \in \mathbb{Q} \;\middle|\; x > \frac{24}{8}\right\}$ (2) $L = \{x \in \mathbb{Q} \mid -5 > x\}$

3. a) $L = \mathbb{Q}$ **b)** $L = \{\ \}$

4. a) $5x + 1\,195 < 1\,530 \quad | -1\,195$

$5x < 335 \quad | : 5$

$x < 67$

b) $L = \{x \in \mathbb{Q} \mid x < 2\}$

5. a) $x - 9{,}5 > 1{,}2 \quad | +9{,}5$

$x > 10{,}7$

b) $50x > -10 \quad | : 50$

$x > -\frac{1}{5}$

c) $0{,}3x < 0 \quad | : 0{,}3$

$x < 0$

d) $\frac{2}{3}x < -1 \quad \left| \cdot \frac{3}{2}\right.$

$x < -\frac{3}{2}$

40 **6.** a, b, c, d

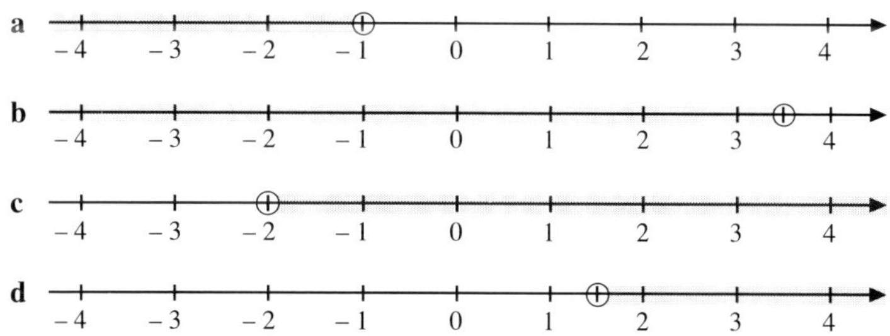

7. a) $\{x \in \mathbb{Q} \mid x < 4\}$

b) $\{x \in \mathbb{Q} \mid x > 1\}$

c) $\{x \in \mathbb{Q} \mid x < -3\}$

d) $\{x \in \mathbb{Q} \mid x > -7\}$

8. a) wahr

b) falsch

c) wahr

d) wahr

e) falsch

f) falsch

9. a) $\{x \in \mathbb{Q} \mid x < 7\}$

b) $\{x \in \mathbb{Q} \mid x > 0{,}4\}$

c) $\{x \in \mathbb{Q} \mid x < 5\}$

d) $\{x \in \mathbb{Q} \mid x > -58\}$

e) $\{x \in \mathbb{Q} \mid x < 45\}$

f) $\{x \in \mathbb{Q} \mid x > -0{,}25\}$

g) $\{x \in \mathbb{Q} \mid x > -3\}$

h) $\{x \in \mathbb{Q} \mid x > -1\}$

40

10. **a)** $\{x \in \mathbb{Q} \mid x > -4\}$

$\{x \in \mathbb{Q} \mid x \leq -5\}$

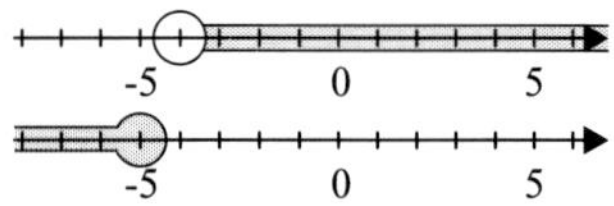

b) $\{x \in \mathbb{Q} \mid x > 6{,}5\}$

$\left\{x \in \mathbb{Q} \;\middle|\; x < \frac{1}{2}\right\}$

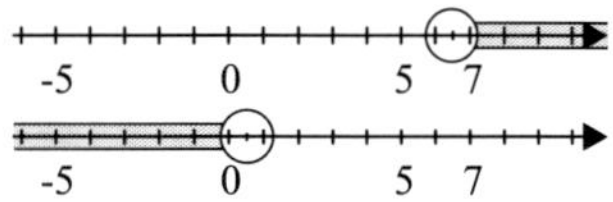

c) $\{x \in \mathbb{Q} \mid x \leq -4\}$

$\{x \in \mathbb{Q} \mid x \geq -8\}$

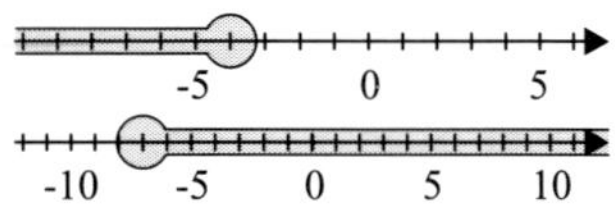

d) $\{x \in \mathbb{Q} \mid x \geq -0{,}4\}$

$\left\{x \in \mathbb{Q} \;\middle|\; x \leq \frac{1}{2}\right\}$

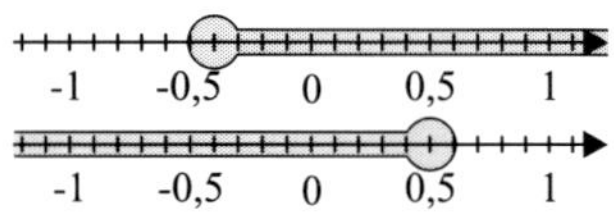

e) $\{x \in \mathbb{Q} \mid x > 0\}$

$\{x \in \mathbb{Q} \mid x \geq 0\}$

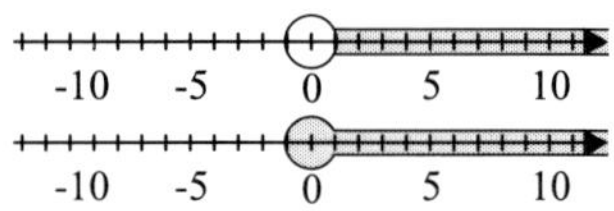

11. **a)** $\{x \in \mathbb{Q} \mid x < 4\}$ **d)** $\left\{x \in \mathbb{Q} \;\middle|\; x > \frac{1}{2}\right\}$ **g)** $\left\{x \in \mathbb{Q} \;\middle|\; x > \frac{1}{100}\right\}$

b) $\{x \in \mathbb{Q} \mid x > 7\}$ **e)** $\{x \in \mathbb{Q} \mid x > -45\}$ **h)** $\left\{x \in \mathbb{Q} \;\middle|\; x < \frac{6}{95}\right\}$

c) $\left\{x \in \mathbb{Q} \;\middle|\; x > -\frac{1}{8}\right\}$ **f)** $\left\{x \in \mathbb{Q} \;\middle|\; x < -\frac{3}{5}\right\}$

12. (1) $L = \mathbb{Q}$ (2) $L = \{\ \}$ (3) $L = \{x \in \mathbb{Q} \mid x \geq 0\}$ (4) $L = \mathbb{Q}$ (5) $L = \mathbb{Q}$

13. **a)** $15^2 \cdot h \leq 1\,800$

$h \leq 8$

Der Behälter muss mindestens 8 cm hoch sein.

b) $15^2 + 4\,(15 \cdot h) \leq 960$

$h \leq 12{,}25$

Der Behälter darf höchstens 12,25 cm hoch sein.

14. **a)** $(x - 11) \cdot 7 < 42$; $L = \{x \in \mathbb{Q} \mid x < 17\}$

b) $90 + x \geq 80$; $L = \{x \in \mathbb{Q} \mid x \geq -10\}$

c) $2\,x \geq 3\,x + 8$; $L = \{x \in \mathbb{Q} \mid x \leq -8\}$

15. **a)** $L = \{x \in \mathbb{Q} \mid x \leq 1\}$ **b)** -

1.7 Multiplizieren von Summen – Binomische Formeln

1.7.1 Multiplizieren von Summen

41 **2.** *Antwort:* Das Quadrat hat die Seitenlänge 6 cm und den Flächeninhalt 36 cm². Das Rechteck hat die Seitenlängen 12 cm und 2 cm und den Flächeninhalt 24 cm².

3. **a)** -
b) Siehe Schülerband S. 41 Lösung zu Aufgabe 1.

42 **4.** **a)** (1) $(a + b)(c + d)$ (2) $ad + bd + ac + bc$
b) 500 m²
c) Durch Anwenden von Rechengesetzen:

$$\begin{aligned}(a + b)(c + d) &= (a + b) \cdot e \quad (\text{für } c + d = e)\\ &= a \cdot e + b \cdot e \quad (\text{Distributivgesetz})\\ &= a \cdot (c + d) + b \cdot (c + d) \quad (\text{für } e = c + d)\\ &= a \cdot c + a \cdot d + b \cdot c + b \cdot d \quad (\text{Distributivgesetz})\end{aligned}$$

5. **a)** Die Flächeninhalte der Teilflächen werden addiert.
Flächeninhalte sind immer positiv.
b)

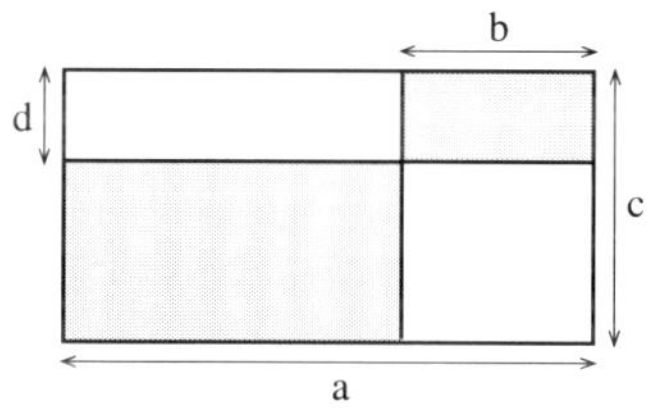

6. **a)** $xy + 4x + 7y + 28$
$ab - 3a + 9b - 27$
$ab - 8a - b + 8$
b) $ax + bx + ay + by$
$ux + vx - uy - vy$
$ux - vx - uy + vy$
c) $-2x - ax + 2y + ay$
$-ax + ay - bx + by$
$-u - v - ru - rv$
d) $xy + x - 2y - 2$
$ax - bx + ay - by$
$ac + ad + bc + bd$

7. **a)** Christopher berechnet zuerst ein großes Rechteck und subtrahiert dann das zuviel berechnete.
Britta berechnet 2 schmale Rechtecke und subtrahiert einmal den überlappenden Anteil ab.
b) Christopher: $A = a \cdot b - ab + ac + cb - cc$
Britta: $A = a\,c + bc - cc$

42

8. a) $10a - a^2 - 10b + ab$

$6a - 2ac + 3b - bc$

$4 + 4y - 5x - 5xy$

$8rs - 16rt + s^2 - 2st$

$54xz + 27x - 24yz - 12y$

b) $40ac - 56ad - 15bc + 21bd$

$24a^2 - 73ab + 24b^2$

$3x^2 - 16xy + 5y^2$

$-3a^2 + 9a + 18ab - 54b$

$-a^2 + 3a - ab^2 + 3b^2$

c) $\frac{2}{5} - \frac{7}{5}r + r^2$

$\frac{1}{64} - t^2$

$3a^2 + 35\frac{5}{6}ab - 2b^2$

$\frac{14}{3}x^2 - 5xy + \frac{9}{7}y^2$

9. a) $x^2 + 6{,}7x - 2{,}1$

$a^2 + 3a - 88$

$36 + 5x - x^2$

b) $-8a^2 + 4{,}2a - 0{,}45$

$4ax + a - 28x^2 - 7x$

$a^2 + ab - 2b^2$

c) $-x^2 - 3xy - 2y^2$

$2a^2 + 23ab + 63b^2$

$r^2 + rs - 2s^2$

10. a) $z^2 + 10z + zt + 3t + 21$

$ca^2 + da^2 - a^2 - ac - ad + a$

b) $a^2 - 4a + 2ab - b^2 + 4b$

$-rx + sx + tx - ry + sy + ty$

c) $14a^2 + 24ab - 8b^2$

$12x^2 - 29xy + 14y^2$

43

11. -

12. a) $12x^2 - 22{,}5xy + 2y^2$ **b)** $-2{,}5x^2 + 2y^2 - 2xy$

13. a) $6x^2 + 5xy$

b) $5a^2 + 13a^3$

c) $-2x^2 + 54y^2$

d) $8 + 11x^2$

e) $-a^2 - 11ab + 7b^2$

f) $2a^2 + 77ab + 27b^2 - 6b - 18a$

14. a) $24xy - x^2 - 15y^2$

b) $47a^2 + 17b^2 - 57ab$

c) $4 + x^3 + 2x^2y - xy^2 - y^3$

d) $15pq^2 - 4pq + 3q^3$

15. a) $L = \{1\}$

b) $L = \{-2\}$

c) $L = \{\mathbb{Q}\}$

d) $L = \{2\}$

e) $L = \{10\}$

f) $L = \{1\}$

43

16. Richtig:

$$x^2-(x+1)(x-3)=7$$
$$x^2-\left(x^2-3x+x-3\right)=7$$
$$x^2-x^2+3x-x+3=7$$
$$2x+3=7$$
$$2x=4$$
$$L=\{2\}$$

17. **a)** $L=\left\{\frac{13}{7}\right\}$ **d)** $L=\{-2\}$ **g)** $L=\{-1\}$ **j)** $L=\{3\}$

b) $L=\{10\}$ **e)** $L=\{-7\}$ **h)** $L=\{-6\}$ **k)** $L=\{-2\}$

c) $L=\{2\}$ **f)** $L=\{1\}$ **i)** $L=\{117\}$ **l)** $L=\{0\}$

1.7.2 Binomische Formeln

44

2. **a)** -

b) (1) $49x^2+70x+25$ (4) $25x^2+70xy+49y^2$

(2) $16x^2-16x+4$ (5) $64a^2-32ab+4b^2$

(3) $9x^2-4$ (6) $25p^2-9q^2$

3. -

4. x: Seitenlänge des Ausgangsquadrats (in cm)

Gleichung: $(x-3)^2=x(x-4)$

Lösung: $x=4{,}5$

Antwort: Die Seitenlänge des Ausgangsquadrats beträgt 4,5 cm, die des neuen Quadrats 1,5 cm. Die Seitenlängen des Rechtecks betragen 4,5 cm und 0,5 cm. Der Flächeninhalt des neuen Quadrats und des Rechtecks beträgt 2,25 cm².

5. **a)** $L=\{x\in\mathbb{Q}\mid x\le 0\}$ **c)** $L=\{\ \}$

b) $L=\{x\in\mathbb{Q}\mid x\le -3\}$ **d)** $L=\{x\in\mathbb{Q}\mid x>-5\}$

45

6. **a)** (1) $A=(12+3)^2=225$ $A=12^2+3\cdot 12+3\cdot 12+3^2=225$

(2) Die Fläche $(a+b)^2$ setzt sich aus den Flächen a^2, $a\cdot b$, $a\cdot b$ und b^2 zusammen, also gilt: $(a+b)^2=a^2+2ab+b^2$.

(3) Für rationale Zahlen p, q gilt:

$$(p+q)^2=(p+q)(p+q)=p\cdot(p+q)+q\cdot(p+q)$$
$$=p^2+pq+qp+q^2$$
$$=p^2+2pq+q^2$$

b) $(a-b)^2=a^2-2ab+b^2$

45

7. -

8. **a)** $x^2+10x+25$

$49+14x+x^2$

$u^2+2uv+v^2$

$p^2+2pq+q^2$

b) $x^2-12x+36$

$81-18x+x^2$

$v^2-2vw+w^2$

$r^2-2rs+s^2$

c) x^2-64

u^2-25

$9-r^2$

x^2-y^2

d) $9+6p+p^2$

$49-14u+u^2$

$25-v^2$

c^2-d^2

9. **a)** $(a-b)^2=a^2-2ab+b^2$

b) $(a-b)^2=a^2-2ab+b^2$

c) richtig

d) richtig

e) richtig

f) $(p+q)(p-q)=p^2-q^2$

g) $(r+s)^2=r^2+2rs+s^2$

h) $(r-s)^2=r^2-2rs+s^2$

i) richtig

j) $(u+v)(v-u)=v^2-u^2$

10. **a)** $4x^2+12x+9$

$9x^2+12xy+4y^2$

$0{,}25x^2-3x+9$

b) $2{,}25+3x+x^2$

$x^2-1{,}6x+0{,}64$

$a^2-10{,}24$

c) $0{,}04x^2-0{,}4xy+y^2$

$x^2+5xy+6{,}25y^2$

$x^2-0{,}01y^2$

d) $\frac{16}{25}-\frac{8}{5}y+y^2$

$\frac{1}{4}x^2+\frac{2}{3}xy+\frac{4}{9}y^2$

$\frac{1}{9}x^2-y^2$

11. **a)** $16-8x+x^2$

x^2-6x+9

$4+4x+x^2$

$1+2x+x^2$

b) $r^2-2rs+s^2$

$r^2+2rs+s^2$

$r^2-2rs+s^2$

$r^2+2rs+s^2$

c) $36x^2-12xy+y^2$

$16x^2-24xy+9y^2$

$25x^2+70xy+49y^2$

$9x^2-24xy+16y^2$

d) $9a^2-12ab+4b^2$

a^2-16b^2

$64u^2-49v^2$

$-36u^2+25v^2$

45

12. Die zweite binomische Formel kann aus der ersten abgeleitet werden.

46

13. **a)** $16a^2 - 81$ **c)** $36a^2 - 97a + 36$ **e)** $16a^2 + 72a + 81$

b) $16a^2 + 81$ **d)** $-16a^2 + 72a - 81$ **f)** $16a^2 - 72a + 81$

14. $(a - b)^2 = a^2 - 2ab + b^2$

15. **a)** 6 561; 6 241; 6 399 **c)** 1,0201; 0,9801; 0,9999

b) 10 404; 9 604; 9 996

16. **a)** $5a^2 + 11ab + 10b^2$ **f)** $0{,}21x^2 + 0{,}46xy - 0{,}07y^2$

b) $50a^2 + 8ab + 15b^2$ **g)** $28a^2 - 18ab - 2b^2$

c) $13{,}25a^2 + 10ab + 3{,}25b^2$ **h)** $\frac{145}{4}a^2 - 6ab + \frac{37}{9}b^2$

d) $13x^2 + 4xy$ **i)** $-32xy$

e) $3x^2 - 10y^2 - 6xy$ **j)** $-\frac{429}{100}x^2 + \frac{429}{100}y^2$

17. **a)** $L = \{-0{,}5\}$ **c)** $L = \{1\}$ **e)** $L = \{7\}$ **g)** $L = \{20\}$ **i)** $L = \left\{\frac{1}{2}\right\}$

b) $L = \{-7\}$ **d)** $L = \{5\}$ **f)** $L = \{3\}$ **h)** $L = \left\{-\frac{3}{4}\right\}$ **j)** $L = \{8\}$

18. **a)** $(x + 5)^2 = x^2 + 135$ **b)** $(x - 4)^2 + 13 = (x + 5)^2$

$L = \{11\}$ $L = \left\{\frac{2}{9}\right\}$

c) $(x + 7)^2 - 209 = (x - 4)^2$

$L = \{8\}$

19. Z. B.: Wie groß war das ursprüngliche Grundstück?
Gleichung: $(x - 2)^2 = x^2 - 120$;
Lösung: $x = 31$
Antwort: Das Grundstück war 961 m² groß.

1.7.3 Faktorisieren einer Summe

47 **2. a)** (1) $x^2+2xy+y^2=(x+y)^2$

(2) $u^2+10u+25=(u+5)^2$

(3) $4a^2-12ab+9b^2=(2a-3b)^2$

(4) $m^2-2mn+n^2=(m-n)^2$

(5) $p^2+4p+4=(p+2)^2$

(6) $9u^2-24uv+16v^2=(3u-4v)^2$

b) Der gesuchte Flächeninhalt ist y^2.

3. a) -

b) (1) $(x+6)(x+3)$ (2) $(x+y)(3+a)$ (3) $(7y-1)(4x+3)$
Das CAS zerlegt die Summe in ein Produkt zweier Klammern.

4. a) $(c+d)^2$

b) $(e-2f)^2$

c) $(g+h)(g-h)$

d) $(2u-3v)^2$

e) $(3z-4)^2$

f) $\left(\frac{1}{2}x+\frac{1}{3}y\right)\left(\frac{1}{2}x-\frac{1}{3}y\right)$

48 **5. a)** $(u+v)(u-v)$

$(r+11s)(r-11s)$

$(1+4a)(1-4a)$

$(k+25)(k-25)$

b) $(u-v)^2$

$(a+10)^2$

$(x-7)^2$

$(5-b)^2$

c) $4(2x+5y)^2$

$(3a-8b)^2$

$(7r+9s)^2$

$(u-11v)^2$

d) $(4a-b)^2$

$(20x+9y)(20x-9y)$

$(6u+v)^2$

$(6h+11k)(6h-11k)$

$(30p+12q)(30p-12q)$

6. a) $x^2-a^2=(x+a)(x-a)$

b) richtig

c) $4u^2+16uv+16v^2=(2u+4v)^2$

d) $\left(\frac{1}{4}p^2-2pq+4q^2\right)^2=\left(\left(\frac{1}{2}p-2q\right)^2\right)^2$

7. a) $x^2+2xy+y^2=(x+y)^2$

$a^2+12a+36=(a+6)^2$

$1-2r+r^2=(1-r)^2$

b) $a^2+2ab+b^2=(a+b)^2$

$x^2-8x+16=(x+(-4))^2$

$324+36b+b^2=(18+b)^2$

c) $a^2+6ab+9b^2=(a+3b)^2$

$x^2+5xy+6{,}25y^2=(x+2{,}5y)^2$

$r^2-2{,}4rs+1{,}44s^2=(r-1{,}2s)^2$

d) $4x^2+12xy+9y^2=(2x+3y)^2$

$25a^2-70ab+49b^2=(5a-7b)^2$

$100r^2+180rs+81s^2=(10r+9s)^2$

48 **7.** **e)** $64k^2 - 16kt + t^2 = (8k - t)^2$

$1 + r + \frac{r^2}{4} = \left(1 + \frac{r}{2}\right)^2$

$p^2 - p + \frac{1}{4} = \left(p - \frac{1}{2}\right)^2$

f) $x^2 + 4x + 4 = (x + 2)^2$

$4x^2 + 8x + 4 = (2x - 2)^2$

$x^2 + 6x + 9 = (x + 3)^2$

8. **a)** $z^2 - 2zw + w^2 = (z - w)^2$

$x^2 - 8x + 16 = (x - 4)^2$

$16p^2 + 8pq + q^2 = (4p + q)^2$

b) $x^2 + 10x + 25 = (x + 5)^2$

$x^2 - 14x + 49 = (x - 7)^2$

$x^2 + 12x + 36 = (x + 6)^2$

c) $4a^2 + 24a + 36 = (2a + 6)^2$

$25a^2 + 80ab + 64b^2 = (5a + 8b)^2$

$49w^2 - 42vw + 9v^2 = (7w - 3v)^2$

d) $x^2 + x + \frac{1}{4} = \left(x + \frac{1}{2}\right)^2$

$y^2 + \frac{1}{2}y + \frac{1}{16} = \left(y + \frac{1}{4}\right)^2$

$\frac{1}{4}c^2 - cd + 4d^2 = \left(\frac{1}{2}c - 2d\right)^2$

9. $x^2 + 64x + 1024 = (x + 32)^2$

$4x^2 + 64 + 256 = (2x + 16)^2$

$16x^2 + 64x + 64 = (4x + 8)^2$

$64x^2 + 64x + 16 = (8x + 4)^2$

$256x^2 + 64x + 4 = (16x + 2)^2$

10. **a)** 13 ist eine Primzahl und in Kombination mit 9x ist das Faktorisieren nicht möglich.

b) (1) $(x + 2)(x + 1)$

(2) $(x + 8)(x + 3)$

(3) $(x + 4)(x + 3)$

(4) $(x + 5)(x - 1)$

11. **a)** $(r + s)(p + q)$

b) $(b + c)(a - 2)$

c) $(d + 2)(e + 3)$

d) $(u + 2)(2v - 1)$

Im Blickpunkt
Pascal'sches Dreieck – Potenzieren von Summen

49 **1. a)** $(a+b)^2(a+b)$

$$= \left(a^2+2ab+b^2\right)(a+b)$$

$$= a^3+a^2b+2a^2b+2ab^2+ab^2+b^3$$

$$= a^3+3a^2b+3ab^2+b^3$$

b) (1) $p^3+3p^2q+3pq^2+q^3$

(2) $a^3+6a^2+12a+8$

(3) $u^3+6u^2v+12uv^2+8v^3$

(4) $8m^3+36m^2n+54mn^2+27n^3$

(5) $27x^6+135x^4z+225x^2z^2+125z^3$

(6) $a^3-3a^2b+3ab^2-b^3$

(7) $u^3-9u^2+27u-27$

(8) $8a^3-48a^2+96a-64$

(9) $64p^3-144p^2q+108pq^2-27q^3$

2. a) (1) In der jeweiligen Zeile, beginnend mit der 0. Zeile

(2) 1

(3) 1; 4; 6; 4; 1 bzw. 1; 5; 10; 10; 5; 1 bzw. 1; 6; 15; 20; 15; 6; 1

b) Jede Zeile enthält eine Zahl mehr als die Zeile davor. An der ersten und letzten Stelle steht eine 1. Die anderen Zahlen ergeben sich als Summe der darüber stehenden beiden Zahlen.

1

1 1

1 2 1

1 3 3 1

1 4 6 4 1

1 5 10 10 5 1

1 6 15 20 15 6 1

1 7 21 35 35 21 7 1

1 8 28 56 70 56 28 8 1

1 9 36 84 126 126 84 36 9 1

1 10 45 120 210 252 210 120 45 10 1

c) Man erhält auch immer einen Summanden mehr. Der erste und letzte Vorfaktor ist jeweils eine 1. Die anderen Vorfaktoren sind die Summe der darüber stehenden beiden Vorfaktoren.

d) (1) $a^4+4a^3b+6a^2b^2+4ab^3+b^4$

(2) $a^5+5a^4b+10a^3b^2+10a^2b^3+5ab^4+b^5$

(3) $a^6+6a^5b+15a^4b^2+20a^3b^3+15a^2b^4+6ab^5+b^6$

50 **3.** **a)** $a^6 + 6a^5b + 15a^4b^2 + 20a^3b^3 + 15a^2b^4 + 6ab^5 + b^6$

$x^7 + 7x^6y + 21x^5y^2 + 35x^4y^3 + 35x^3y^4 + 21x^2y^5 + 7xy^6 + y^7$

$p^9 + 9p^8q + 36p^7q^2 + 84p^6q^3 + 126p^5q^4 + 126p^4q^5 + 84p^3q^6$
$+ 36p^2q^7 + 9pq^8 + q^9$

b) $a^5 - 5a^4b + 10a^3b^2 - 10a^2b^3 + 5ab^4 - b^5$

$x^6 - 6x^5y + 15x^4y^2 - 20x^3y^3 + 15x^2y^4 - 6xy^5 + y^6$

$p^9 - 9p^8q + 36p^7q^2 - 84p^6q^3 + 126p^5q^4 - 126p^4q^5 + 84p^3q^6$
$-36p^2q^7 + 9pq^8 - q^9$

c) $27a^3 + 27a^2 + 9a + 1$

$64x^3 + 96x^2 + 48x + 8$

$32c^5 + 240c^4d + 720c^3d^2 + 1080c^2d^3 + 810cd^4 + 243d^5$

d) $x^4 - 12x^3y + 54x^2y^2 - 108xy^3 + 81y^4$

$1024z^5 - 1280z^4w + 640z^3w^2 - 160z^2w^3 + 20zw^4 - w^5$

$64x^6 - 576x^5y + 2160x^4y^2 - 4320x^3y^3 + 4860x^2y^4 - 2916xy^5 + 729y^5$

e) $a^3 + 3a^2b^2 + 3ab^4 + b^6$

$a^8 - 4a^6b^2 + 6a^4b^4 - 4a^2b^6 + b^8$

$32p^5 - 240p^4q^2 + 720p^3q^4 - 1080p^2q^6 + 810pq^8 - 243q^{10}$

Besonderheiten des Pascal'schen Dreiecks

4. Die n-te Summe beträgt 2^n. Also ist in der elften Zeile die Koeffizientensumme 2 048.

5. Man erhält wieder die Zahlen des Pascal'schen Dreiecks.

6. Ab der 4. Zeile kommen bis zur n-ten Zeile gegenüber (n – 1)-ten Zeile immer (n – 2) Rauten hinzu. Bis zur n-ten Zeile erhält man also
1 + 2 + 3 + ... + (n – 3) + (n – 2) Rauten.
In der 102. Zeile erhält man als Anzahl
1 + 2 + 3 + ... + 99 + 100 = 50 · 101 = 5050, also 5050 Rauten.

50 **7. a)**

b) Die Summe aus zwei ungeraden Zahlen ist gerade.
Die Summe aus zwei geraden Zahlen ist gerade.
Die Summe aus einer ungeraden Zahl und einer geraden Zahl ist ungerade.
Unterhalb zweier gefärbter Felder ist also ein ungefärbtes Feld.
Unterhalb zweier ungefärbter Felder ist also ein ungefärbtes Feld.
Unterhalb eines ungefärbten und eines gefärbten Feldes liegt ein gefärbtes Feld.

c) Alle Steine gefärbt: z. B.: 1. Zeile, 2. Zeile, 4. Zeile; 8. Zeile; 16. Zeile; ..., also alle 2^n-ten Zeilen.
Alle Steine nicht gefärbt: ist nicht möglich, weil alle Zeilen mit einer 1 beginnen und enden. Dann wären auch alle folgenden Zeilen ungefärbt (s. Teilaufgabe b).

d) Von links nach rechts zwei gefärbte, zwei ungefärbte, zwei gefärbte Felder.

1.8 Bruchterme und Bruchgleichungen

1.8.1 Rechnen mit Bruchtermen

51 **3. a)** Da der Term a + b eingeklammert ist und $a + b \neq 0$ gilt.
b) a ist kein gemeinsamer Faktor im Zähler sondern ein Summand.
c) (1) $\frac{1}{a(a+b)}$ (2) 1 (3) $a^2 - b^2$

52 **4.** (1) $\frac{2x}{2x} = 1 \Rightarrow$ Ausgabe: $\frac{3y}{4-x}$
(2) $a^2 - x^2 = -(x^2 - a^2) = -((x+a)(x-a))$
durch Kürzen von (x + a) entsteht die Ausgabe

52

4. (3) $\frac{6a}{a+b} + \frac{6b}{a+b} = 6\frac{a+b}{a+b} = 6$

(4) Klammern bei der Eingabe vergessen: … / $(3 \cdot v^2)$

5. **a)** $\frac{y}{13}$ **b)** $\frac{13y}{65x}$ **c)** $\frac{2ab}{5}$ **d)** $(x + y)$ **e)** a **f)** $\frac{6}{5(v-w)}$

6. **a)** $b + c$ **b)** $\frac{(a+b)}{(a-b)}$ **c)** $\frac{2a-3b}{2a+3b}$ **d)** $3y - 2x$ **e)** $\frac{1}{5}$

7. **a)** $x - y$ **b)** $a + 5$ **c)** $\frac{(a-b)}{(a+b)}$ **d)** $\frac{(v+w)}{(v-w)}$ **e)** $\frac{(2a-3b)}{(2a+3b)}$

8. **a)** $\frac{8a}{4x}$ **b)** $\frac{7bx}{ab}$ **c)** $\frac{12x}{6a}$ **d)** $\frac{16a}{12x^3}$ **e)** $\frac{x^2}{(x+y)x}$

$\frac{5x^2}{4x}$ $\frac{3ya}{ab}$ $\frac{15y}{6a}$ $\frac{9bx}{12x^3}$ $\frac{y(x+y)}{(x+y)x}$

9. **a)** $\frac{28x^2y^2}{15a^3}$ **c)** $\frac{x+y}{y^2}$ **e)** $\frac{1}{a}$ **g)** $\frac{3b}{2}$ **i)** $\frac{32a^2b}{3}$

b) $\frac{81pq}{32}$ **d)** $\frac{2y}{5x}$ **f)** $\frac{r}{3}$ **h)** $\frac{(a+b)^2}{c^2-d^2}$ **j)** $\frac{2x^2}{3y^2}$

10. **a)** $\frac{u-v}{a^2}$ **c)** $\frac{1}{x+y}$ **e)** $\frac{-a}{8x}$ **g)** $\frac{5b^2x+7y^2a^2}{5a^2b^2}$

b) $\frac{5a^2-2b}{9b}$ **d)** $\frac{2ay+3ax}{xy}$ **f)** $\frac{8xa+6y}{12a^3}$ **h)** $\frac{a(x+y)+bx}{x(x+y)}$

11. **a)** $\frac{7x}{3} + \frac{y}{7} = \frac{49x+3y}{21}$ **b)** $\frac{4r}{3s} : 6s^2 = \frac{4r}{3s \cdot 6s^2} = \frac{2r}{9s^3}$ **c)** $\frac{1}{c^2-d^2} \cdot (c-d) = \frac{1}{c+d}$

52

12. a) $\frac{1}{a}+\frac{a^2}{3}=\frac{a^3+3}{3a}$ (für $a \neq 0$)

$\frac{1}{a}+\frac{a-1}{a+1}=\frac{a^2+1}{a(a+1)}$ (für $a \neq 0, a \neq -1$)

$\frac{1}{a}+a^2-1=\frac{a^3-a+1}{a}$ (für $a \neq 0$)

$\frac{1}{a}+\frac{a+1}{a^2}=\frac{2a+1}{a^2}$ (für $a \neq 0$)

$\frac{a}{a-1}+\frac{a^2}{3}=\frac{a^3-a^2+3a}{3(a-1)}$ (für $a \neq 1$)

$\frac{a}{a-1}+\frac{a-1}{a+1}=\frac{2+a^2-a+1}{a^2-1}$ (für $a \neq 0, a \neq -1$)

$\frac{a}{a-1}+a^2-1=\frac{a^3-a^2+1}{a-1}$ (für $a \neq 1$)

$\frac{a}{a-1}+\frac{a+1}{a^2}=\frac{a^3+a^2-1}{a^2 \cdot (a-1)}$ (für $a \neq 0, a \neq -1$)

$\frac{1}{a^2-1}+\frac{a^2}{3}=\frac{a^4-a^2+3}{3\left(a^2-1\right)}$ (für $a \neq 0, a \neq -1$)

$\frac{1}{a^2-1}+\frac{a-1}{a+1}=\frac{a^2-2a+2}{a^2-1}$ (für $a \neq 1, a \neq -1$)

$\frac{1}{a^2-1}+a^2-1=\frac{a^4-2a^2+2}{a^2-1}$ (für $a \neq 1, a \neq -1$)

$\frac{1}{a^2-1}+\frac{a+1}{a^2}=\frac{a^3+2a^2-a-1}{a^2\left(a^2-1\right)}$ (für $a \neq 0, a \neq 1, a \neq -1$)

$a^3+\frac{a^2}{3}=\frac{3a^3+a^2}{3}$

$a^3+\frac{a-1}{a+1}=\frac{a^4+a^3+a-1}{a+1}$ (für $a \neq -1$)

$a^3+a^2-1=a^3+a^2-1$

$a^3+\frac{a+1}{a^2}=\frac{a^5+a+1}{a^2}$ (für $a \neq 0$)

52 **12.** **b)** $\frac{1}{a}-\frac{a^2}{3}=\frac{-a^3+3}{3a}$ (für $a \neq 0$)

$\frac{1}{a}-\frac{a-1}{a+1}=\frac{-a^2+2a+1}{a(a+1)}$ (für $a \neq 0,\ a \neq -1$)

$\frac{1}{a}-\left(a^2-1\right)=\frac{-a^3+a+1}{a}$ (für $a \neq 0$)

$\frac{1}{a}-\frac{a+1}{a^2}=\frac{-1}{a^2}$ (für $a \neq 0$)

$\frac{a}{a-1}-\frac{a^2}{3}=\frac{-a^3+a^2+3a}{3(a-1)}$ (für $a \neq 1$)

$\frac{a}{a-1}-\frac{a-1}{a+1}=\frac{3a-1}{a^2-1}$ (für $a \neq 1,\ a \neq -1$)

$\frac{a}{a-1}-\left(a^2-1\right)=\frac{-a^3+a^2+2a-1}{a-1}$ (für $a \neq 1$)

$\frac{a}{a-1}-\frac{a+1}{a^2}=\frac{a^3-a^2+1}{a^3-a^2}$ (für $a \neq 0,\ a \neq 1$)

$\frac{1}{a^2-1}-\frac{a^2}{3}=\frac{-a^4+a^2+3}{3\left(a^2-1\right)}$ (für $a \neq 1,\ a \neq -1$)

$\frac{1}{a^2-1}-\frac{a-1}{a+1}=\frac{-a^2+2}{a^2-1}$ (für $a \neq 1,\ a \neq -1$)

$\frac{1}{a^2-1}-\left(a^2-1\right)=\frac{-a^4+2a^2}{a^2-1}$ (für $a \neq 1,\ a \neq -1$)

$\frac{1}{a^2-1}-\frac{a+1}{a^2}=\frac{-a^3+a+1}{a^2\left(a^2-1\right)}$ (für $a \neq 0,\ a \neq 1,\ a \neq -1$)

$a^3-\frac{a^2}{3}=\frac{3a^3-a^2}{3}$

$a^3-\frac{a-1}{a+1}=\frac{a^4+a^3-a-1}{a+1}$ (für $a \neq -1$)

$a^3-\left(a^2-1\right)=a^3-a^2+1$

$a^3-\frac{a+1}{a^2}=\frac{a^5-a+1}{a^2}$ (für $a \neq 0$)

52

12. c) $\frac{1}{a} \cdot \frac{a^2}{3} = \frac{a}{3}$ (für $a \neq 0$)

$\frac{1}{a} \cdot \frac{a-1}{a+1} = \frac{a-1}{a(a+1)}$ (für $a \neq 0$, $a \neq -1$)

$\frac{1}{a} \cdot \left(a^2 - 1\right) = \frac{a^2-1}{a}$ (für $a \neq 0$)

$\frac{1}{a} \cdot \frac{a+1}{a^2} = \frac{a+1}{a^3}$ (für $a \neq 0$)

$\frac{a}{a-1} \cdot \frac{a^2}{3} = \frac{a^3}{3(a-1)}$ (für $a \neq 1$)

$\frac{a}{a-1} \cdot \frac{a-1}{a+1} = \frac{a}{a+1}$ (für $a \neq 1$, $a \neq -1$)

$\frac{a}{a-1} \cdot \left(a^2 - 1\right) = a(a+1)$ (für $a \neq 1$)

$\frac{a}{a-1} \cdot \frac{a+1}{a^2} = \frac{a+1}{a(a-1)}$ (für $a \neq 0$, $a \neq 1$)

$\frac{1}{a^2-1} \cdot \frac{a^2}{3} = \frac{a^2}{3\left(a^2-1\right)}$ (für $a \neq 1$, $a \neq -1$)

$\frac{1}{a^2-1} \cdot \frac{a-1}{a+1} = \frac{1}{(a+1)^2}$ (für $a \neq 1$, $a \neq -1$)

$\frac{1}{a^2-1} \cdot \left(a^2 - 1\right) = 1$ (für $a \neq 1$, $a \neq -1$)

$\frac{1}{a^2-1} \cdot \frac{a+1}{a^2} = \frac{1}{a^2(a-1)}$ (für $a \neq 0$, $a \neq 1$, $a \neq -1$)

$a^3 \cdot \frac{a^2}{3} = \frac{a^5}{3}$

$a^3 \cdot \frac{a-1}{a+1} = \frac{a^3(a-1)}{a+1}$ (für $a \neq -1$)

$a^3 \cdot \left(a^2 - 1\right) = a^3\left(a^2 - 1\right)$

$a^3 \cdot \frac{a+1}{a^2} = a(a+1)$ (für $a \neq 0$)

52 **12. d)** $\frac{1}{a}\cdot\frac{3}{a^2}=\frac{3}{a^3}$ (für $a \neq 0$)

$\frac{1}{a}\cdot\frac{a+1}{a-1}=\frac{a+1}{a(a-1)}$ (für $a \neq 0,\ a \neq 1,\ a \neq -1$)

$\frac{1}{a}\cdot\frac{1}{a^2-1}=\frac{1}{a\left(a^2-1\right)}$ (für $a \neq 0,\ a \neq 1,\ a \neq -1$)

$\frac{1}{a}\cdot\frac{a^2}{a+1}=\frac{a}{a+1}$ (für $a \neq 0,\ a \neq -1$)

$\frac{a}{a-1}\cdot\frac{3}{a^2}=\frac{3}{a(a-1)}$ (für $a \neq 0,\ a \neq 1$)

$\frac{a}{a-1}\cdot\frac{a+1}{a-1}=\frac{a(a+1)}{(a-1)^2}$ (für $a \neq 1,\ a \neq -1$)

$\frac{a}{a-1}\cdot\frac{1}{a^2-1}=\frac{a}{(a-1)^2(a+1)}$ (für $a \neq 1,\ a \neq -1$)

$\frac{a}{a-1}\cdot\frac{a^2}{a+1}=\frac{a^3}{a^2-1}$ (für $a \neq 0,\ a \neq 1,\ a \neq -1$)

$\frac{1}{a^2-1}\cdot\frac{3}{a^2}=\frac{3}{a^2\left(a^2-1\right)}$ (für $a \neq 0,\ a \neq 1,\ a \neq -1$)

$\frac{1}{a^2-1}\cdot\frac{a+1}{a-1}=\frac{1}{(a-1)^2}$ (für $a \neq 1,\ a \neq -1$)

$\frac{1}{a^2-1}\cdot\frac{1}{a^2-1}=\frac{1}{\left(a^2-1\right)^2}$

$\frac{1}{a^2-1}\cdot\frac{a^2}{a+1}=\frac{a^2}{(a-1)(a+1)^2}$ (für $a \neq 0,\ a \neq 1,\ a \neq -1$)

$a^3\cdot\frac{3}{a^2}=3a$ (für $a \neq 0$)

$a^3\cdot\frac{a+1}{a-1}=\frac{a^3(a+1)}{a-1}$ (für $a \neq 1,\ a \neq -1$)

$a^3\cdot\frac{1}{a^2-1}=\frac{a^3}{a^2-1}$ (für $a \neq 1,\ a \neq -1$)

$a^3\cdot\frac{a^2}{a+1}=\frac{a^5}{a+1}$ (für $a \neq 0,\ a \neq -1$)

1.8.2 Lösen von Bruchgleichungen

54 **1. a)** - **b)** (1) $L=\mathbb{Q}\setminus\{4\}$ (2) $L=\mathbb{Q}\setminus\{0\}$ (3) $L=\mathbb{Q}\setminus\{1\}$ (4) $L=\mathbb{Q}\setminus\{2\}$

2. a) Die 2. Variante ist richtig ($x = 2$). Der Fehler der 1. Variante ist die fehlende Klammer um $3 \cdot x$ im Nenner.
b) -

55 **3.** $\frac{1}{x}=\frac{1}{3}+\frac{1}{2}$, $L=\left\{\frac{6}{5}\right\}$

Zusammen würden sie eine Stunde und 12 Minuten benötigen.

55

4. a) $x \neq 0$; $L = \left\{\frac{7}{5}\right\}$
b) $x \neq 1$; $L = \{3\}$
c) $x \neq -10$; $L = \{-7\}$
d) $x \neq 3$; $L = \{2\}$
e) $x \neq -2$; $L = \{-1\}$
f) $x \neq \frac{5}{3}$; $L = \{1\}$
g) $x \neq \frac{7}{2}$; $L = \{3\}$
h) $x \neq \frac{1}{4}$; $L = \{2\}$
i) $x \neq -\frac{1}{3}$; $L = \left\{-\frac{2}{3}\right\}$
j) $x \neq \frac{1}{2}$; $L = \{0\}$

5. a) $x \neq 1, x \neq -1$; $L = \{7\}$
b) $x \neq 0, x \neq 5$; $L = \{-2\}$
c) $x \neq 0, x \neq -3$; $L = \{-18\}$
d) $x \neq 0$, $x \neq -\frac{1}{2}$; $L = \{2\}$

6. Beide Nenner können den Wert null nicht annehmen, da $x^2 \geq 0$, also $x^2 + 1 > 0$ und $2x^2 + 2 > 0$. $L = \left\{\frac{1}{2}\right\}$

7. a) Z. B. $\frac{x}{x-3} = 5$
b) Z. B. $\frac{x}{x-7{,}5} = 10$
c) Z. B. $\frac{5}{x+3} = \frac{6}{x+2}$
d) Z. B. $\frac{1}{(x+3)(x-2)} = 0$

8. a) $x \neq 8, x \neq -16$; $L = \{-4\}$
b) $x \neq 3, x \neq -3$; $L = \{7\}$
c) $x \neq 0, x \neq -6$; $L = \{6\}$
d) $x \neq 1, x \neq -1$; $L = \{0\}$

9. a) *Jan:* $L = \{1\}$ *Julia:* $L = \{-11\}$
b) *Jan:* $x \neq 0, x \neq 2$; $L = \{1\}$ *Julia:* $x \neq 3, x \neq -4$; $L = \{-1; -11\}$
Bei Julia geht die Lösung $x = -1$ verloren, da dann die Zähler gleich 0 werden. Es ist also keine Äquivalenzumformung.

10. a) $x \neq 0$; $L = \{2\}$
b) $x = 4$; $L = \{7{,}5\}$
c) $z \neq 2, z \neq -1$; $L = \{-0{,}25\}$
d) $x \neq 2, x \neq -7$; $L = \{5\}$
e) $y \neq 0, y \neq 8$; $L = \{11\}$
f) $x \neq 1, x \neq -1$; $L = \{6\}$
g) $x \neq 0$; $L = \{3\}$
h) $x \neq \frac{5}{3}$; $L = \{3\}$

11. Michel hat die Terme gleichnamig gemacht. Rebecca hat durch (x + 1) bzw. (x + 5) gekürzt. $x \neq -1, x \neq -5$; $L = \{4\}$

1.9 Umstellen von Formeln

56

2. -

56

3. **a)** $A = \frac{g \cdot h}{2} = \frac{g}{2} \cdot \frac{h}{2}$; $A = \frac{1}{2} gh = \frac{1}{2} \cdot \frac{g \cdot h}{1} = \frac{1 \cdot (g \cdot h)}{2} = \frac{g \cdot h}{2}$;

$A = g \cdot \frac{h}{2} = \frac{g}{1} \cdot \frac{h}{2} = \frac{g \cdot h}{2}$; $A = \frac{g}{2} \cdot h = \frac{g}{2} \cdot \frac{h}{1} = \frac{g \cdot h}{2}$

b) $g = \frac{2A}{h}$ $\left[h = \frac{2A}{g}\right]$

c) A = 15,17 cm²; h = 6,2 cm; h = 6,0 cm; g ≈ 12,13 cm

4.

a	6,4 cm	3,8 m	6,7 cm	4,581 m	2,007 m	28 mm	15,17 cm
c	3,1 cm	5,2 m	4,5 cm	4,8 m	7,2 m	64 mm	10,08 cm
h	9,2 cm	4,2 m	4,5 cm	4,2 m	11,6 m	25 mm	5,45 cm
A	43,7 cm²	18,9 m²	25,2 cm²	19,7 m²	53,4 m²	1150 mm²	68,8 cm²

57

5. (1) a = (17,4 – 2 · 4,6) : 2 = 4,1   a = (u – 2b) : 2
Die Rechteckseite ist 4,1 cm lang.
(2) a = (20,3 – 2 · 5,2) : 2 = 4,95
Die Rechteckseite ist 4,95 cm lang.
(3) a = (37,8 – 2 · 9,5) : 2 = 9,4
Die Rechteckseite ist 9,4 cm lang.

6. $a = \frac{O-2bc}{2b+2c}$ $\left[b = \frac{O-2ac}{2a+2c};\ c = \frac{O-2ab}{2a+2b}\right]$

a) c = 4,1   **b)** b = 2,9   **c)** c = 6,0

7. **a)** (1) I Gesamtstromstärke, $I_{1,2}$ Teilstromstärken

(2) $F_{1,2}$ Kräfte; $s_{1,2}$ Strecken/Wege

(3) $U_{1,2}$ Spannungen; $R_{1,2}$ Widerstände

(4) p Druck; F Kraft; A Fläche

(5) Q Ladung; m Masse; c Lichtgeschwindigkeit; Δt Zeitintervall

(6) W Energie; U Spannung; I Stromstärke; t Zeit

(7) R Widerstand; ρ Dichte; ℓ Länge; A Fläche

(8) R Gesamtwiderstand; $R_{1,2}$ Teilwiderstände

b) (1) $I = I_1 + I_2$; $I_1 = I - I_2$; $I_2 = I - I_1$

(2) $F_1 = \frac{F_2 \cdot s_2}{s_1}$; $s_1 = \frac{F_2 \cdot s_2}{F_1}$; $F_2 = \frac{F_1 \cdot s_1}{s_2}$; $s_2 = \frac{F_1 \cdot s_1}{F_2}$

(3) $U_1 = \frac{R_1 \cdot U_2}{R_2}$; $U_2 = \frac{U_1 \cdot R_2}{R_1}$; $R_1 = \frac{U_1 \cdot R_2}{U_2}$; $R_2 = \frac{U_2 \cdot R_1}{U_1}$

(4) $p = \frac{F}{A}$; $F = p \cdot A$; $A = \frac{F}{p}$

(5) $Q = m \cdot c \cdot \Delta t$; $m = \frac{Q}{c \cdot \Delta t}$; $c = \frac{Q}{m \cdot \Delta t}$; $\Delta t = \frac{Q}{m \cdot c}$

(6) $W = U \cdot I \cdot t$; $U = \frac{W}{I \cdot t}$; $I = \frac{W}{U \cdot t}$; $t = \frac{W}{U \cdot I}$

(7) $R = \frac{\rho \cdot \ell}{A}$; $\rho = \frac{R \cdot A}{\ell}$; $\ell = \frac{R \cdot A}{\rho}$; $A = \frac{\rho \cdot \ell}{R}$

(8) $R = \frac{R_1 \cdot R_2}{R_1 + R_2}$; $R_1 = \frac{R \cdot R_2}{R_2 - R}$; $R_2 = \frac{R \cdot R_1}{R_1 - R}$

c) -

57

8. Bedingung für die erste Gleichung: $x \neq 0$
Bedingung für die zweite Gleichung: $a \neq 0$

9. **a) b) c)** $0{,}075 \cdot x$ = (ungerundete) Anzahl Bonuspunkte

Einkauf (in €)	Bonuspunkte	Bonuspunkte (gerundet)
19,95	1,49625	1
37,35	2,80125	2
259	19,425	19
79,53	5,96475	5
32,56	2,442	2
49,87	3,74025	3
197,45	14,80875	14
299	22,425	22
275,89	20,69175	20

d) Sie muss noch für 173,34 € einkaufen.

e) $x = \frac{\text{Anzahl Bonuspunkte}}{0{,}075}$

1.10 Vermischte und komplexe Übungen

58

1. **a)** $-5x - 8$
b) $-13 \; \left[31; \; -9\frac{4}{11}\right]$
c) $-2 \; \left[\frac{8}{5}; \; -\frac{8}{5}; \; -\frac{7}{4}\right]$

2. **a)** -
b) (1) $x^2y + x^2y = 2x^2y$ (2) $x^2y + xy^2 = (x+y)xy$

3. **a)** $2x - 2y$
$7xy - 7x + 14x^2$
$5a - b$
b) $27a - 36ab - 33 + 44b$
$35y - 2x + 10xy - 7$
$13uv + 36u^2 + v^2$
c) $24x^2 - 24xy + 9y^2$
0
$4x^2 - 23x + 42$

4. **a)** $-a\,(bc + 15)$
$v\left(-u^2 + v^2\right)$
$-7\,(a + 5b)$
b) $8x^2(1 + 3x)$
$3r\,(2r - 3s)$
$11\,(5r - s)$

58 **4.** **c)** $8r^2s^3\left(10rs-8s^2+7r^2\right)$

$7ab\left(4a^2+1-7b^2\right)$

$13\left(3a+x^2\right)$

d) $\frac{a}{b}(3-a-x)$

$\frac{4}{s}(5+2a-10b)$

5. **a)** $(3x+8y)(3x-8y)$

$(6u+11v)(6u-11v)$

a^2+b^2

$(z+1)(z-1)$

b) $(3x+5a)^2$

$(2u+1)^2$

$(k-1)^2$

$36+x^2-6x$

c) $64(uv-1)(uv+1)$

$(z+2)(-z+2)$

$(7a-2b)^2$

$20xy-4x^2-25y^2$

6. -

59 **7.** **a)** $4a\cdot\left(1+\frac{a}{2}+h+\frac{a}{2}+1\right)+1\cdot\left(1+\frac{a}{2}+h+\frac{a}{2}+1\right)=(4a+1)(2+a+h)$

b) (1) 899 cm² (2) 604,5 cm²

8.

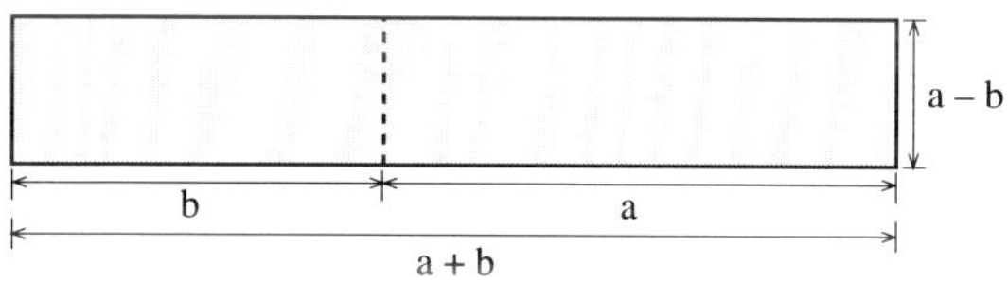

$b\cdot(a-b)+a\cdot(a-b)=(a+b)(a-b)$

9. **a)** $L=\{1\}$

b) $L=\mathbb{Q}$

c) $L=\{4{,}4\}$

d) $L=\{3\}$

e) $L=\{1{,}8\}$

f) $L=\{\ \}$

g) $L=\{1{,}5\}$

h) $L=\{-9\}$

i) $L=\{-1\}$

10. **a)** $A=\frac{b\cdot a}{2};\quad a=\frac{2A}{b};\quad b=\frac{2A}{a}$

b) $A=2{,}7a\cdot b;\quad a=\frac{A}{2{,}7b};\quad b=\frac{A}{2{,}7a}$

c) $A=\frac{a+\frac{3}{4}a}{2}\cdot t=\frac{7}{8}a\cdot t;\quad a=\frac{8A}{7t};\quad t=\frac{8A}{7a}$

11. (1) **a)** $V=a\cdot b\cdot c;\quad a=\frac{V}{b\cdot c};\quad b=\frac{V}{a\cdot c};\quad c=\frac{V}{a\cdot b}$

b) $V=3x\cdot 2y\cdot 5z=30x\cdot y\cdot z;\quad x=\frac{V}{30y\cdot z};\quad y=\frac{V}{30x\cdot z};\quad z=\frac{V}{30x\cdot y}$

c) $V=\frac{1}{2}a\cdot b\cdot h;\quad a=\frac{2V}{b\cdot h};\quad b=\frac{2V}{a\cdot h};\quad h=\frac{2V}{a\cdot b}$

d) $V=\frac{1}{2}\cdot 3s\cdot 2t\cdot 2\ell=6s\cdot t\cdot\ell;\quad s=\frac{V}{6t\cdot\ell};\quad t=\frac{V}{6s\cdot\ell};\quad \ell=\frac{V}{6t\cdot\ell}$

2. Zufallsversuche

2.1 Zufallsversuche – Wahrscheinlichkeit

2.1.1 Zufallsversuche – Ergebnismenge

63

2. **a)** Ungefähr 50-mal **b)** Ungefähr 17-mal

3. (1) *Reißnagelwurf:* Vor dem Wurf ist nicht vorhersehbar, ob die Spitze nach oben oder zur Seite zeigen wird.
S = {Lage „Kopf"; Lage „Seite"}
Erfahrungsgemäß tritt Lage „Seite" häufiger auf als Lage „Kopf", die Chance für Lage „Seite" ist größer als für die „Kopf".
(2) *Ziehen einer Spielkarte:* Vor dem Ziehen ist nicht vorhersehbar, welche Karte es sein wird S = {alle Spielkarten}. Jede Spielkarte ist genau einmal drin. Also ist jede Karte gleich wahrscheinlich.
(3) *Geschlecht eines Neugeborenen:* Vor der Geburt (zu einem frühen Zeitpunkt der Schwangerschaft, ... vor der Zeugung des Kindes) ist nicht vorhersehbar, ob das Kind ein Mädchen oder ein Junge ist.
S = {M; J}
Erfahrungsgemäß kommen ungefähr gleich viele Mädchen zur Welt wie Jungen, d. h. die Chance für eine Mädchengeburt ist ungefähr genauso groß wie für eine Jungengeburt.

4. **a)** (1) nicht zufällig
(2) zufällig
(3) nicht zufällig
(4) nicht zufällig
(5) zufällig
(6) nicht zufällig

b) (1) beides
(2) beides
(3) Geschick (evtl. beides)
(4) Zufall

5. (1) S = {Rücken; Rand}; S (Rücken) $\approx$ 0,6; S (Rand) $\approx$ 0,4
(2) S = {Bierdeckel liegt auf der bedruckten Seite; Bierdeckel liegt auf der unbedruckten Seite};
Beide Ergebnisse haben die gleiche Chance.
(3) S = {Pik Ass, Herz Ass, ...}
Alle Ergebnisse haben die gleiche Chance.
(4) S = {Losnummer 1, ..., Losnummer n}
Alle Ergebnisse haben die gleiche Chance.
(5) S = {Knopf liegt mit der einen Seite nach oben, Knopf liegt mit der anderen Seite nach oben}
Ist der Knopf symmetrisch, so gilt: Beide Ergebnisse haben die gleiche Chance.

63

5. (6) Hat das Glücksrad n gleiche Felder, so gilt:
S = {Glücksrad hält bei Feld 1, ..., Glücksrad hält bei Feld n}
Alle Ergebnisse haben die gleiche Chance.

6. **a)** Ungefähr 250-mal [ungefähr 500-mal]
b) Ungefähr 100-mal [ungefähr 167-mal]

7. **a)** S = {3, 4, 5, 6, 7, 8, 9, 10, 11, 12, 13, 14, 15}
b) S = {2, 3, 4, 5, 6, 7, 8, 10, 12, 14, 15, 16, 18, 20, 21, 24, 28, 30, 32, 35, 40, 42, 48, 56}

8. S = {(1 | W), (2 | W), (3 | W), (4 | W), (5 | W), (6 | W), (1 | Z), (2 | Z), (3 | Z), (4 | Z), (5 | Z), (6 | Z)}

9. Das Ergebnis wäre nicht zufällig, sondern sicher, also kein Zufallsexperiment mehr.

2.1.2 Laplace-Versuch – Wahrscheinlichkeit

64

2. **a)** 50-mal [250-mal] (absolute Häufigkeit)
$\frac{1}{2}$ $\left[\frac{1}{2}\right]$ (relative Häufigkeit)
b) 10-mal [50-mal] (absolute Häufigkeit)
relative Häufigkeit $= \frac{1}{6}$
c) ca. 20-mal [ca. 41-mal]
relative Häufigkeit $= \frac{1}{49}$

65

3. (1) Münze: S = {„Kopf"; „Zahl"}; relative Häufigkeit: Kopf $\frac{1}{2}$, Zahl $\frac{1}{2}$
(2) Kronkorken: S = { „glatte Seite oben"; „nasse Seite oben"}
kein Laplace-Experiment; relative Häufigkeit ungewiss
(3) Tetraeder: S = {jeweils eine der 4 Seiten liegt oben}
relative Häufigkeit jeweils $\frac{1}{4}$
(4) Streichholzschachtel: S = {jeweils eine der 6 Seiten liegt oben}
kein Laplace-Experiment.

4. $P = \frac{1}{49}$

5. Kein Laplace-Experiment, das Geschick der Spieler spielt eine wesentliche Rolle.

6. **a)** P (Herz König) = $\frac{1}{32}$ **b)** P (Karo Neun) = $\frac{1}{32}$

65 7. a) $P = \frac{1}{4}$

b) Jede Augenzahl kann man 22-mal erwarten.

c) -

8. P (Doppelsechs) $= \frac{1}{28}$

9. Tetraeder da P (1) $= \frac{1}{4}$ [Würfel ist P (1) $= \frac{1}{6}$]

2.1.3 Näherungsweises Bestimmen von Wahrscheinlichkeiten

68 1. 1: 960-mal; 2, 3, 5, 6: je 120-mal; 4: 560-mal
[1: 600-mal; 2, 3, 5, 6: je 75-mal; 4: 350-mal;
1: 12-mal; 2, 3, 5, 6: je ≈ 1,5-mal; 4: 7-mal]

2. Am wahrscheinlichsten ist das Würfeln einer 1, denn P (1) ≈ 0,48.

69 3. a) Man würde auf Seite setzen; dies erscheint häufiger.

b) Reißnagel auf dem Kopf erscheint 200-mal, Reißnagel auf der Seite erscheint 300-mal. P (Kopf) ≈ 0,4; P (Seite) ≈ 0,6.

c) -

4. a) Die Seitenwahl mit dem Kronenkorken ist nicht fair, da er häufiger auf dem Rücken liegen bleibt.

b)

Anzahl der Würfe	50	100	200
relative Häufigkeit von Rücken	0,62	0,57	0,59
relative Häufigkeit von Rand	0,38	0,43	0,41

P (liegt auf dem Rücken) ≈ 0,59
Demnach ist es also etwas wahrscheinlicher, dass der Kronenkorken auf dem Rücken landet.

c) Da unterschiedliche Kronkorken beim Öffnen der Flasche unterschiedlich gebogen worden sind, unterscheiden sich ihre Wahrscheinlichkeiten für Rücken und Rand. Daher ist dieses Verfahren nicht möglich.

69 **5.** **a)** und **b)**

Ein Versuch mit 1 000 Würfen ergab untenstehendes Ergebnis. Dabei waren die Seiten mit den 6 bzw. 8 Nippeln die „Sechs". Die gegenüberliegende Seite die „Eins". Die beiden größeren Seitenflächen waren die „Zwei" bzw. die „Vier". Die beiden kleineren Seitenflächen waren die „Drei" bzw. die „Fünf".

	1	2	3	4	5	6
absolute Häufigkeit beim Sechser-Lego	499	90	9	89	11	302
absolute Häufigkeit beim Achter-Lego	488	88	2	102	3	317

Beim Sechser-Lego wurden mit etwa 50% die „Eins", mit etwa 30% die „Sechs", mit etwa 9% die „Zwei" und die „Vier" und mit etwa 1% die „Drei" und die „Fünf" gewürfelt.

Beim Achter-Lego wurden mit etwa 49% die „Eins", mit etwa 32% die „Sechs", mit etwa 10% die „Vier", mit etwa 9% die „Zwei", mit 0,3% die „Fünf" und mit 0,2% die „Drei" gewürfelt. Aus Symmetriegründen müssten die „Zwei" und die „Vier" bzw. die „Drei" und die „Fünf" etwa gleich oft erscheinen.

70 **6.** **a)**

Augenzahl	3	1	2	3	2	2	4	2	2	2
1	0	0,50	0,33	0,25	0,20	0,17	0,14	0,13	0,11	0,10
2	0	0	0,33	0,25	0,40	0,50	0,43	0,50	0,56	0,60
3	1	0,50	0,33	0,50	0,40	0,33	0,29	0,25	0,22	0,20
4	0	0	0	0	0	0	0,14	0,13	0,11	0,10

Augenzahl	2	3	3	3	3	3	2	3	4	3
1	0,09	0,08	0,08	0,07	0,07	0,06	0,06	0,06	0,05	0,05
2	0,64	0,58	0,54	0,50	0,47	0,44	0,47	0,44	0,42	0,40
3	0,18	0,25	0,31	0,36	0,40	0,44	0,41	0,44	0,42	0,45
4	0,09	0,08	0,08	0,07	0,07	0,06	0,06	0,06	0,11	0,10

Augenzahl	2	2	2	2	3	4	4	1	2	2
1	0,05	0,05	0,04	0,04	0,04	0,04	0,04	0,07	0,07	0,07
2	0,43	0,45	0,48	0,50	0,48	0,46	0,44	0,43	0,45	0,47
3	0,43	0,41	0,39	0,38	0,40	0,38	0,37	0,36	0,34	0,33
4	0,10	0,09	0,09	0,08	0,08	0,12	0,15	0,14	0,14	0,13

70 **6. a)** Fortsetzung

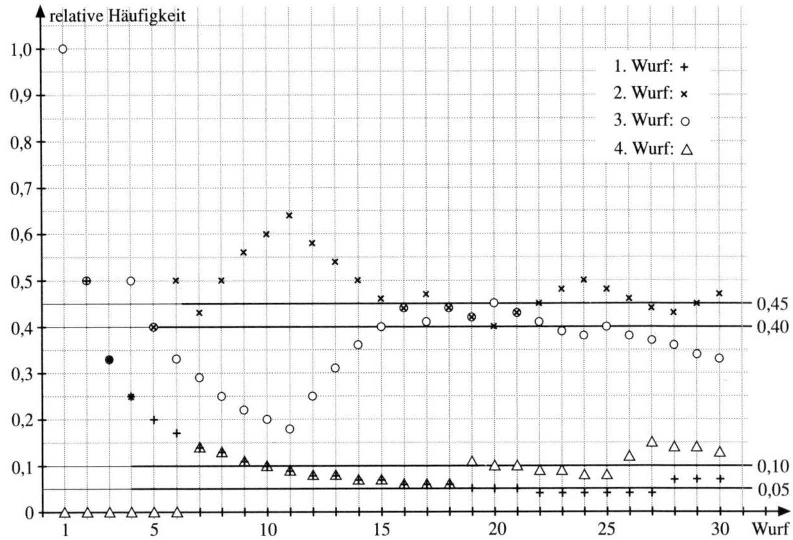

b) P (1) ≈ 0,05; P (2) ≈ 0,45; P (3) ≈ 0,40; P (4) ≈ 0,10

7. -

8. a) Die Wahrscheinlichkeit, dass ein zufällig ausgewähltes Fahrrad mindestens einen Mangel hat ist 0,6.

b) Von 460 Fahrrädern haben etwa 0,6 · 460 = 276 Mängel.

c) 0,73 ist die Wahrscheinlichkeit das ein Fahrrad vor dem Gymnasium aufweist.

9. a) 300 Chips **b)** 3 Chips

10. a) Bei etwa 26 Autos.

b) Montags liegt die Wahrscheinlichkeit eines Verarbeitungsfehlers bei etwa 1,37% (an anderen Wochentagen bei etwa 0,69%). Das entspricht bei einer täglichen Produktion von 535 Autos etwa 7 Autos.

3210 : 6 = 535

11. a) Dirk traf 8 von 10 Freiwürfen (als Beispiel)

b) 25 - 26 Treffer

c) 80%

Im Blickpunkt: Junge oder Mädchen

71 **1. a)** Anteil Mädchen: 0,477 Anteil Jungen: 0,523

b)

Jahr	2001	2002	2003
Anteil Mädchen	0,489	0,498	0,493

Der Anteil der Mädchen liegt immer unter $\frac{1}{2}$.

71 **2.** **a)** Paris (über 25 Jahre) Anteil Jungen: 0,5097
London (1664 – 1757) Anteil Jungen: 0,5134
Die Anteile stimmen nicht exakt überein.

b) Die Landbevölkerung hat wegen Feldarbeit lieber Jungen als Nachwuchs. Mehr Mädchen sind Findelkinder und gehen in die Pariser Statistik ein.

c) P (Jungengeburt) = 0,514

d) Die Daten aus Leipzig passen ungefähr zu den geschätzten Wahrscheinlichkeiten, da auch hier der Anteil der Jungengeburten immer größer ist.

3.

Land	Portugal	Deutschland	Schweiz	Finnland	Liechtenstein
P(Jungengeburten)	0,517	0,515	0,512	0,507	0,5

2.2 Ereignisse und ihre Wahrscheinlichkeiten

2.2.1 Bestimmen von Wahrscheinlichkeiten von Ereignissen

73 **2.** **a)** Gewinn Laura: S= {11, 22, 33, 44, 55, 66, 77, 88, 99}
Gewinn Sarah: G = {7, 14, 21, 28, 35}

$P(S) = \frac{9}{100} = 0{,}09$

$P(G) = \frac{5}{40} = 0{,}125$

Bei Sarahs Glücksrad sind die Gewinnchancen also höher.

b) Ist n die Gesamtanzahl der möglichen Ergebnisse des Laplace-Versuches, so hat jedes Ergebnis die Wahrscheinlichkeit $\frac{1}{n}$.

Gehören zu dem Ereignis E, das betrachtet wird, g Ergebnisse, so gilt nach der Summenregel:

$$P(E) = \underbrace{\frac{1}{n} + \ldots + \frac{1}{n}}_{g \text{ Summanden}} = \frac{g}{n}$$

3. Lösung im Lehrbuch S. 74.

74 **4.** (1) P (ungerade Zahl) = 0,48 + 0,06 + 0,06 = 0,6
(2) P (Augenzahl ist durch 2 oder 3 teilbar)
= 0,06 + 0,06 + 0,28 + 0,06 = 0,46
(3) P (durch 2 und durch 3 teilbare Zahl) = (6) = 0,06
(4) P (Augenzahl ist höchstens 4) = 0,48 + 0,06 + 0,06 + 0,28 = 0,88
oder P (Augenzahl ist höchstens 4) = 1 – P (Augenzahl ist größer als 4)
= 1 – (0,06 + 0,06) = 1 – 0,12 = 0,88
(5) P (Augenzahl ist nicht 3) = 1 – P (Augenzahl ist 3) = 1 – 0,06 = 0,94
(6) P (Augenzahl ist mindestens 3) = 0,06 + 0,28 + 0,06 + 0,06 = 0,46
oder P (Augenzahl ist mindestens 3) = 1 – P (Augenzahl ist kleiner als 3)
= 1 – (0,48 + 0,06) = 1 – 0,56 = 0,44

74

5. (1) Das 2- bis 4-jährige Funktionieren bedeutet einen Defekt im 1., 2. oder nach dem 4. Betriebsjahr.

$P = P(1) + P(2) + P(5) + P(\geq 6)$
$= 0{,}02 + 0{,}05 + 0{,}31 + 0{,}13$
$= 0{,}51$

(2) Funktionieren bis zu 5 Jahren bedeutet einen Defekt im 6. Betriebsjahr oder später.

$P = P(\geq 6) = 0{,}13$

(3) Funktionieren von 1 bis zu 3 Jahren bedeutet einen Defekt im 1. oder ab dem 4. Betriebsjahr.

$P = P(1) + P(4) + P(5) + P(\geq 6)$
$= 0{,}02 + 0{,}37 + 0{,}31 + 0{,}13$
$= 0{,}83$

(4) P (Funktionieren länger als 4 Jahre)
= 1 − P (Funktionieren kürzer als 4 Jahre)
$= 1 - [P(2) + P(2) + P(3) + P(4)]$
$= 1 - [0{,}02 + 0{,}05 + 0{,}12 + 0{,}37]$
$= 0{,}44$

6. **a)** Die Wahrscheinlichkeit, dass ein zufällig ausgewähltes Auto keine Mängel aufweist, ist: $P \approx 1 - 0{,}13 = 0{,}87$.

b) $\frac{23}{178} \cdot 800$, also etwa 103 bis 104 Autos werden Mängel aufweisen.

7. (1) P (Erscheinen einer Primzahl beim Werfen eines Oktaeders) $= \frac{4}{8} = 0{,}5$

(2) P (Erscheinen einer geraden Zahl beim Werfen eines gewöhnlichen Würfels) $= \frac{3}{6} = 0{,}5$

Die Wahrscheinlichkeit für einen Gewinn ist bei beiden Zufallsexperimenten gleich groß.

8. **a)** mögliche Ergebnisse = {0, 1, 2, ..., 98, 99}

(1) Gewinn-Ergebnisse = {0, 8, 16, 24, 32, 40, 48, 56, 64, 72, 80, 88, 96}

$P = \frac{13}{100} = 0{,}13$

(2) Gewinn-Ergebnisse = {8, 18, 28, 38, 48, 58, 68, 78, 88, 98}

$P = \frac{10}{100} = 0{,}1$

(3) Gewinn-Ergebnisse = {8, 18, 28, 38, 48, 58, 68, 78, 80, 81, 82, 83, 84, 85, 86, 87, 88, 89, 98}

$P = \frac{19}{100} = 0{,}19$

(4) Gewinn-Ergebnisse = {8, 17, 26, 35, 44, 53, 62, 71, 80}

$P = \frac{9}{100} = 0{,}09$

75

8. b) mögliche Ergebnisse = {1, 2, 3, ..., 39, 40}

(1) Gewinn-Ergebnisse = {8, 16, 24, 32, 40}

$P = \frac{5}{40} = 0,125$

(2) Gewinn-Ergebnisse = {8, 18, 28, 38}

$P = \frac{4}{40} = 0,1$

(3) Gewinn-Ergebnisse = {8, 18, 28, 38}

$P = \frac{4}{40} = 0,1$

(4) Gewinn-Ergebnisse = {8, 17, 26, 35}

$P = \frac{4}{40} = 0,1$

9. a) Die Wahrscheinlichkeit, dass eine Primzahl erscheint, ist $P = \frac{4}{10} = 0,4$.

Die Wahrscheinlichkeit, dass keine Primzahl erscheint, ist $P = \frac{6}{10} = 0,6$.

Das Spiel ist nicht fair.

b) Etwa 20-mal erscheint eine Primzahl, etwa 30-mal keine Primzahl.

10. Anzahl der möglichen Ergebnisse: 15

a) P (weiße Kugel) $= \frac{5}{15} = \frac{1}{3} \approx 0,33$

b) P (rote Kugel) $= \frac{4}{15} \approx 0,27$

c) P (schwarze Kugel) $= \frac{6}{15} = \frac{2}{5} = 0,40$

d) P (keine weiße Kugel) = 1 – P (weiße Kugel) $= 1 - \frac{1}{3} = \frac{2}{3} \approx 0,67$

11. a) Durch häufiges Würfeln kann man feststellen, ob jede Zahl etwa gleich oft vorkommt.

b) (1) $E = \{3, 6\}$ $P(E) = \frac{2}{6} \approx 0,33$

(2) $E = \{2, 3, 5\}$ $P(E) = \frac{3}{6} \approx 0,5$

(3) $E = \{1, 2, 3, 4, 5\}$; $\overline{E} = \{6\}$; $P(E) = 1 - P(\overline{E}) = 1 - \frac{1}{6} = \frac{5}{6} \approx 0,83$

(4) $E = \{4\}$; $P(E) = \frac{1}{6} \approx 0,17$

12. $\frac{14}{30} = \frac{7}{15} = 0,4\overline{6}$

76

13. Anzahl der möglichen Ergebnisse: 37

(1) $P = \frac{18}{37} \approx 0,49$	(4) $P = \frac{18}{37} \approx 0,49$	(7) $P = \frac{18}{37} \approx 0,46$
(2) $P = \frac{18}{37} \approx 0,49$	(5) $P = \frac{18}{37} \approx 0,46$	
(3) $P = \frac{1}{37} \approx 0,03$	(6) $P = \frac{18}{37} \approx 0,46$	

76

14. A: $\frac{25}{100} = 0,25 = 25\%$ D: $\frac{10}{100} = 0,10 = 10\%$

B: $\frac{16}{100} = 0,16 = 16\%$ E: $\frac{67}{100} = 0,67 = 67\%$

C: $\frac{20}{100} = 0,20 = 20\%$ F: $\frac{32}{100} = 0,32 = 32\%$

15. (1) $\frac{3}{6} = 0,5$ (3) $\frac{4}{6} = 0,8$ (5) $\frac{4}{6} = 0,\overline{6}$ (7) $\frac{4}{6} = 0,\overline{6}$

(2) $\frac{3}{6} = 0,5$ (4) $\frac{1}{6} = 0,1\overline{6}$ (6) $\frac{5}{6} = 0,8\overline{3}$

16. **a)** $p = \frac{12}{20} = 0,6$ **c)** $p = \frac{7}{20} = 0,35$ **e)** $p = \frac{3}{20} = 0,15$

b) $p = \frac{13}{20} = 0,65$ **d)** $p = \frac{12}{20} = 0,6$

17. (1) $p = \frac{17}{32} \approx 0,531$ (2) $p = \frac{3}{32} \approx 0,094$

77

18. **a)**

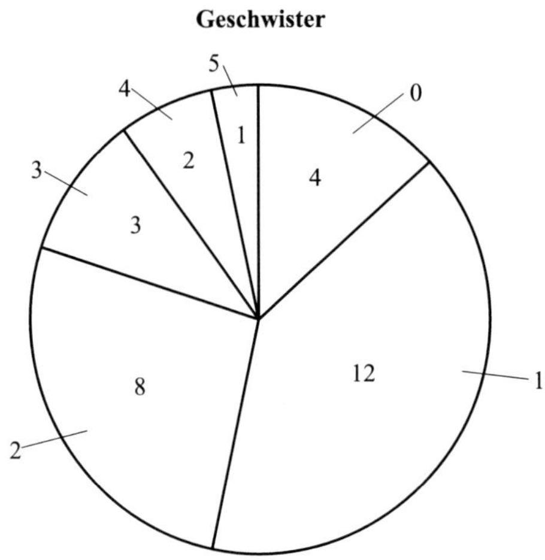

b) 0,8 Wahrscheinlichkeit weniger als 3 Geschwister
0,1 Wahrscheinlichkeit mehr als 3 Geschwister

19. **a)**

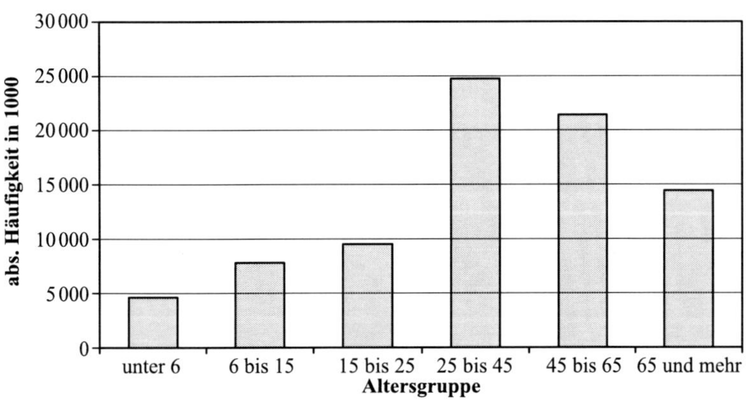

77

19. **b)** P (unter 6) = 0,06
P (6 - 15) = 0,09
P (15 - 25) = 0,12
P (25 - 45) = 0,30
P (45 - 65) = 0,26
P (65 und mehr) = 0,17

c) (1) P (unter 15) = 0,15
(2) P (25 bis 65) = 0,56
(3) Nicht bestimmbar, da die Schulpflicht nicht altersabhängig ist.

20. P (hat Geschwister) = 1 – P (Einzelkind) (nach S. 72, Aufg. 1. b))
= P (hat Bruder) + P (hat Schwester)
– P (hat Bruder und Schwester)
= 31% + 30% – 8%;
also ist P (Einzelkind) = 1 – 31% – 30% + 8%
= 47%

21. **a)** Anzahl der möglichen Ergebnisse: 100
Anzahl der Gewinn-Ergebnisse: 10

b) P (Gewinn) = $\frac{10}{100}$ = 0,1

Bei 500 Spielen wird es etwa 50 Gewinne geben. Es werden also 500 · 0,50 € = 250 € eingenommen und 50 · 1 € = 50 € für Gewinne ausgegeben. Der Überschuss beträgt also 200 €.

22. p = $\frac{2}{3}$ Ereignis: Die Zahl ist kleiner gleich 16.

p = $\frac{3}{8}$ Ereignis: Die Zahl ist kleiner gleich 9.

2.2.2 Gegenereignis – Unmögliches und sicheres Ereignis

79

1. **a)** (1) 0,6
(2) 0,4

b) (1) 1
(2) 0,48

c) (1) 0,94
(2) 0

2. **a)** (1) 0,09
(2) Zufällig ausgewählter Lkw weist keine Mängel auf: P = 0,91

b) 19 Lkw

3. **a)** 0,7 **b)** $\frac{13}{20}$

4. (1) Z. B. Ergebnis: 16 (2) Z. B. Ergebnis: mindestens 1

5. (1) Ja, die Kugel kann dort liegen bleiben.
(2) Nein, für jedes Spiel ist rot und schwarz gleich wahrscheinlich.
(3) Nein, es kann auch 0 oder schwarz kommen.
(4) Nein, wie (2).

2.3 Wahrscheinlichkeiten bei mehrstufigen Zufallsversuchen

2.3.1 Mehrstufige Zufallsversuche und Baumdiagramme

81 **2.**

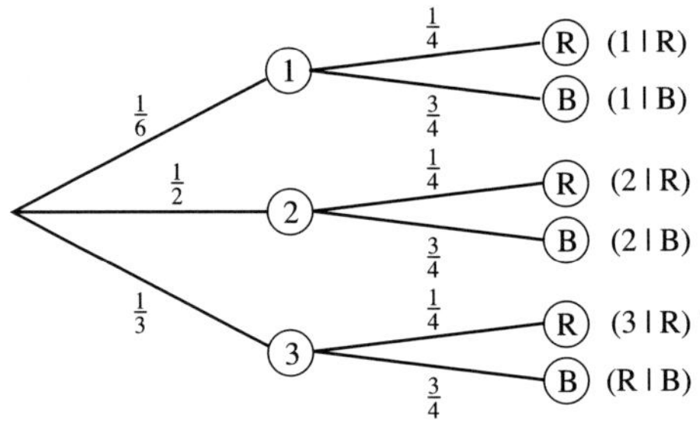

3. a)

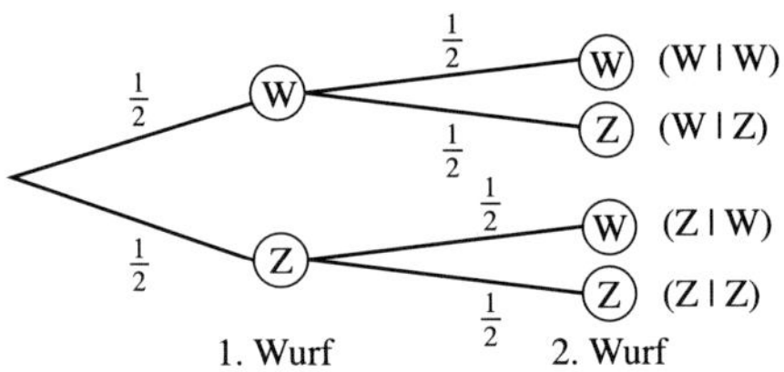

b)

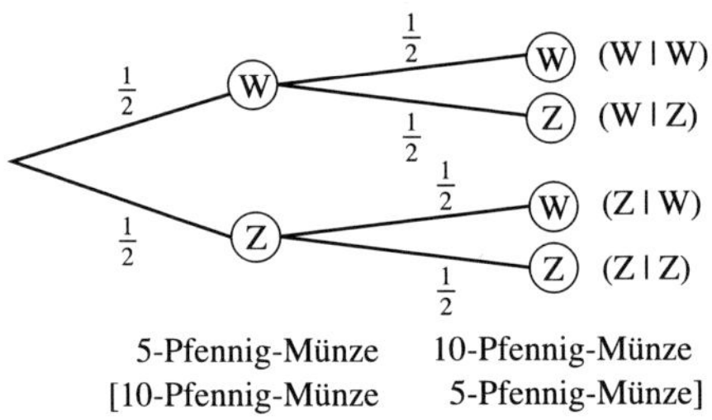

c) Die Baumdiagramme sehen immer gleich aus; die Beschriftung ist unterschiedlich.

(1) Auch wenn die Münzen gleichartig sind, kann man eine Münze (willkürlich) als die 1., die andere als die 2. bezeichnen und wie in Teilaufgabe b) beschriften.

(2) Hier ist die Reihenfolge vorgegeben, wenn auch nicht die Zuordnung, was 1. oder 2. Münze ist.

82

4.

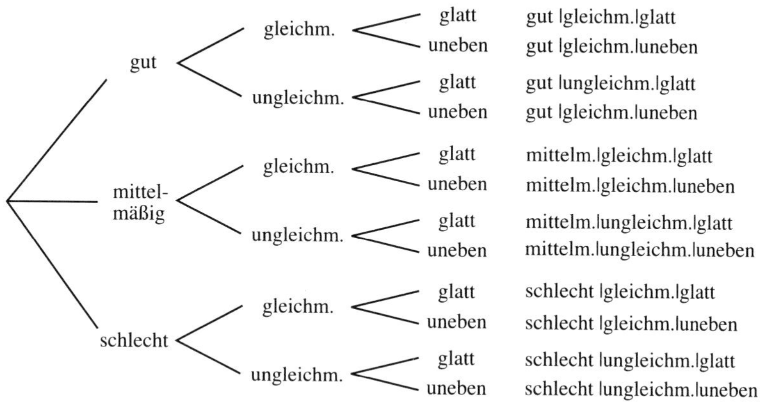

5. Ergebnis (R | R) ist nicht möglich.

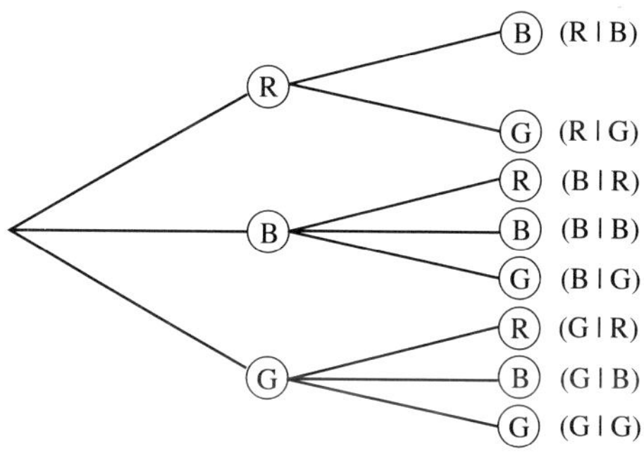

6. E_1: (1 | 1), (1 | 2), (1 | 3), (1 | 4), (2 | 1), (3 | 1), (4 | 1)
E_2: (1 | 1), (2 | 1), (3 | 1), (4 | 1)
E_3: (2 | 1), (3 | 1), (4 | 1)
E_4: (1 | 1), (1 | 3), (3 | 1), (3 | 3)
E_5: (1 | 2), (1 | 4), (2 | 1), (2 | 3), (3 | 2), (3 | 4), (4 | 1), (4 | 3)
E_6: (1 | 2), (2 | 1)

7. a)

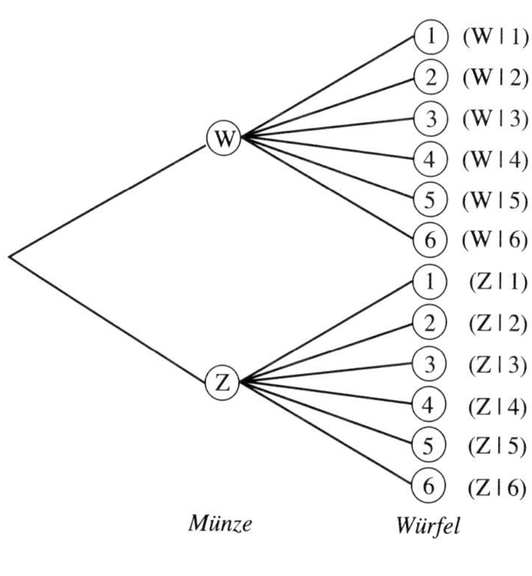

82 **7. b)** Zuerst Münze, dann Würfel: Baumdiagramm siehe Teilaufgabe a).
Zuerst Wappen, dann Münze:

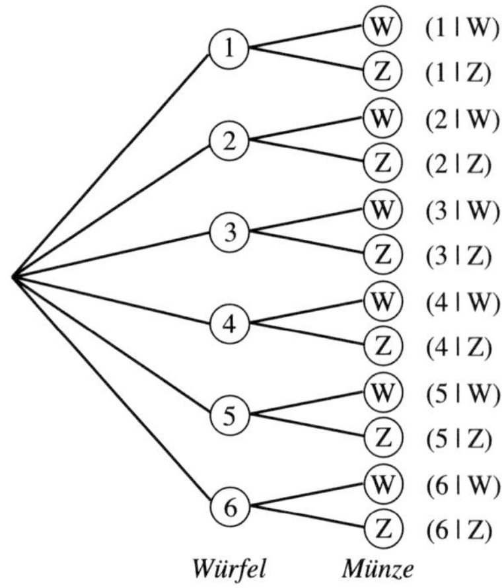

8.

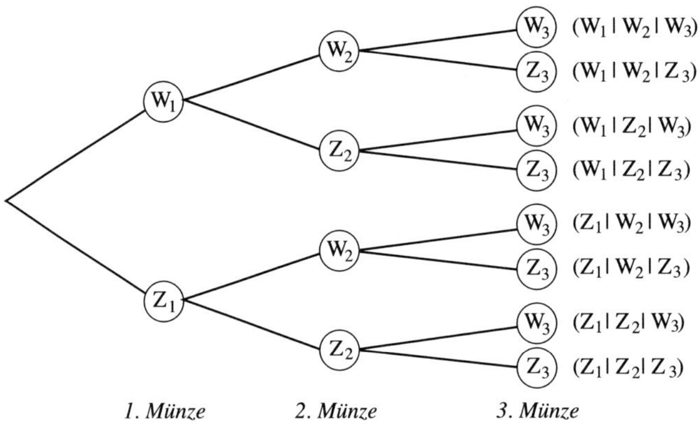

9. a) Glücksrad A wird zweimal gedreht.

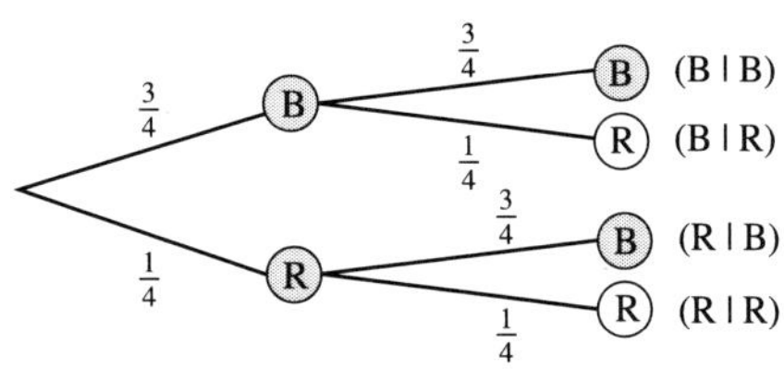

Glücksrad B wird zweimal gedreht.

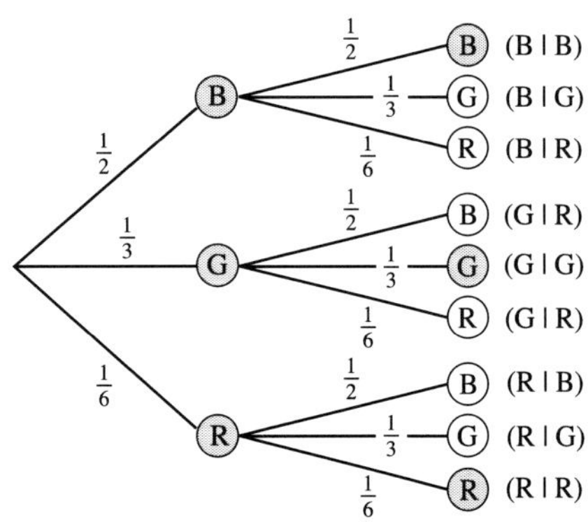

82 **9.** **a)** Zuerst wird Glücksrad A, dann Glücksrad B gedreht.

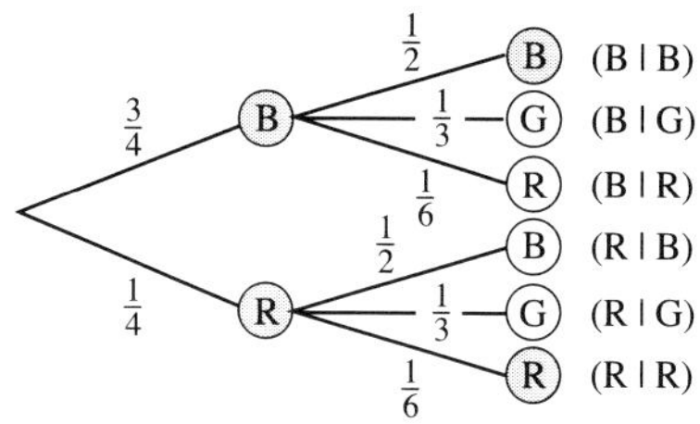

Zuerst wird Glücksrad B, dann Glücksrad A gedreht.

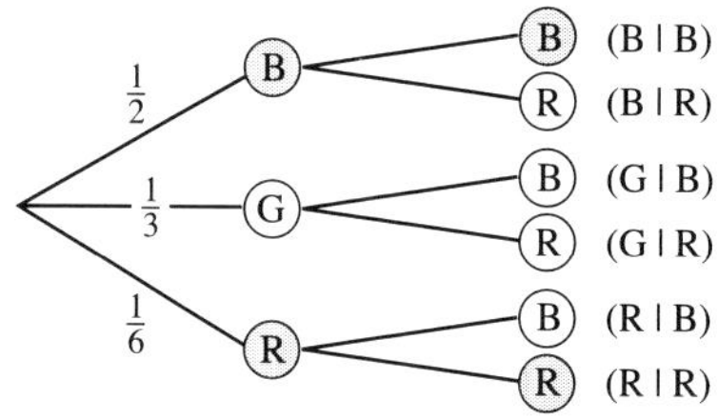

b) Beim 1. Glücksrad sind $\frac{3}{5}$ rot und $\frac{2}{5}$ blau gefärbt, beim 2. Glücksrad $\frac{1}{4}$ rot, $\frac{11}{20}$ grün und $\frac{1}{5}$ weiß.

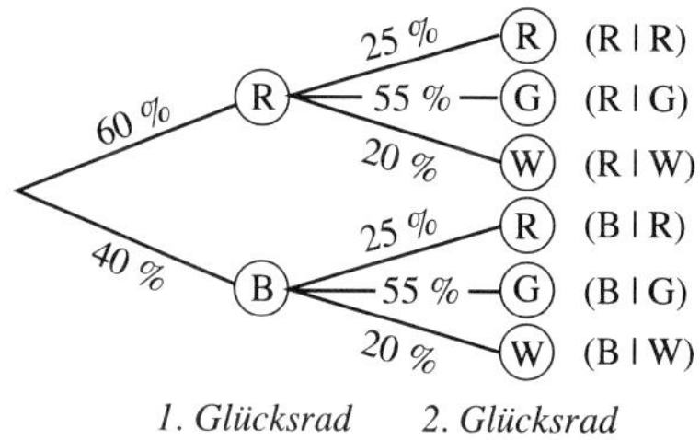

10. E_1: Mindestens einmal Wappen.

E_2: Bei jedem Wurf das gleiche Ergebnis.

E_3: Bei jedem Wurf unterschiedliches Ergebnis.

11. Von den 30 Schüler(innen) sind 16 Mädchen und 14 Jungen. Von den 16 Mädchen kommen 5 zu Fuß zur Schule, 8 kommen mit dem Fahrrad und 3 mit dem Bus. Von den 14 Jungen kommen 4 zu Fuß zur Schule, 7 kommen mit dem Fahrrad und 3 mit dem Bus.

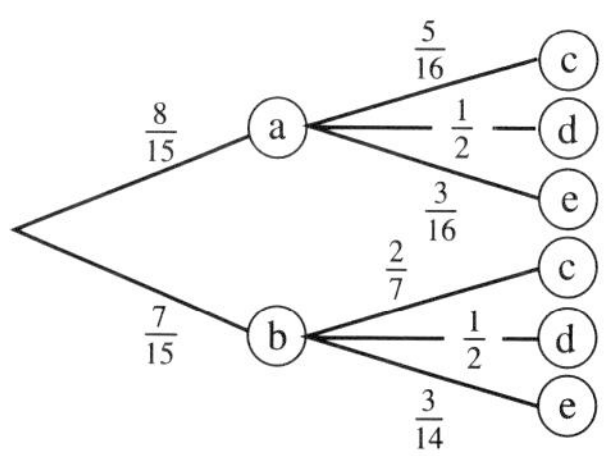

2.3.2 Pfadregeln zum Berechnen von Wahrscheinlichkeiten bei mehrstufigen Zufallsversuchen

85 **2.** P(*Der Zeiger bleibt mindestens einmal auf dem roten Feld stehen*)
= P(*Der Zeiger bleibt keinmal auf dem roten Feld stehen*)
= P(*Der Zeiger bleibt dreimal auf dem grünen Feld stehen*)
$= \left(\frac{3}{4}\right)^3 = \frac{27}{64}$

85

3. (1) $P(E) = \frac{42}{100} \cdot \frac{13}{100} = \frac{546}{10\,000} = 5{,}46\%$

(2) $P(E) = \frac{38}{100} \cdot \frac{62}{100} = \frac{2\,356}{10\,000} = 23{,}56\%$

(3) $P(E) = \frac{42}{100} \cdot \frac{58}{100} + \frac{13}{100} \cdot \frac{87}{100} + \frac{7}{100} \cdot \frac{93}{100} + \frac{38}{100} \cdot \frac{62}{100} = \frac{6\,574}{10\,000} = 65{,}74\%$

4. Glücksrad (1): P(*zweimal dieselbe Farbe*) $= \frac{1}{4} \cdot \frac{1}{4} + \frac{1}{4} \cdot \frac{1}{4} + \frac{1}{2} \cdot \frac{1}{2} = \frac{3}{8}$.

Glücksrad (2): P(*zweimal dieselbe Farbe*) $= \frac{1}{3} \cdot \frac{1}{3} + \frac{1}{3} \cdot \frac{1}{3} + \frac{1}{3} \cdot \frac{1}{3} = \frac{1}{3}$.

Glücksrad (3): P(*zweimal dieselbe Farbe*) $= \frac{1}{3} \cdot \frac{1}{3} + \frac{5}{12} \cdot \frac{5}{12} + \frac{1}{4} \cdot \frac{1}{4} = \frac{25}{72}$.

Glücksrad (4): P(*zweimal dieselbe Farbe*) $= \frac{1}{6} \cdot \frac{1}{6} + \frac{1}{6} \cdot \frac{1}{6} + \frac{2}{3} \cdot \frac{2}{3} = \frac{1}{2}$.

Es ist am günstigsten, bei Glücksrad (4) auf das Ereignis *Zweimal dieselbe Zahl* zu setzen.

5.

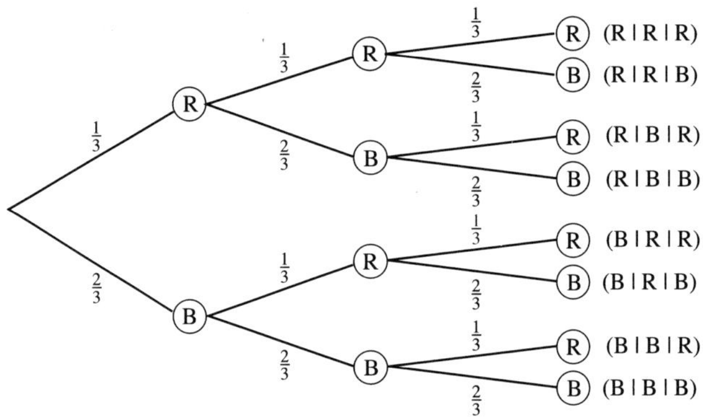

(1) $P(E) = P(R \mid R \mid R) = \frac{1}{3} \cdot \frac{1}{3} \cdot \frac{1}{3} = \frac{1}{27}$

(2) $P(E) = P(R \mid R \mid R) + P(B \mid B \mid B) = \frac{1}{3} \cdot \frac{1}{3} \cdot \frac{1}{3} + \frac{2}{3} \cdot \frac{2}{3} \cdot \frac{2}{3} = \frac{1}{27} + \frac{8}{27} = \frac{9}{27} = \frac{1}{3}$

(3) $P(E) = P(R \mid R \mid B) + P(R \mid B \mid R) + P(B \mid R \mid R)$

$= \frac{1}{3} \cdot \frac{1}{3} \cdot \frac{2}{3} + \frac{1}{3} \cdot \frac{2}{3} \cdot \frac{1}{3} + \frac{2}{3} \cdot \frac{1}{3} \cdot \frac{1}{3} = 3 \cdot \left(\frac{1}{3} \cdot \frac{1}{3} \cdot \frac{2}{3}\right) = \frac{2}{9}$

(4) $P(E) = P(R \mid R \mid R) + P(R \mid R \mid B) + P(R \mid B \mid R) + P(B \mid R \mid R)$

$= \frac{1}{27} + 3 \cdot \frac{2}{27} = \frac{7}{27}$

6. (1) $\frac{1}{8}$ (3) $\frac{1}{2}$ (5) $\frac{1}{2}$ (7) $\frac{1}{4}$ (9) $\frac{1}{2}$

(2) $\frac{1}{8}$ (4) $\frac{7}{8}$ (6) 0 (8) $\frac{7}{8}$ (10) $\frac{1}{2}$

7. **a)** $\frac{1}{2}$ **b)** $\frac{4}{9}$ **c)** $\frac{27}{64}$

86

8. a)

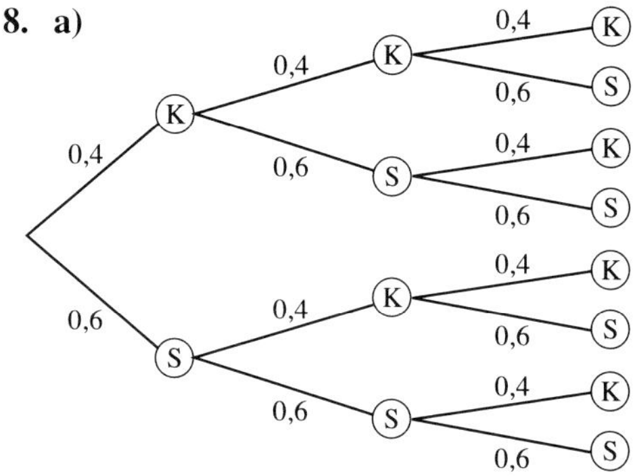

b) $0{,}4 \cdot 0{,}4 \cdot 0{,}6 = 0{,}096$

c) $0{,}4^3 + 3 \cdot 0{,}4^2 \cdot 0{,}6 = 0{,}352$

d) $0{,}4^3 + 0{,}6^3 = 0{,}283$

9. $0{,}3 \cdot 0{,}5 \cdot 0{,}7 = 0{,}105$

10. a)

	Ampel 1	Ampel 2	Ampel 3
Rotzeit	66,7%	75%	40%
Grünzeit	33,3%	25%	60%

b) 20,01% **c)** 3,33% **d)** 96,67% **e)** 28,32%

11.

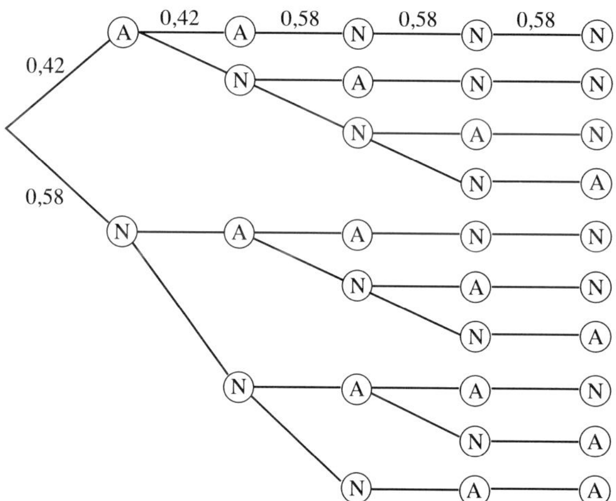

$10 \cdot 0{,}42^2 \cdot 0{,}58^3 \approx 34{,}4\%$

Die Wahrscheinlichkeit, dass genau zwei Personen die Blutgruppe A haben, beträgt 34,4%.

12. (1) Die Wahrscheinlichkeit „unter 20 Jahre alt" und „Blutgruppe A" beträgt 12%.

(2) Diese Schlussfolgerung ist richtig.

Begründung:

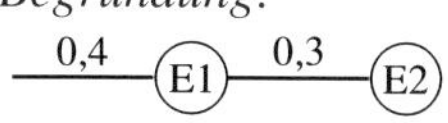

$(E_1 \mid E_2)$; $0{,}4 \cdot 0{,}3 = 0{,}12$

87

13. a) Für $\overline{E}$ gilt: $\left(\frac{1}{2}\right)^2+\left(\frac{1}{3}\right)^2+\left(\frac{1}{6}\right)^2=\frac{7}{18}$; für E folgt: $1-\frac{7}{18}=\frac{11}{18}$.

Das Ergebnis „zwei verschiedene Farben" hat die Wahrscheinlichkeit $\frac{11}{18}$.

b) Für $\overline{F}$ gilt: $3\cdot\left(\frac{1}{2}\cdot\frac{1}{3}\cdot\frac{1}{6}\right)=\frac{1}{12}$; für F folgt: $1-\frac{1}{12}=\frac{11}{12}$.

Das Ereignis „Mindestens zwei Farben sind gleich" hat die Wahrscheinlichkeit $\frac{11}{12}$.

14. $\overline{E}$: dreimal Blau, bei drei Versuchen

Für E folgt: $1-\left(\frac{3}{4}\right)^3=\frac{37}{64}\approx 57{,}8\%$

15. a) $1-\left(\frac{1}{6}\right)^3=\frac{215}{216}\approx 99{,}54\%$

b) $1-\left(\frac{1}{6}\right)^5=\frac{7775}{7776}\approx 99{,}987\%$

c) $1-\left(\frac{1}{2}\right)^4=\frac{15}{16}\approx 93{,}75\%$

16. a) Da Laura beginnt, gewinnt sie entweder sofort oder bekommt noch einmal die Chance, falls Katharina keine 1 würfelt. Da Katharina höchstens einmal die Chance zum Würfeln bekommt, liegt die Vermutung nahe, dass Laura die besseren Gewinnchancen hat.

Und tatsächlich die Gewinnchance von Laura ist mit $\frac{61}{216}$ gut doppelt so hoch wie die von Katharina mit $\frac{30}{216}$.

b) $\frac{1}{6}+\frac{1}{6}\cdot\left(\frac{5}{6}\right)^2=\frac{61}{216}\approx 28{,}2\%$

c) $\left(\frac{5}{3}\right)^3=\frac{125}{216}\approx 0{,}579\approx 57{,}9\%$

Es müssen ungefähr 58 von 100 Spielen wiederholt werden.

17. a) Die Pfadlänge des zugehörigen Baumdiagramms beträgt 6, da nacheinander 6 Kugeln gezogen werden. Im betreffenden Baumdiagramm ist nach der Wahrscheinlichkeit des Pfades (R | R | R | R | R | R) gefragt. (R bedeutet das Ziehen einer der richtigen Kugeln.) Bei der ersten Ziehung sind 6 von 49 Kugeln richtig. Die Wahrscheinlichkeit eine richtige Kugel zu ziehen, beträgt demnach $\frac{6}{49}$. Bei der zweiten Ziehung gibt es nur noch 5 richtige Kugeln von den verbleibenden 48 Kugeln, wenn bei der 1. Ziehung eine richtige Kugel gezogen wurde usw.

87

17. a) Fortsetzung

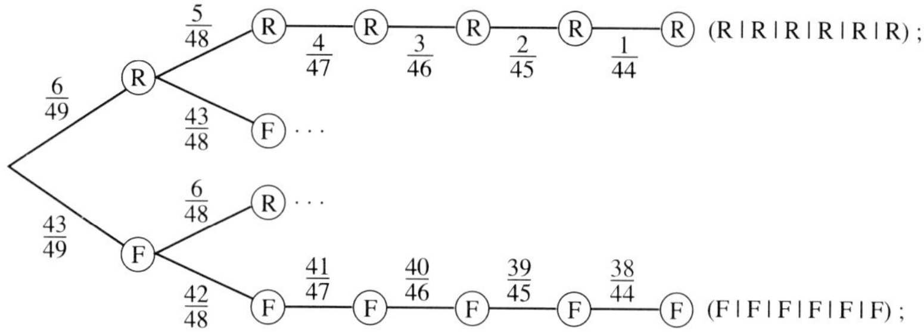

$$P(R \mid R \mid R \mid R \mid R \mid R) = \frac{6}{49} \cdot \frac{5}{48} \cdot \frac{4}{47} \cdot \frac{3}{46} \cdot \frac{2}{45} \cdot \frac{1}{44}$$

$$P(F \mid F \mid F \mid F \mid F \mid F) = \frac{43}{49} \cdot \frac{42}{48} \cdot \frac{41}{47} \cdot \frac{40}{46} \cdot \frac{39}{45} \cdot \frac{38}{44}$$

b) Siehe Teilaufgabe a). Jetzt wird die Wahrscheinlichkeit des Pfades (F | F | F | F | F | F) gesucht. (F bedeutet das Ziehen einer der falschen Kugeln.) In der ersten Ziehung gibt es 43 von 49 falschen Kugeln. In der zweiten Ziehung sind nur noch 42 von 48 Kugeln falsch, usw.

c) $\frac{100\,000\,000}{13\,983\,812} \approx 7$ $\left[100\,000\,000 \cdot \frac{43}{49} \cdot \frac{42}{48} \cdot \frac{41}{47} \cdot \frac{40}{46} \cdot \frac{39}{45} \cdot \frac{38}{44} \approx 43\,596\,498\right]$

2.4 Ziehvorgänge in der Stochastik – Modellbildung

2.4.1 Ziehen mit und ohne Zurücklegen – Unabhängige und abhängige Zufallsversuche

90

2. a) (1) $\frac{3}{7} \cdot \frac{2}{6} + \frac{4}{7} \cdot \frac{3}{6} = \frac{3}{7}$ (2) $\frac{3}{6} \cdot \frac{2}{5} + \frac{3}{6} \cdot \frac{2}{5} = \frac{2}{5}$ (3) $\frac{6}{9} \cdot \frac{5}{8} + \frac{3}{9} \cdot \frac{2}{8} = \frac{1}{2}$

$\frac{2}{5} < \frac{3}{7} < \frac{1}{2}$

Maria sollte sich auf Spielregel (3) einlassen, da hier ihre Gewinnchance mit 50% am höchsten ist.

b) Die Gewinnchancen für Maria sind wie folgt:

(1) $\left(\frac{3}{7}\right)^2 + \left(\frac{4}{7}\right)^2 = \frac{25}{49}$; d. h. günstig für Maria.

(2) $\left(\frac{3}{6}\right)^2 + \left(\frac{3}{6}\right)^2 = \frac{1}{2}$; d. h. für beide die gleiche Gewinnchance.

(3) $\left(\frac{6}{9}\right)^2 + \left(\frac{3}{9}\right)^2 = \frac{5}{9}$; d. h. günstig für Maria.

$\frac{1}{2} < \frac{25}{49} < \frac{5}{9}$

3. $p = \frac{3}{7} \approx 0{,}429$

90 **4. a)** (1)

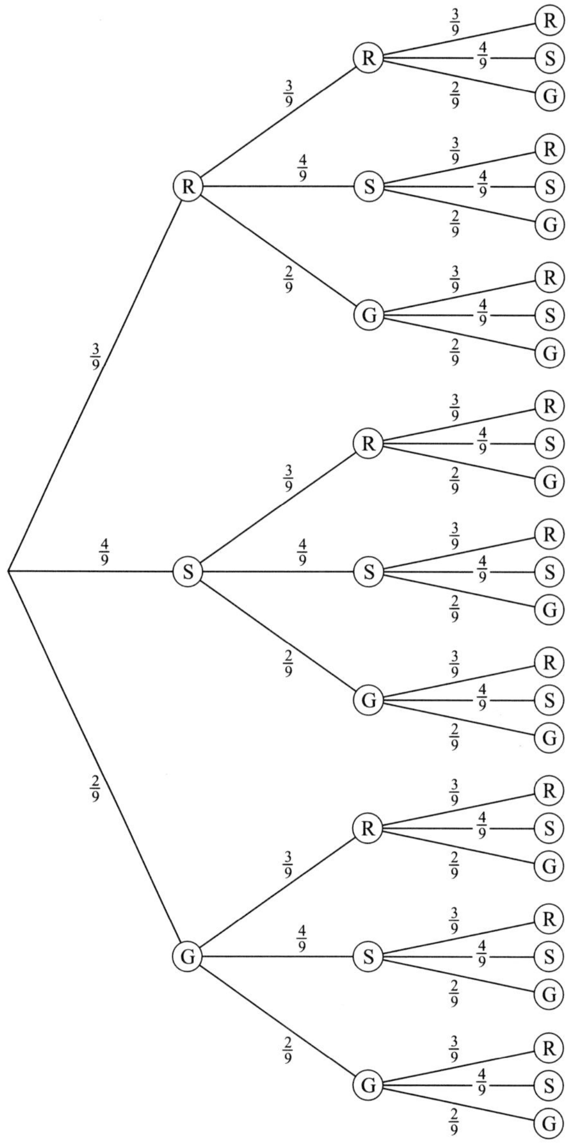

90

4. a) (2)

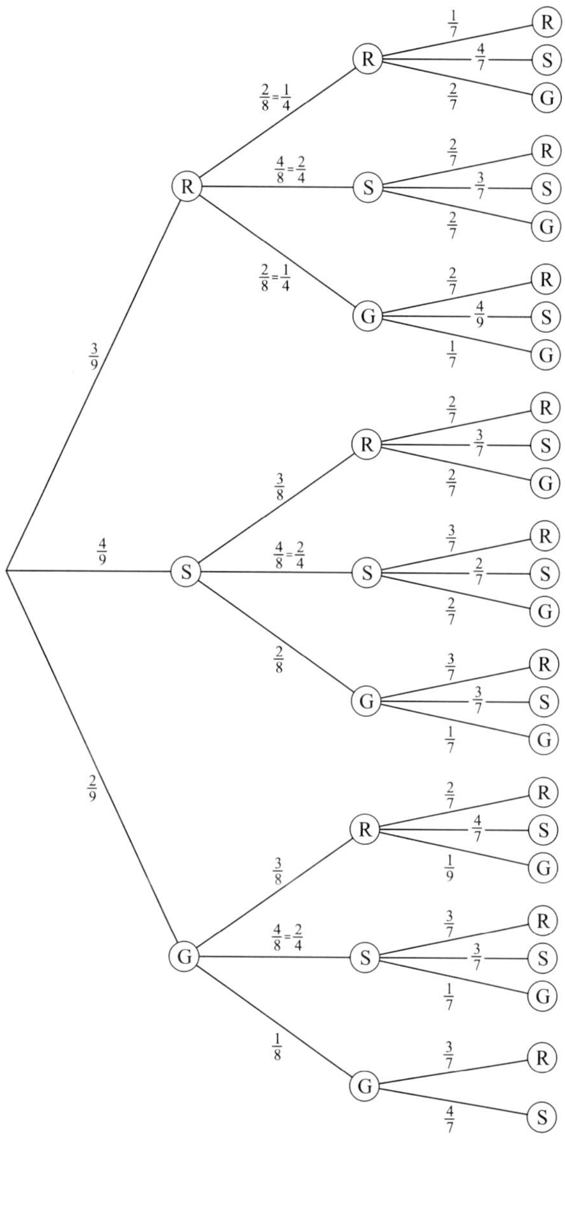

90

4. b)

	(1) mit Zurücklegen	(2) ohne Zurücklegen
alle 3 rot	$\frac{1}{27}$	$\frac{1}{84}$
erste rot	$\frac{3}{9}$	$\frac{3}{9}$
alle 3 schwarz	$\frac{64}{729}$	$\frac{1}{21}$
zweite gelb	$\frac{2}{9}$	$\frac{2}{9}$
alle 3 verschieden	$\frac{16}{81}$	$\frac{6}{21}$
erste und zweite gleichfarbig	$\frac{29}{81}$	$\frac{5}{18}$

5. a) Die Wahrscheinlichkeit, dass TOM gezogen wird beträgt $\frac{1}{64}$, die dass TIM oder MIT gezogen wird $\frac{1}{32}$.

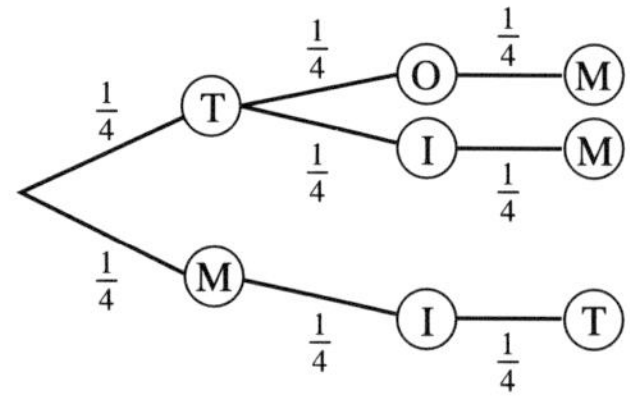

b) Die Wahrscheinlichkeit für TOM beträgt $\frac{1}{24}$, die für TIM oder MIT beträgt $\frac{1}{12}$.

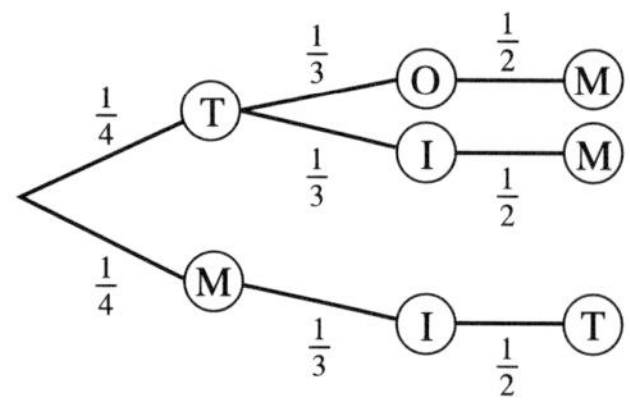

91

6. a) $\frac{2}{6}\cdot\frac{1}{5}+\frac{3}{6}\cdot\frac{2}{5}=\frac{4}{15}$

b) $\left(\frac{1}{6}\right)^2+\left(\frac{2}{6}\right)^2+\left(\frac{3}{6}\right)^2=\frac{7}{18}$

Das Zufallsexperiment aus Teilaufgabe a) kann nicht mit dem Glücksrad wiederholt werden. Z. B. kann die Farbe rot beim Glücksrad zweimal gezogen werden, zwei rote Kugeln jedoch nicht, da es nur eine rote Kugel gibt und diese für die zweite Ziehung nicht zurück gelegt wird.

c) Man kann die Ziehung simulieren, wenn nach jeder Ziehung die gezogene Kugel zurückgelegt wird.

7. (1) Dreimal eine Kugel aus einem Gefäß mit zwei verschiedenen Kugeln mit Zurücklegen ziehen.

(2) Drei Kugeln aus einem Gefäß mit 100 verschiedenen Kugeln ziehen (ohne Zurücklegen).

(3) Vier Kugeln aus einem Gefäß mit 6 roten und einer grünen Kugel ziehen (ohne Zurücklegen).

91 **7.** (4) 10 Kugeln aus einem Gefäß mit Kugeln ziehen, wobei die Anzahl der Kugeln gleich der der Haushalte ist und 80% der Kugeln rot und der Rest grün ist (ohne Zurücklegen).
Oder falls die Anzahl der Haushalte so groß ist, dass es keine Rolle mehr spielt, ob mit oder ohne Zurücklegen gezogen wird (d. h. der prozentuale Fehler für die Wahrscheinlichkeit ist sehr klein):
Zehnmal eine Kugel aus einem Gefäß mit 8 roten und 2 grünen Kugeln mit Zurücklegen ziehen.

8. (1) Die Wahrscheinlichkeit eine blaue Kugel zu ziehen, beträgt bei jedem Ziehvorgang $\frac{2}{5} = 0,4$, da die gezogenen Kugeln zurückgelegt werden.
Das Ziehen einer blauen Kugel entspricht damit der Lage „Kopf“ beim Wurf eines Reißnagels. Für die rote Kugel beträgt die Wahrscheinlichkeit $\frac{3}{5} = 0,6$ und entspricht damit der Lage „Seite“.
(2) Hier wird davon ausgegangen, dass die Anzahl der Wähler so groß ist, dass nach dem Entfernen von 20 beliebigen Wählern die Regierungskoalition immer noch 55% der Stimmen hat. Eine schwarze Kugel zu ziehen, besitzt die Wahrscheinlichkeit von $\frac{11}{20} = 0,55 = 55\%$. Es muss 20-mal gezogen werden. Welche Wahrscheinlichkeit hat das Ereignis 11 der 20 gezogenen Kugeln sind schwarz?

9. (1) $\left(\frac{30}{37}\right)^3 \approx 0,533$

(2) $3 \cdot \left(\frac{30}{37}\right)^3 \cdot \left(\frac{7}{37}\right) \approx 0,303$

(3) $1 - (0,533 + 0,303) = 0,164$

10. **a)** Es gibt 72 Pfade im zugehörigen Baumdiagramm, die zum gesuchten Ereignis gehören. Jeder dieser Pfade hat die gleiche Wahrscheinlichkeit (Nur die Reihenfolge der Zähler ist verschieden).
$72 \cdot \frac{30}{60} \cdot \frac{29}{59} \cdot \frac{28}{58} \cdot \frac{27}{57} \cdot \frac{30}{56} \cdot \frac{29}{55} \cdot \frac{28}{54} \cdot \frac{27}{53} \approx 0,302$
Die Wahrscheinlichkeit genau vier Mädchen und vier Jungen auszuwählen beträgt 30,2%.
b) Für den Fall eines Ziehens mit Wiederholungen beträgt die Wahrscheinlichkeit $72 \cdot \left(\frac{1}{2}\right)^8 = \frac{9}{32} \approx 0,281 \approx 28,1\%$.

2.4.2 Produktregel der Kombinatorik – Anzahl der Anordnungen mit und ohne Wiederholung

93 **3.** **a)** 20 **b)** (1) 6 (2) 4 (3) 10 **c)** (1) 0,3 (2) 0,2 (3) 0,5

94 **4.** **a)** $9^3 = 729$; $9^3 - 8^3 = 217$; $\frac{217}{729} \approx 0,298$

b) $9 \cdot 8 \cdot 7 = 504$; $9 \cdot 8 \cdot 7 - 8 \cdot 7 \cdot 6 = 168$; $\frac{168}{504} = \frac{1}{3}$

94

5. $3 \cdot 2 = 6$ Möglichkeiten

6. $5 \cdot 6 \cdot 3 = 90$

7. 336

8. **a)** 1 260 **b)** 792 **c)** 8 360

95

9. Man muss die gezogene Kugel jeweils wieder zurück legen, da sonst z. B. 000 nicht auftreten könnte.

10. **a)** 15 **b)** (1) $\frac{1}{15}$ (2) $\frac{4}{15}$ (3) $\frac{8}{15}$ (4) $\frac{1}{5}$

11. (1) 0,3 (2) 0,2 (3) 0,5

12. Bei Verfahren (1) werden 4 Lose gezogen.
Bei Verfahren (2) wird jedem Jugendlichen eine Zahl zwischen 1 und 32 zugeordnet und das Rouletterad gedreht. Bei den Fällen 33, …, 36, 0 wird das Rad erneut gedreht.
Bei Verfahren (2) können also mehr als 4 Durchgänge nötig sein.

13. **a)** 1 000 000 000 **b)** 9 000 000

14. **a)** 456 976 **b)** $\frac{1}{456\,976} \approx 2{,}2 \cdot 10^{-6}$

96

15. **a)** $5 \cdot 4 \cdot 3 \cdot 2 \cdot 1 = 120$
b) $6 \cdot (6-1) \cdot (6-2) \cdot (6-3) \cdot (6-4) \cdot (6-5) = 6 \cdot 5 \cdot 4 \cdot 3 \cdot 2 \cdot 1$
$n \cdot (n-1) \cdot (n-2) \ldots (n-(n-1)) = n \cdot (n-1) \cdot (n-2) \ldots 2 \cdot 1$

16. **a)** 120 **b)** $\frac{1}{5}$ **c)** $\frac{1}{5}$

17. **a)** 3 628 800 **b)** 362 880

18. **a)** 1 000 **b)** 100 **c)** 0,001

19. P (1. Runde überstehen) $= \frac{1}{4} = 0{,}25 = 25\%$

P (2 Runden überstehen) $= \frac{1}{16} = 0{,}0625 = 6{,}25\%$

P (3 Runden überstehen) $= \frac{1}{64} = 0{,}15625 \approx 1{,}56\%$

P (4 Runden überstehen) $= \frac{1}{256} \approx 0{,}0039 \approx 0{,}4\%$

P (5 Runden überstehen) $= \frac{1}{1024} \approx 0{,}000977 \approx 0{,}1\%$

2.4.3 Anzahl der Möglichkeiten bei Ziehungen mit einem Griff

97 **2.** **a)** Anordnung von 6 gezogenen Zahlen: 6! = 720 Möglichkeiten

b) Die Reihenfolge spielt keine Rolle; Modell: Ziehen mit einem Griff).

$\frac{49-48-47-46-45-44}{6 \cdot 5 \cdot 4 \cdot 3 \cdot 2 \cdot 1} = 13\,983\,816$ Möglichkeiten

c) $\frac{49 \cdot 48 \cdot ... \cdot 8 \cdot 7}{43 \cdot 42 \cdot ... \cdot 2 \cdot 1}$ Man erhält das gleiche Ergebnis wie bei Teilaufgabe b), da die Zahlen 7 bis 43 als Faktoren im Zähler und im Nenner stehen und insofern gekürzt werden können.

d) p (6 Richtige) = $\frac{1}{13\,983\,816} \approx 0{,}0000000715$

98 **3.** Aus 6 Schülern kann man 20 Ausschüsse zu je 3 Schülern auswählen.

4. $8 \cdot 7 \cdot 6 \cdot 5 \cdot 4 \cdot 3 = 20\,160$ Möglichkeiten
Interessiert man sich nur dafür, welche Plätze von Jan und seinen Freunden belegt sind, nicht aber dafür, wer auf welchem Platz sitzt, so gibt es nur
$\binom{8}{6} = 28$ verschiedene Möglichkeiten.

5. $\binom{8}{2} = 28$

6. **a)** 2 024 **b)** $\frac{1}{1\,024}$

7. **a)** 35 **b)** $\frac{1}{35}$ **c)** $\frac{3}{7}$

8. **a)** 84 **b)** 126 **c)** 126 **d)** 84 **e)** 36 **f)** 9

9. **a)** 84 **b)** $\frac{1}{84}$

2.5 Simulation von Zufallsversuchen

2.5.1 Nachahmen eines Zufallsversuches

100 **2.** (1) -

(2) Die Wahrscheinlichkeit der Augenzahlen beträgt jeweils $\frac{1}{6}$. Die relative Häufigkeit der Zahlen 1, 2, …, 6 des Kreisels annähernd auch, wenn die Zahlen 7 und 8 nicht gewertet werden.

100 **3. a)** *Beispiele:*
(1) gerade Zahl entspricht Wappen; ungerade Zahl entspricht Zahl
(2) für Wappen: 1, 2, 3; für Zahl; 4, 5, 6
b) (1) Z. B. gerade Zahl entspricht Wappen, ungerade Zahl entspricht Zahl.
(2) Z. B. 1 bis 6 entspricht Wappen, 7 bis 12 entspricht Zahl.
(3) Z. B. eine Zahl bleibt unberücksichtigt, gerade Zahl entspricht Zahl, ungerade Zahl entspricht Wappen.
c) Nein, da der Würfel mehr Ergebnisse als die Münze liefern kann.

101 **4. a)**

1 Cent	Z	Z	Z	Z	W	W	W	W
2 Cent	Z	Z	W	W	Z	Z	W	W
3 Cent	Z	W	Z	W	Z	W	Z	W

b) Anne lässt ein mögliches Ereignis (z. B. ZZZ) unberücksichtigt und ordnet jedem anderen Ereignis genau einen Wochentag zu.

5. a) Ein Zahlenkreisel mit den Zahlen 1 – 12.
b) Zuordnung jedes Ergebnisses zu einem Monat.
c) 8 Felder pro Monat, 4 unbelegt.

2.5.2 Simulation mit Zufallszahlen

103 **2. a)** -
b) Die relativen Häufigkeiten liegen nahe bei den erwarteten Wahrscheinlichkeiten aus Teil c).
c) Wahrscheinlichkeiten
ZZ: $\frac{1}{4}$ ZW: $\frac{1}{4}$ WZ: $\frac{1}{4}$ WW: $\frac{1}{4}$
Vergleich: siehe b)

3. a) $P \approx \frac{1}{32}$ **c)** $P \approx \frac{10}{32} = \frac{5}{16}$ **e)** $P \approx \frac{5}{32}$
b) $P \approx \frac{5}{32}$ **d)** $P \approx \frac{10}{32} = \frac{5}{16}$ **f)** $P \approx \frac{1}{32}$

4. a) $P \approx 0{,}4$ **c)** $P \approx 0{,}04$ **e)** $P \approx 0{,}60$
b) $P \approx 0{,}03$ **d)** $P \approx 0{,}09$ **f)** $P \approx 0{,}40$

5. Zufallszahlen zwischen 1 und 4 mit GTR generieren (randInt(1,4)).

6. Am häufigsten sind 6 bis 8 verschiedene Zahlen dabei.

7. a) $\frac{75}{216} = \frac{25}{72}$ **b)** $\frac{120}{216} = \frac{5}{9}$ **c)** $\frac{1}{216}$

2.6 Vermischte und komplexe Übungen

104

1. **a)** S = {(ZZ, ZZ); (ZZ, WW); (ZZ, verschieden); (WW, ZZ); (WW, WW); (WW; verschieden); (verschieden, ZZ); (verschieden; WW); (verschieden; verschieden)}

b) (1) $\frac{6}{16}$ (2) $\frac{8}{16}$ (3) $\frac{7}{16}$

2. **a)** Ergebnis: Farbe der gezogenen Kugel
Ergebnismenge = {rot, schwarz, grün, gelb}

E_1 = {schwarz} E_4 = {rot, schwarz, grün}

E_2 = {rot, schwarz} E_5 = {rot, schwarz, grün}

E_3 = {grün, gelb} E_6 = {rot, schwarz, grün, gelb}

b) $\overline{E_1}$: Kugel ist nicht schwarz

$\overline{E_2}$: Kugel ist grün oder gelb = E_3

$\overline{E_3}$: Kugel ist weder grün noch gelb = E_2

$\overline{E_4}$: Kugel ist gelb

$\overline{E_5}$: Kugel ist gelb

$\overline{E_6}$: Kugel ist blau

c) $P(E_1) = \frac{15}{40}$ $P(E_3) = \frac{15}{40}$ $P(E_5) = \frac{30}{40} = \frac{3}{4}$

$P(E_2) = \frac{25}{40}$ $P(E_4) = \frac{30}{40} = \frac{3}{4}$ $P(E_6) = 1$

$P(\overline{E_1}) = \frac{25}{40}$ $P(\overline{E_3}) = \frac{25}{40}$ $P(\overline{E_5}) = \frac{1}{4}$

$P(\overline{E_2}) = \frac{15}{40}$ $P(\overline{E_4}) = \frac{1}{4}$ $P(\overline{E_6}) = 0$

3. $P((3)) = \frac{5}{6} > P((1)) = \frac{1}{2} = P((2)) = \frac{1}{2} > P((4)) = \frac{1}{6}$

4. $\frac{407}{1139} \approx 35,73\%$

5. Die Wahrscheinlichkeiten für jeden Wurf sind gleich, die gewürfelte Augenzahl ist nicht vom Vorgänger abhängig.

6. $\frac{3}{10}$

7. **a)** P (3 polierte Außenflächen) = $\frac{8}{27}$

b) P (2 polierte Außenflächen) = $\frac{12}{27}$

105

8. a) $26^4 = 456\,976 \quad [26^6 = 308\,915\,776]$

b) $26 \cdot 25 \cdot 24 \cdot 23 = 358\,800$

$[26 \cdot 25 \cdot \ldots \cdot 21 = 165\,765\,600]$

c) $21 \cdot 5 \cdot 21 \cdot 5 = 11\,025$

9. a) In einer Urne sind 5 Kugeln mit dem Buchstaben a und 3 Kugeln mit dem Buchstaben b. Es werden nacheinander 2 Kugeln ohne Zurücklegen gezogen.

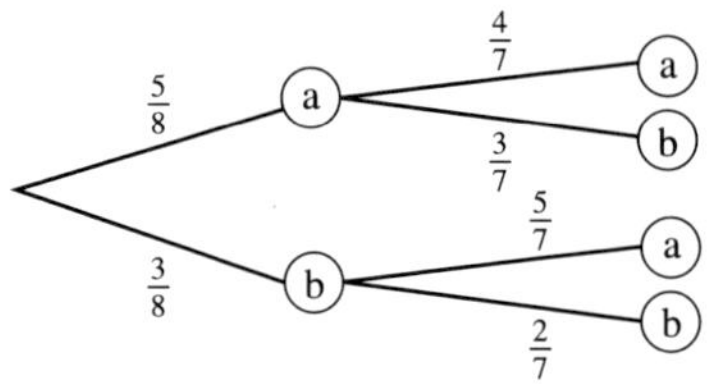

b) In einer Urne sind 4 Kugeln: Eine Kugel mit dem Buchstaben a und drei Kugeln mit dem Buchstaben b.
In einer zweiten Urne sind 6 Kugeln; drei Kugeln mit dem Buchstaben c, zwei mit dem Buchstaben d und eine mit dem Buchstaben e.
Zuerst wird eine Kugel aus der ersten Urne, dann eine Kugel aus der zweiten Urne gezogen.

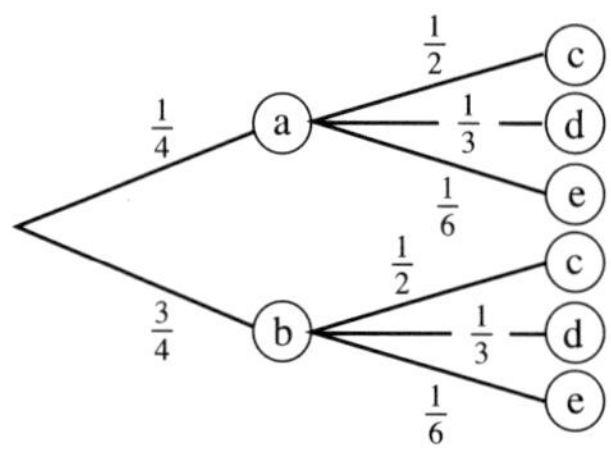

10. a) (1) P (rot) = 0,5 (2) P (schwarz) = 0,5

b) (1) P (rot) = 0 (2) P (schwarz) = 1

11. a) (1) P (Scheibe nicht getroffen) = $\frac{1}{5}$

(2) P (Scheibe getroffen) = $\frac{4}{5}$

(3) P (roter Innenring) = $\frac{1}{5}$

(4) P (einer der roten Ringe) = $\frac{2}{5}$

(5) P (einer der weißen Ringe) = $\frac{2}{5}$

b) (1) P (Scheibe nicht getroffen) = 0
(2) P (Scheibe getroffen) = 1
(3) P (roter Innenring) = 0,4 = 40%
(4) P (roter Ring) = 0,6 = 60%
(5) P (weißer Ring) = 0,4 = 40%

c) Z. B. 10-seitiger Würfel: 1. - 10. Außenring
2, 3 - roter Außenring
(Zufallszahl zwischen 1 und 10) 4, 5, 6 - weißer Innenring
7, 8, 9, 10 - roter Innenring

d) -

105 **12.** Lara: $\frac{1}{6}$ > Philipp: $\frac{4}{36} = \frac{1}{9}$

13. Generieren von Zufallszahlen: Beschreibung siehe Schülerband S. 101 (1).

106 **14. a)** P (Würfelzahl > Tetraederzahl) $= \frac{14}{24} = \frac{7}{12}$

b)

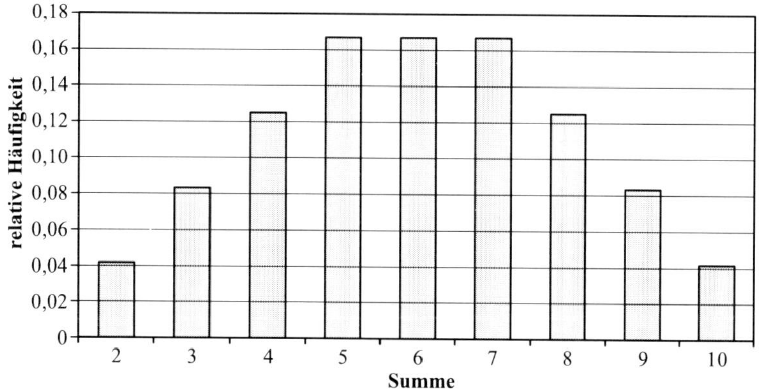

c)

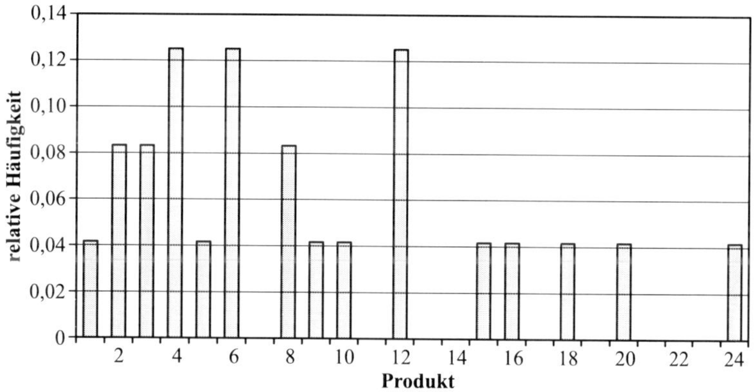

15. a) P (Annes Zahl > Michaels Zahl) $= \frac{28}{56} = \frac{1}{2}$

b) Die Summe 9.

c) Z. B. Anne gewinnt bei dem Produkt kleiner oder gleich 15.
Michael bei Produkt größer als 15.

16. a) P (Klasse 7) $= \frac{1}{10}$

b) ungefähr 984 000 Teilnehmer

c) P (Klasse 6) $= \frac{1}{100}$ $\rightarrow$ ca. 9840 Gewinner

real 8500, Differenz durch statistische Abweichung

106

17. a) 1. Nachwuchsgeneration: P (gelbe Samen) = 1, P (grüne Samen) = 0
2. Nachwuchsgeneration: P (gelbe Samen) = $\frac{3}{4}$, P (grüne Samen) = $\frac{1}{4}$

b) 1. Nachwuchsgeneration: P (runde Samen) = 1, P (faltige Samen) = 0
2. Nachwuchsgeneration: P (runde Samen) = $\frac{3}{4}$, P (faltige Samen) = $\frac{1}{4}$

c)

Art	rundgelb	faltiggelb	rundgrün	faltiggrün
	0,57	0,18	0,19	0,06

Wahlthema: Simulation mit Zufallszahlen

111

1. a) -
b) -
c) Lösungsvorschlag int(rand+0,5)
Da die „rand"-Funktion eine Zufallszahl zwischen 0 und 1 erzeugt und die „Int"-Funktion immer abrundet, wird durch das Addieren von 0,5 sichergestellt, dass 0 und 1 die gleiche Wahrscheinlichkeit haben.

2. a) -
b) Da dann nicht jede Ziffer vorkommt, kann man das Verfahren nicht bedenkenlos für alle Bereiche nutzen.
c) -

112

1. a) In 15 Fällen. Relative Häufigkeit: $\frac{15}{40} = 0{,}375$

b) Näherungswert der Wahrscheinlichkeit: $\frac{16}{50} = 0{,}32$

2. a) August 2006: In 9 Vereinen haben mindestens 2 Spieler am gleichen Tag Geburtstag (18 Vereine maximal)
b) -
c) Relative Häufigkeit liegt meistens zwischen $\frac{10}{25}$ und $\frac{20}{25}$.
Z. B. 0,4 oder 0,72 etc.
d) P(A) = 0,5687
Vergleiche liegen etwa im Bereich; 25 Simulationen sind zu wenig, um exakte Werte zu liefern.
$P(A) \leq 0{,}75$ bei $n = 32$
Bei n = 24 ist P(A) = 0,538; also ist die Wette offen und keinesfalls sicher.

113

1. a) Baumdiagramm und Lösung siehe Schülerband S. 102 Aufg. 1 a).
Wahrscheinlichkeit von $\overline{A} = 0{,}579 = 57{,}9\%$

b) (1) Z. B. war 42-mal eine 6 dabei $\frac{42}{100} = 42\%$

(2) 51-mal war eine 6 dabei $\frac{51}{100} = 51\%$

2. $\frac{2}{100} = 0{,}02 = 2\%$

3. a) Ergebnismenge {beide Zahl, beide Kopf, eine Zahl und eine Kopf}
P(beide Zahl) $= \frac{1}{4}$

P(beide Kopf) $= \frac{1}{4}$

P(eine Kopf, eine Zahl) $= \frac{1}{2}$

b) Z. B. relative Häufigkeit (beide Zahl) $= \frac{53}{200} = 0{,}265$

relative Häufigkeit (beide Kopf) $= \frac{51}{200} = 0{,}255$

relative Häufigkeit (eine Kopf, eine Zahl) $= \frac{96}{200} = 0{,}48$

Stimmen annähernd mit a) überein.

4. Z. B. durch Simulation
(1) P(genau eine 6) = 0,4
(2) P(genau 3-mal die 6) = 0,03
(3) P(mehr als 3-mal die 6) = 0,01
(4) P(alle verschieden) = 0,085
(5) P(mindestens eine 1) = 0,58
(6) P(kein Würfel zeigt die 3) = 0,4

114

5. a) Marylin vos Savants Argumentation ist korrekt.
b) Z. B. bei Wechsel 130 Gewinne, bei Verharren 70 Gewinne.

6. Jedes Huhn bekommt eine Zahl, jeder Regenwurm 2 Ziffern zugeordnet.
Z. B.: Näherungsweise überlebt genau ein Regenwurm mit 44% Wahrscheinlichkeit.
Näherungsweise überlebt mindestens ein Regenwurm mit 96% Wahrscheinlichkeit.

3. Lineare Funktionen

3.1 Funktionen

3.1.1 Funktionen als eindeutige Zuordnungen

119 **3. a)** $f(0) = 0$; $f(3) = 3$; $f(4) = 0$; $f\left(\frac{2}{5}\right) = 1{,}44$; $f(4{,}5) = -2{,}25$; $f(-7) = -77$;

$f(-0{,}5) = -2{,}25$; $f\left(-\frac{3}{7}\right) = -1\frac{44}{49} \approx -1{,}9$

b) $g(z) = \frac{z}{z-1}$

$g(2) = 2$; $g(-1) = \frac{1}{2}$; $g(0) = 0$; $g\left(\frac{1}{2}\right) = -1$; $g\left(-\frac{1}{3}\right) = \frac{1}{3}$; $g(1{,}1) = 11$;

$g(-99) = 0{,}99$

4. a) (1) Funktion (2) Funktion (3) keine Funktion

b) (1) (2) (3)

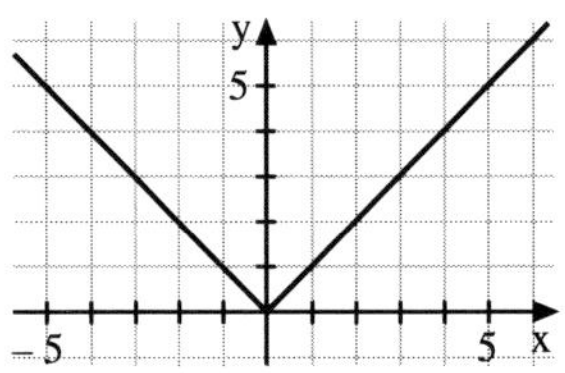

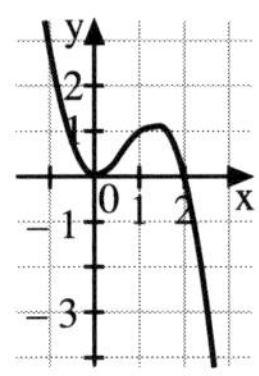

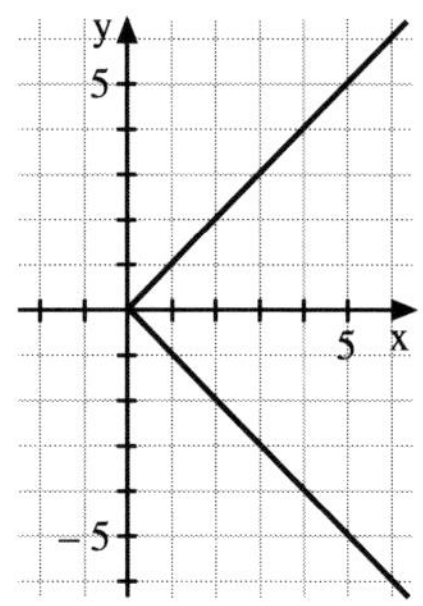

5. a) P_1; P_2; P_4; P_6 sind Element der Funktion

b) P_2; P_4 sind Element der Funktion

c) P_4; P_5 sind Element der Funktion

120 **6.** -

7. a)

Zeit	0	4	8	12	16	20	24
Temperatur (in °C)	4	–3	–3	3	3	2	1

Die Zuordnung ist eindeutig, also eine Funktion.

b) 1°C bei 1.30 Uhr, 10.30 Uhr, 24.00 Uhr

Die Zuordnung Lufttemperatur → Zeit ist keine eindeutige Zuordnung, weil zu einer Temperatur mehrere Zeitpunkte existieren.

120 **8.** **a)** Ja; zu jedem $x \in D$ existiert genau ein Funktionswert y.
b) Nein; zum Wert x = 1 existieren unendlich viele Funktionswerte y.
c) Ja; zu jedem $x \in D$ existiert genau ein Funktionswert y.
d) Ja; zu jedem $x \in D$ existiert genau ein Funktionswert y.
e) Nein; es gibt Elemente $x \in D$ zu denen 2 Funktionswerte y gehören.

121 **9.** **a)**

Seitenlänge a (in cm)	0,5	1	1,5	2	x
Flächeninhalt a^2 (in cm²)	0,25	1	2,25	4	x^2

Es liegt eine Funktion vor. $x \in \mathbb{Q}_+$

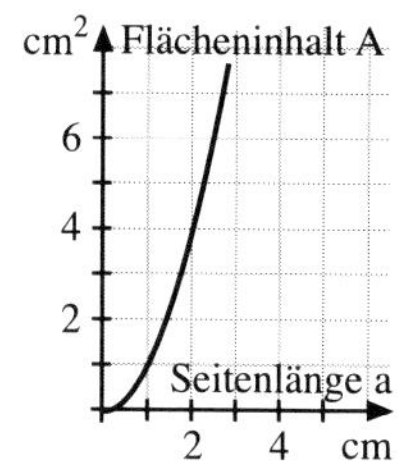

b) Die Zuordnung $x \rightarrow x^2$ ist eine Funktion.

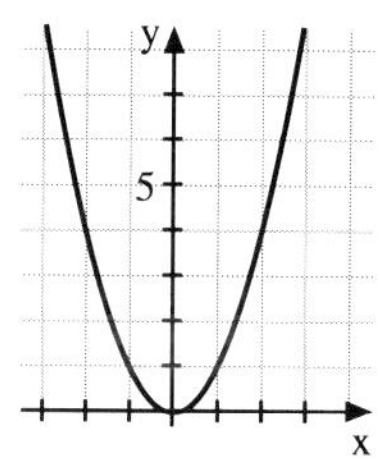

10. **a)** $A = x \cdot y \rightarrow x \cdot y = 6 \text{ cm}^2$
[x: Länge in cm; y: Breite in cm]
$y = \frac{6 \text{ cm}^2}{x}$
Es liegt eine Funktion vor ($a \neq 0$).

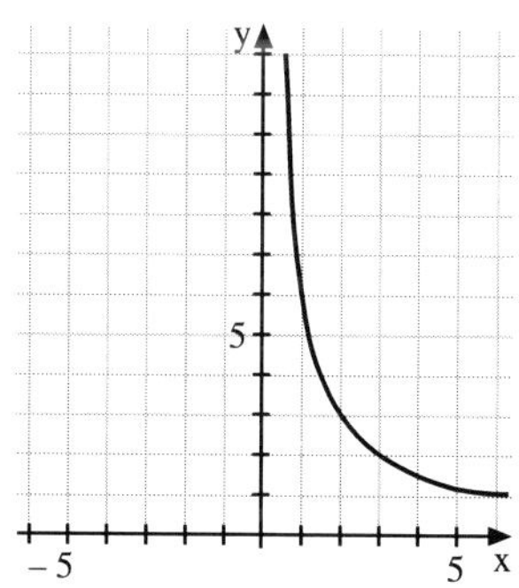

b)

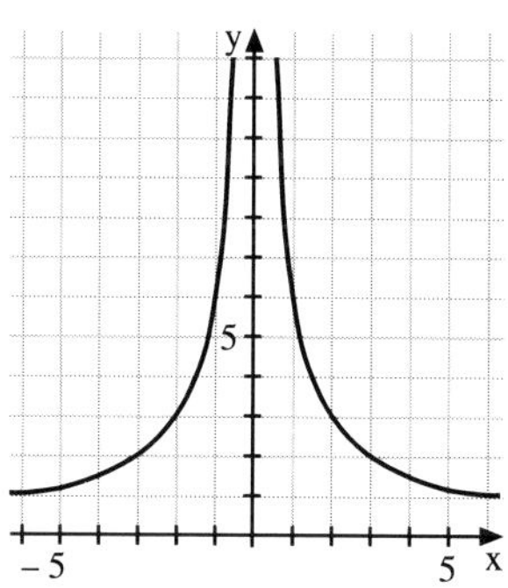

11. **a)** Ja **b)** Nein **c)** Ja **d)** Ja **e)** Nein **f)** nein

121

12. a)

x	−3	−2	−1	0	1	2
$y = 2x - 1$	−7	−5	−3	−1	1	3

x	3	4	5	6	7	8
$y = 2x - 1$	5	7	9	11	13	15

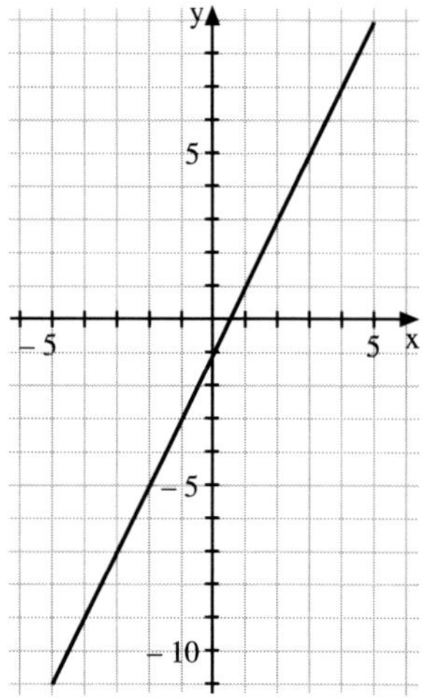

b)

x	−3	−2	−1	0	1	2
$y = x^2 - 2$	7	2	−1	−2	−1	2

x	3	4	5	6	7	8
$y = x^2 - 2$	7	14	23	34	47	62

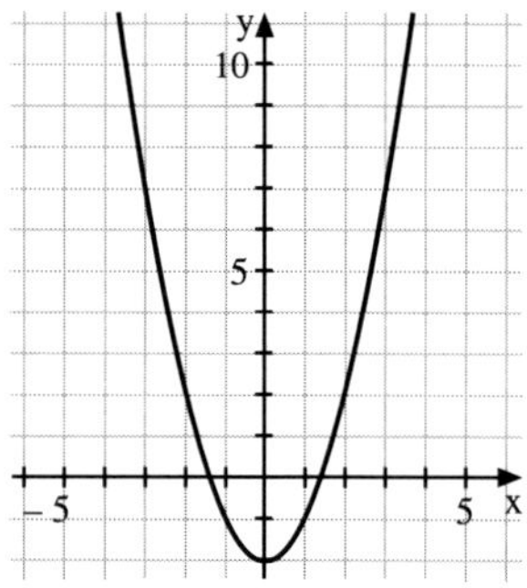

c)

x	−3	−2	−1	0	1	2
$y = x(2 + x)$	3	0	−1	0	3	8

x	3	4	5	6	7	8
$y = x(2 + x)$	15	24	35	48	63	80

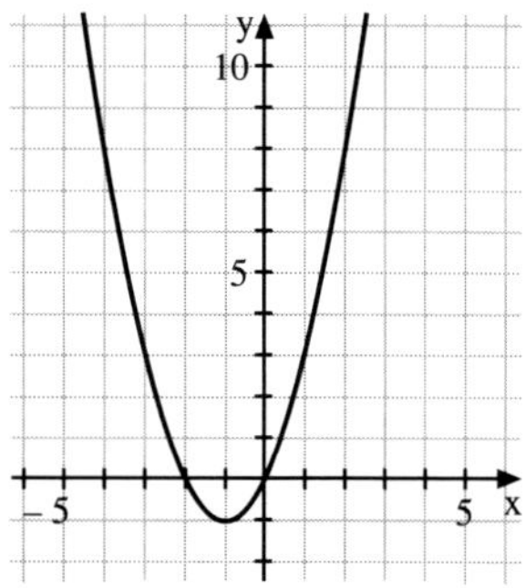

13. a) $f(0) = 0$ **b)** $f(0) = 0$ **c)** $f(2) = 0$, $f(-2) = 0$

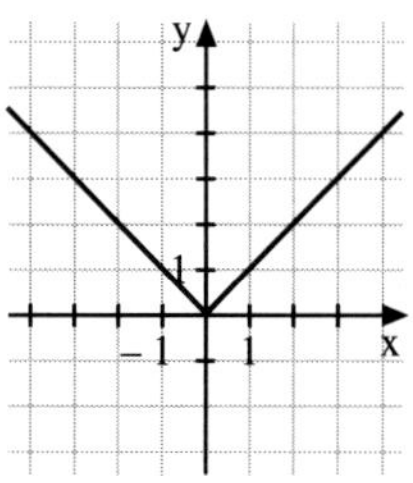

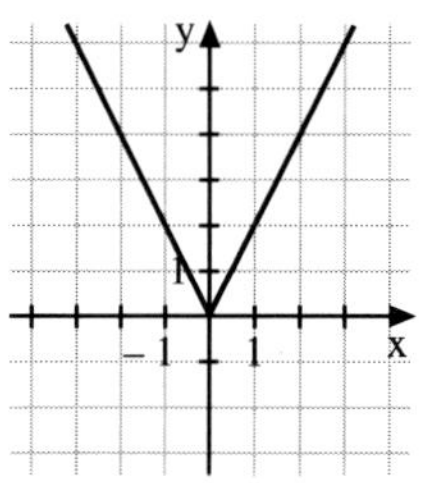

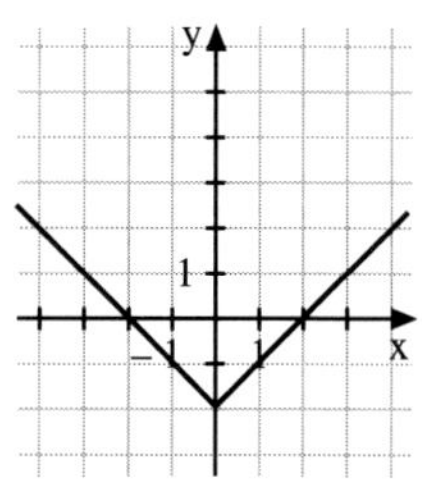

121 **13.** **d)** f(2) = 0

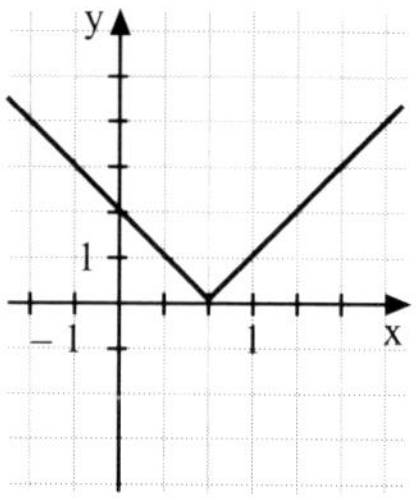

e) f(0) = 0

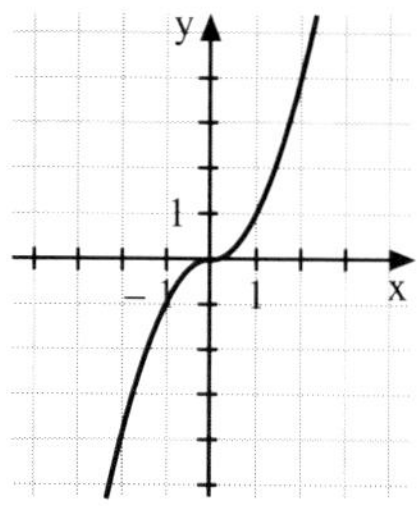

14. **a)** (1)

x	–2	–1	0	1	2
f(x)	–8	–4	0	4	8

(2) f(0,4) = 1,6; $\quad f\left(-\frac{4}{5}\right) = -3{,}2$;

f(1,5) = 6; $\quad$ f(–1,5) = –6

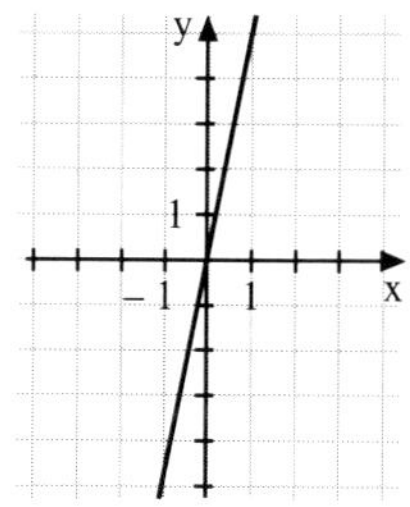

b) (1)

x	–2	–1	0	1	2
f(x)	0	0,5	1	1,5	2

(2) f(0,4) = 1,2; $\quad f\left(-\frac{4}{5}\right) = 0{,}6$;

f(1,5) = 1,75; $\quad$ f(–1,5) = 0,25

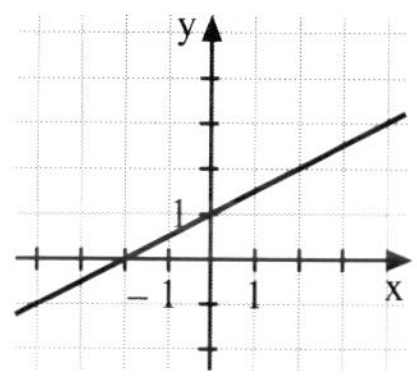

c) (1)

x	–2	–1	0	1	2
f(x)	–4	–1	0	–1	–4

(2) f(0,4) = –0,16; $\quad f\left(-\frac{4}{5}\right) = -0{,}64$;

f(1,5) = –2,25; $\quad$ f(–1,5) = –2,25

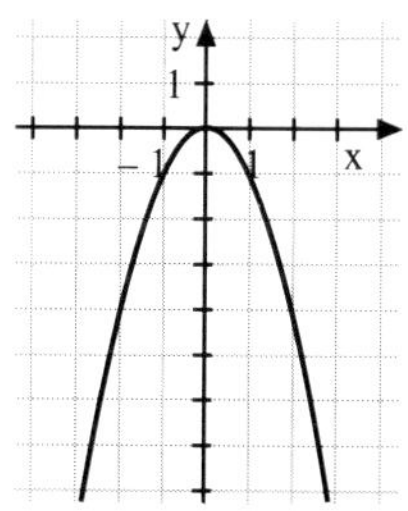

d) (1)

z	–2	–1	0	1	2
f(z)	9	4	1	0	1

(2) f(0,4) = 0,36; $\quad f\left(-\frac{4}{5}\right) = 3{,}24$;

f(1,5) = 0,25; $\quad$ f(–1,5) = 6,25

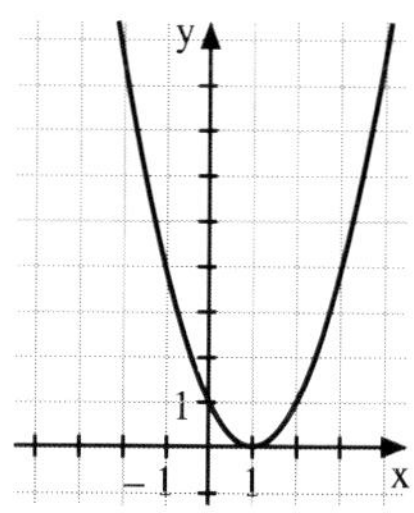

121

15. P_2, P_3 gehören zur Funktion $y = -\frac{2}{5}x$

[P_5, P_7 gehören zur Funktion $y = 5 - x^2$]

16. a) Definitionsbereich D = Menge aller Ereignisse
Wertebereich W = {0,125; 0,375}

Dreifacher Münzwurf

Anzahl von „Wappen“	Wahrscheinlichkeit
0	0,125
1	0,375
2	0,375
3	0,125

b) Definitionsbereich D = {2; …; 12}
Wertebereich $W = \left\{\frac{1}{36}; \frac{2}{36}; \frac{3}{36}; \frac{4}{36}; \frac{5}{36}; \frac{6}{36}\right\}$

Augensumme	Wahrscheinlichkeit
2	0,0278
3	0,0556
4	0,0833
5	0,1111
6	0,1389
7	0,1667
8	0,1389
9	0,1111
10	0,0833
11	0,0556
12	0,0278

17. a)

x	0,5	1,2	–1,2	3	–3	3,5	–3,5
x^2	0,25	1,44	1,44	9	9	12,25	12,25

x^2	4	2,25	0,64	1,96
x	2 | –2	1,5 | –1,5	0,8 | –0,8	1,4 | –1,4

b)

z	0,5	1,2	–1,2	3	–3	3,5	–3,5
z^2	25	144	144	900	900	1 225	1 225

z^2	4	2,25	0,64	1,96
z	0,2 | –0,2	0,15 | –0,15	0,08 | –0,08	0,14 | –0,14

121 **17. c)**

r	0,5	1,2	−1,2	3	−3	3,5	−3,5
$\frac{r^2}{4}$	0,0625	0,36	0,36	2,25	2,25	3,0625	3,0625

$\frac{r^2}{4}$	4	2,25	0,64	1,96
r	4 | −4	3 | −3	1,6 | −1,6	2,8 | −2,8

d)

x	0,5	1,2	−1,2	3	−3	3,5	−3,5
$(x-1)^2$	0,25	0,04	4,84	4	16	6,25	20,25

$(x-1)^2$	4	2,25	0,64	1,96
x	3 | −1	2,5 | −0,5	1,8 | 0,2	2,4 | −0,4

3.1.2 Eigenschaften von Funktionen

122 **2.** (1) **a)**

x	y
−3	24
−2	15
−1	8
0	3
1	0
2	−1
3	0

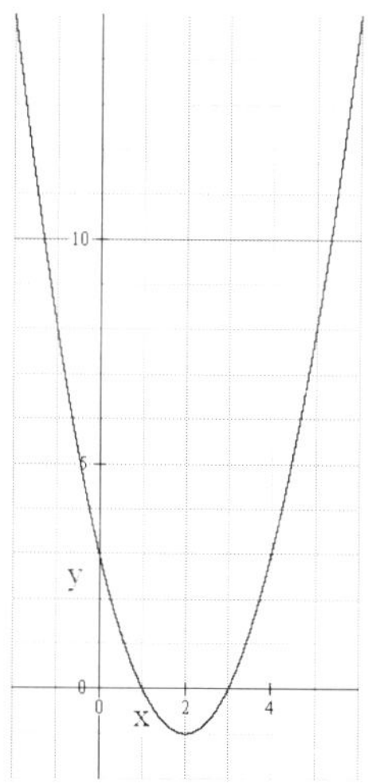

b) Der Graph steigt für $x > 2$.
Der Graph fällt für $x < 2$.
Tiefpunkt bei $x = 2$, $y = -1$;
Nullstellen bei $x = 1$ und $x = 3$;
y-Achsenschnittpunkt bei $y = 3$.

c) Symmetrisch zu einer Geraden parallel zur y-Achse bei $x = 2$.

122

2. (2) **a)**

x	y
–3	–25
–2	–6
–1	1
0	2
1	3
2	10
3	29

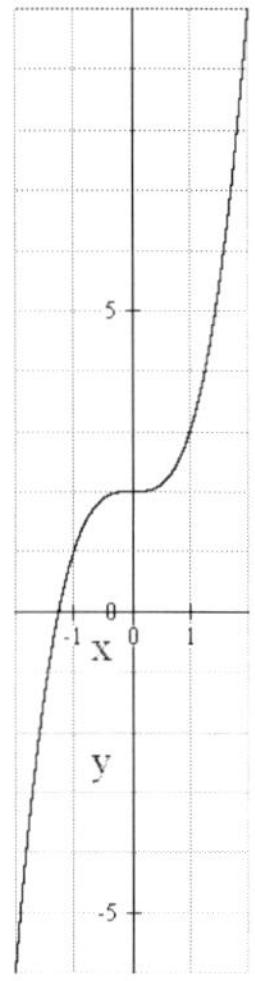

b) Der Graph steigt im gesamten Bereich.
Keine Hoch- oder Tiefpunkte;
Nullstellen bei x = –1,26;
y-Achsenschnittpunkt bei y = 2.

c) Punktsymmetrisch zu (0 | 2).

3. **a)**

x	y
–3	–0,6
–2	–0,5
–1	–0,33
0	0
1	1
1,5	3
1,9	19
2,1	–21
2,5	–5
3	–3

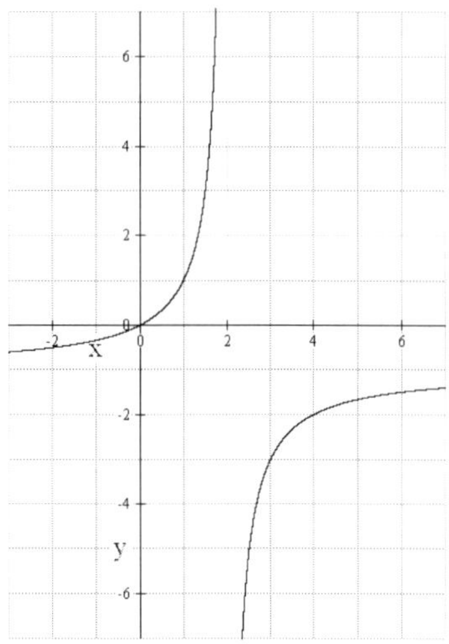

b) Der Graph steigt im gesamten Bereich außer bei x = 2.
Nullstelle bei x = 0;
y-Achsenschnittpunkt bei y = 0.
Sich von links der Definitionslücke nähernd, steigt der Graph rasch ins Unendliche, bei x = 2 springt er und für größere x kommt er aus dem negativ Unendlichen rasch zurück.

122 **3. c)**

x	y
−3	−2
−2	−1
−1	0
0	1
0,5	1,5
0,9	1,9
1,1	2,1
1,5	2,5
2	3
3	4

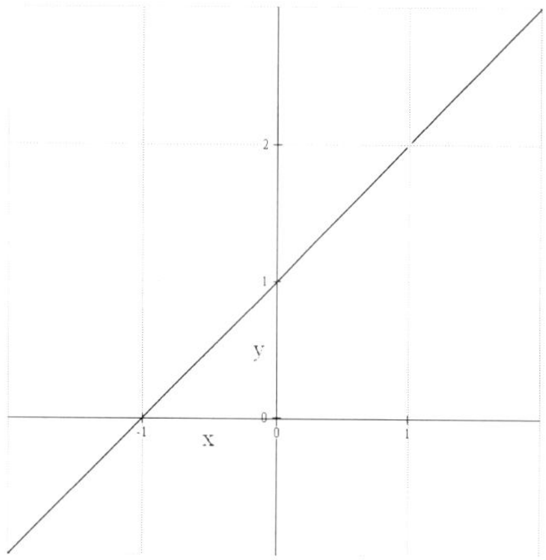

Der Graph steigt im gesamten Bereich, ist linear und ist bis auf die Stelle x = 1 identisch mit f(x) = x + 1; Nullstelle bei x = −1, y-Achsenschnittpunkt bei y = 1.
Der Verlauf des Graphen um die Definitionslücke ist weiter linear, lediglich der Punkt (1 | 2) fehlt.

123 **4. a)** Für x-Werte kleiner 0 steigt der Graph an. Bei x = 0 und x = 2 fällt der Graph. Bei x = 2 liegt ein Tiefpunkt vor. Für x > 2 steigt der Graph und bei x = 3 liegt eine Nullstelle vor. Der Graph ist punktsymmetrisch zu (1 | 2) und besitzt keine Definitionslücken.

b) x < 0 der Graph fällt; x > 0 der Graph steigt; Tiefpunkt bei x = 0; Nullstellen bei x = 3 und x = −3; symmetrisch zur y-Achse; keine Definitionslücken.

5. a)

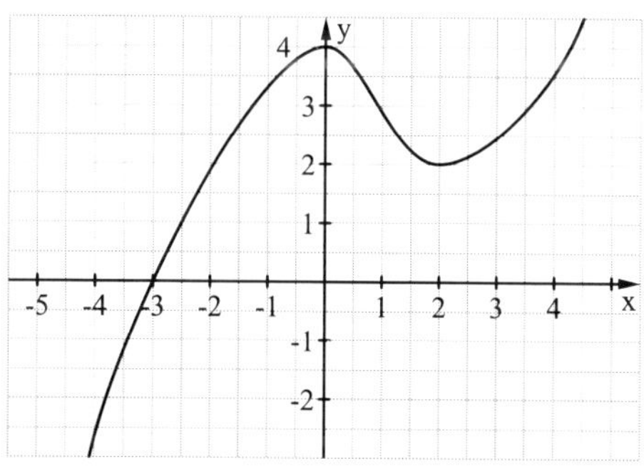

123 **5. b)**

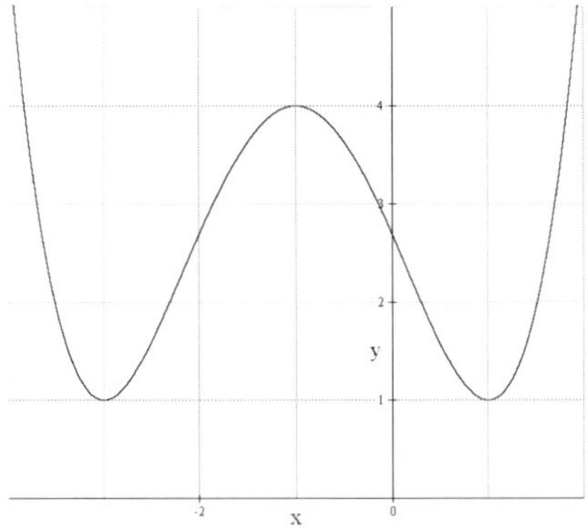

6. Das Flugzeug:
- startet in 750 m Höhe,
- steigt bis zu 40 min kontinuierlich auf 1 250 m,
- steigt etwas schneller bis auf 1 500 m in 55 min,
- Hochpunkt bei 1500 m nach 55 min,
- sinkt auf 1 250 m nach 80 min,
- Tiefpunkt nach 80 min bei 1 250 m,
- steigt erneut auf 1 750 m nach 95 min,
- bleibt ab da auf konstanter Höhe

7. a) $D = \mathbb{Q} \setminus \{-2\}$

x	y
–4	6
–3	5
–2,5	4,5
–1,5	3,5
–1	3
0	2
1	1
2	0

Lineare Funktion bis auf Definitionslücke.
Verlauf von $y = -x + 2$
Punkt $(-2 \mid 4)$ fehlt.

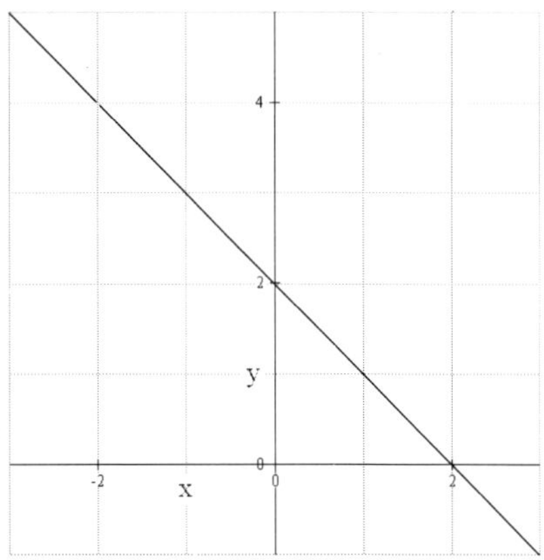

123 **7. b)** $D = \mathbb{Q} \setminus \{2\}$

x	y
–3	1,2
–2	1,25
–1	1,33
0	1,5
1	2
1,5	3
2,5	–1
3	0

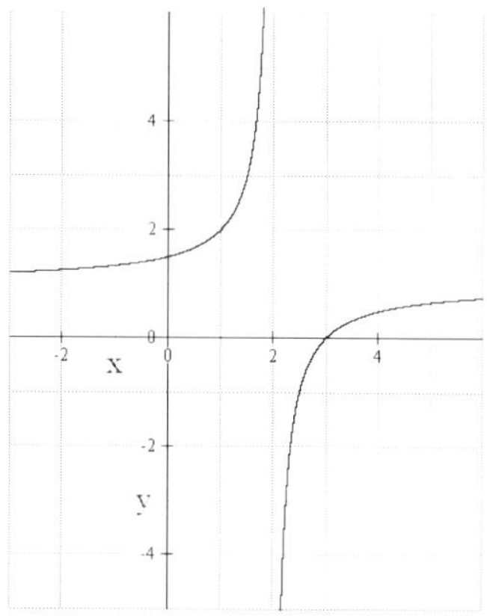

Der Graph steigt im gesamten Bereich. Von links sich der Definitionslücke nähernd, strebt er gegen Unendlich, bei der Lücke springt er, rechts von der Lücke kommt er aus dem negativ Unendlichen. Für große negative wie positive x nähert er sich y = 1 an.

3.1.3 Untersuchen von Funktionen mit dem GTR

124 **2. a)**

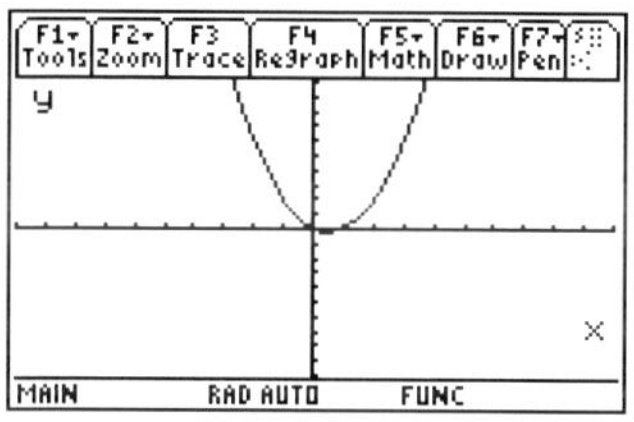

Einstellungen

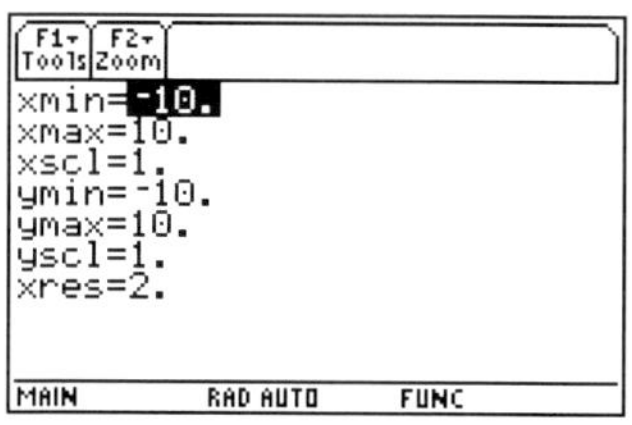

Tiefpunkt bei (0,5 ; –0,25)
Nullstellen: bei x = 0 und x = 1
für x < 0,5 fällt der Graph, für x > 0,5 steigt der Graph

b) ZOOM IN:

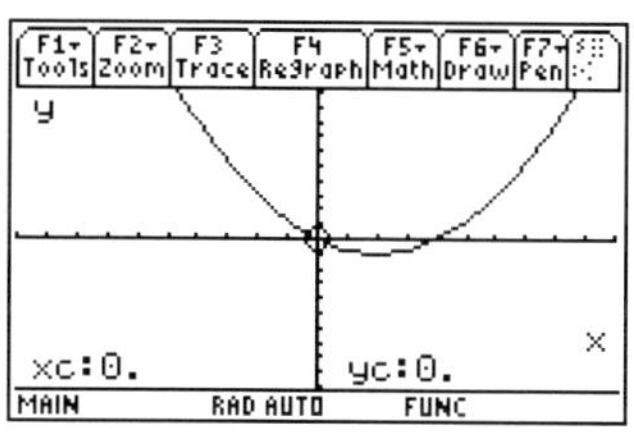

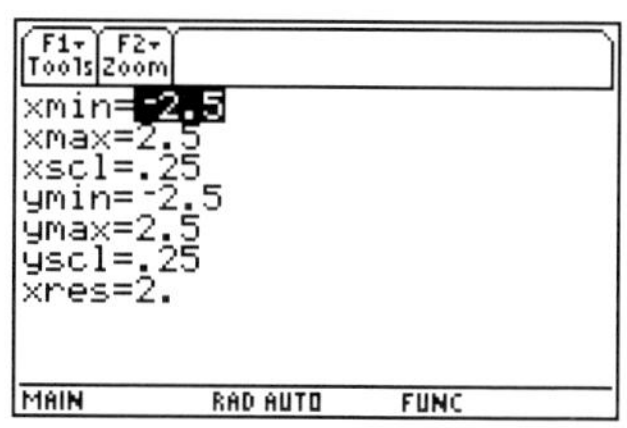

124

2. b) ZOOM OUT:

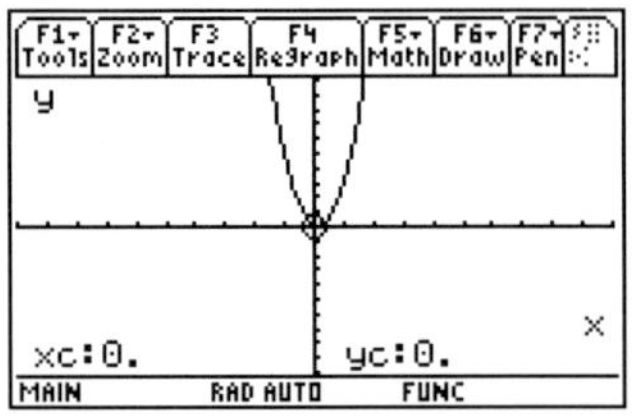

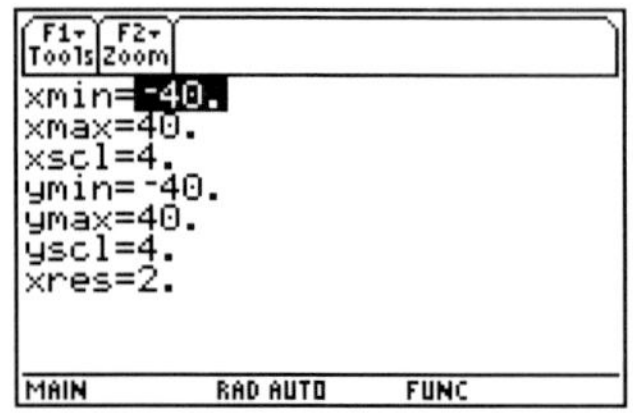

ZDecimal:

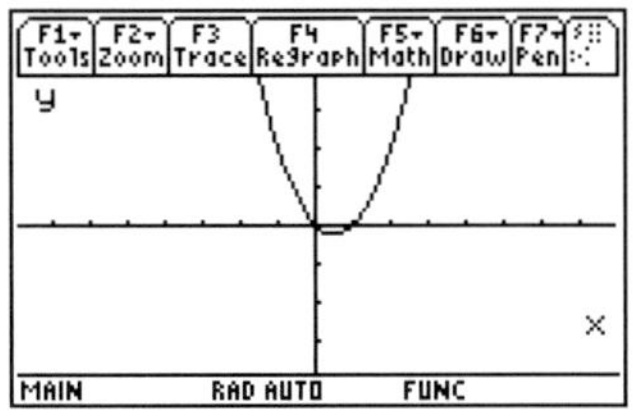

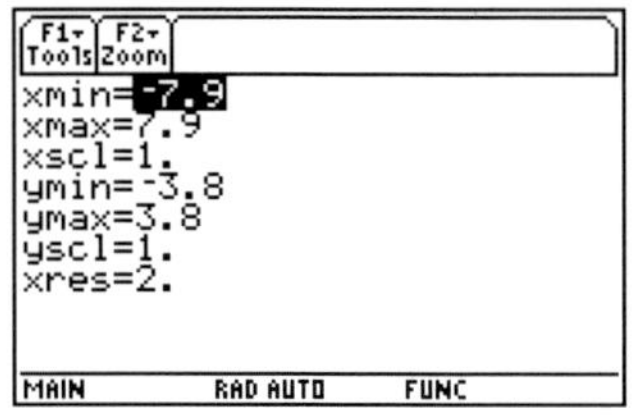

c) Tiefpunkt (0,5; –0,25)

125

3. a)

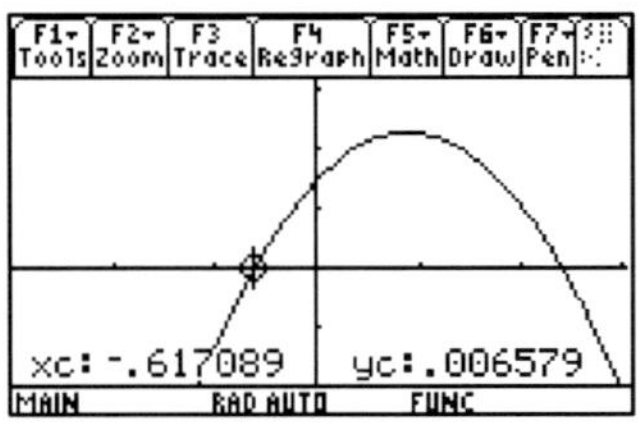

Die genauen Nullstellen sind $x_{01} = -0,6$ und $x_{02} = 2,4$

b)

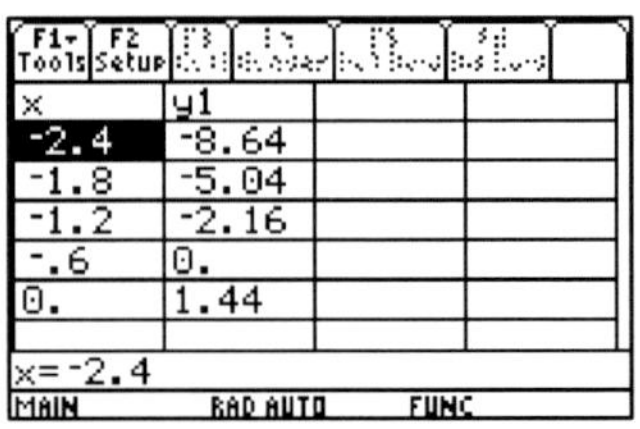

x	y1		
-2.4	-8.64		
-1.8	-5.04		
-1.2	-2.16		
-.6	0.		
0.	1.44		

x=-2.4

c) Der Graph ist monoton steigend für $x \leq 0,9$ und monoton fallend für $x \geq 0,9$. An der Stelle x = 0,9 liegt ein Maximum.

4. a)

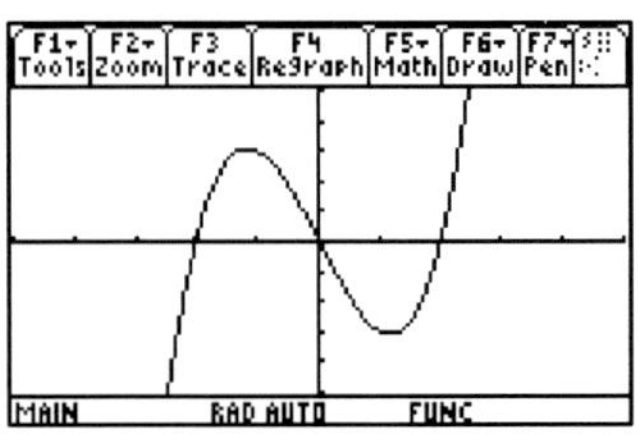

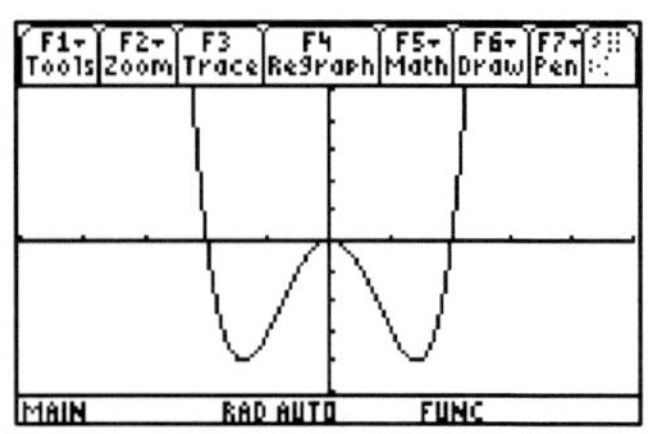

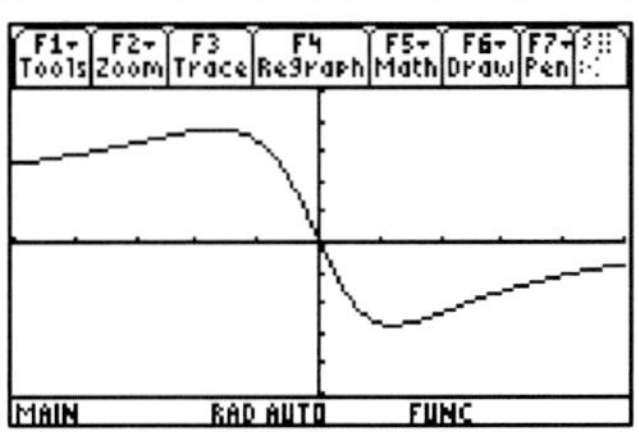

125 **4. b)** (1): Nullstellen: $x_1 = -2;\ x_2 = 0;\ x_3 = 2$

Maximum etwa bei x = –1,15 und
Minimum etwa bei x = 1,15.

(2): Nullstellen: $x_1 = -1;\ x_2 = 0;\ x_3 = 1$

Maximum bei x = 0
2 Minima etwa bei x = –0,7 und x = 0,7
symmetrisch zur y-Achse

(3): Nullstelle: x = 0

Maximum etwa bei x = –1,65
Minimum etwa bei x = 1,21
Für sehr kleine und sehr große x nähert sich der Graph dem Wert y = 1 an.

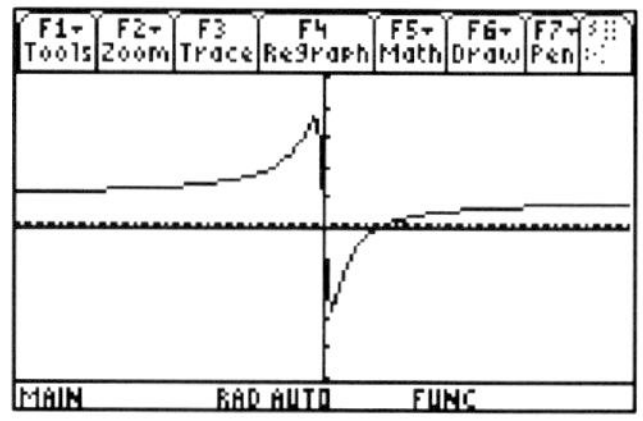

5. a) Bei zu klein gewähltem Definitionsbereich sieht der Graph der Funktion wie eine Gerade mit negativer Steigung aus.

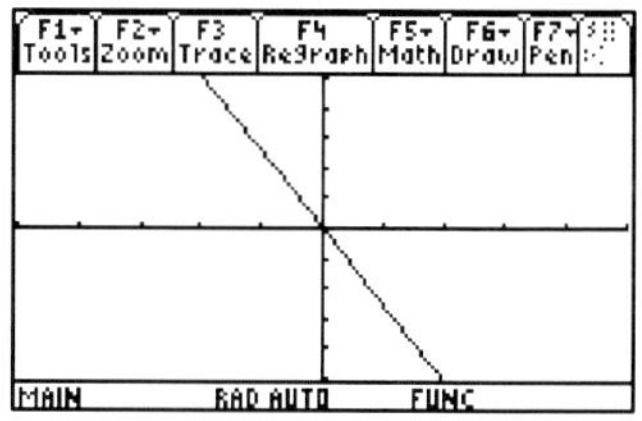

b) Geschickte Wahl von Definitions- und Wertebereich zeigen den Graphen so, dass die Eigenschaften erkennbar werden.
Definitionsbereich: $-50 \leq x \leq 50$
Wertebereich: $-50 \leq y \leq 50$
Nullstellen: $x_1 = -16;\ x_2 = 0;\ x_3 = 16$

Maximum etwa bei x = –9,2
Minimum etwa bei x = 9,2.

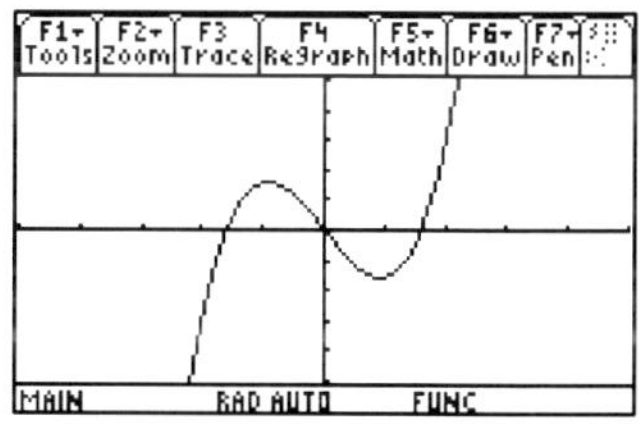

6. a) - c) (1)

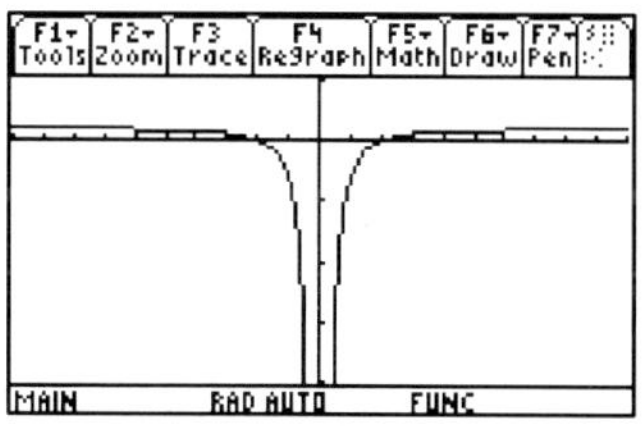

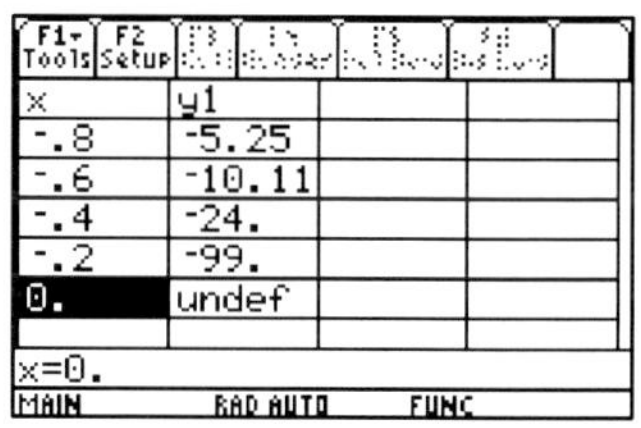

$-10 \leq x \leq 10$
$-20 \leq y \leq 15$

125

6. a) - c) (2)

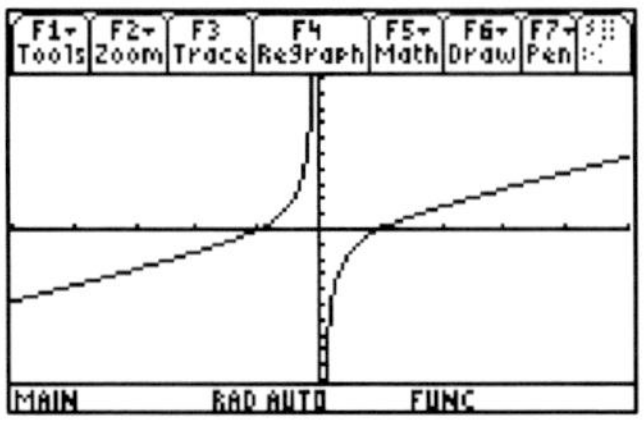

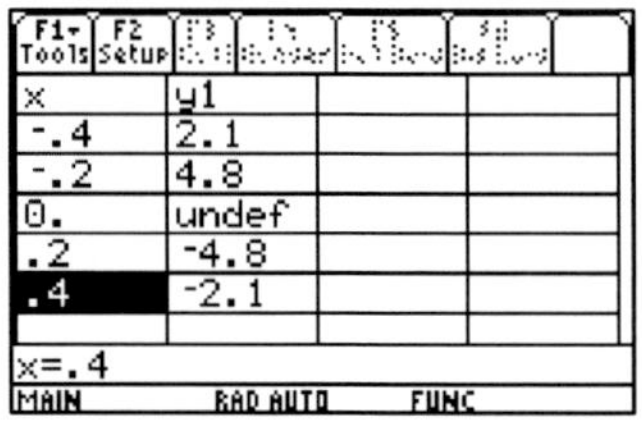

$-5 \leq x \leq 5$
$-10 \leq y \leq 10$

(3)

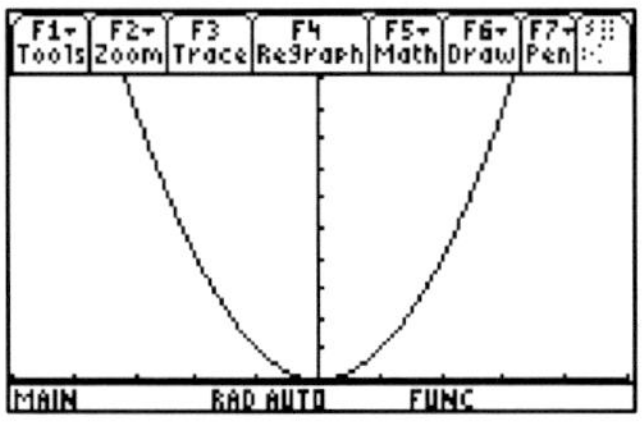

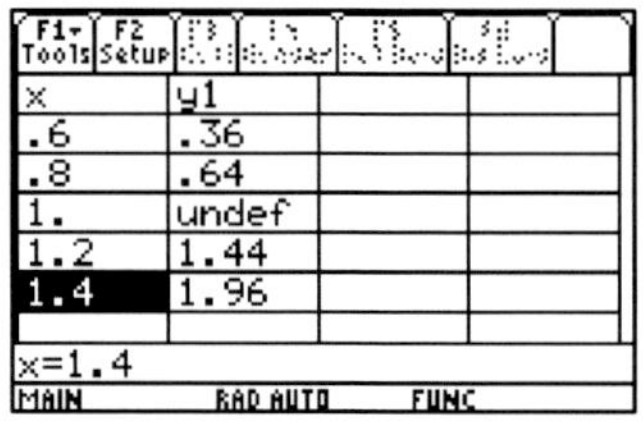

$-5 \leq x \leq 5$
$0 \leq x \leq 10$

7. a) - c) (1)

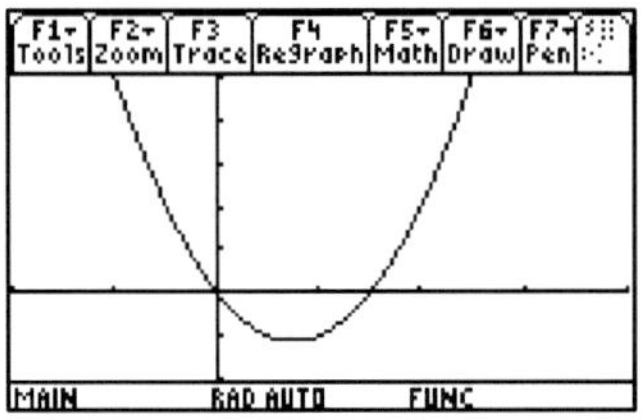

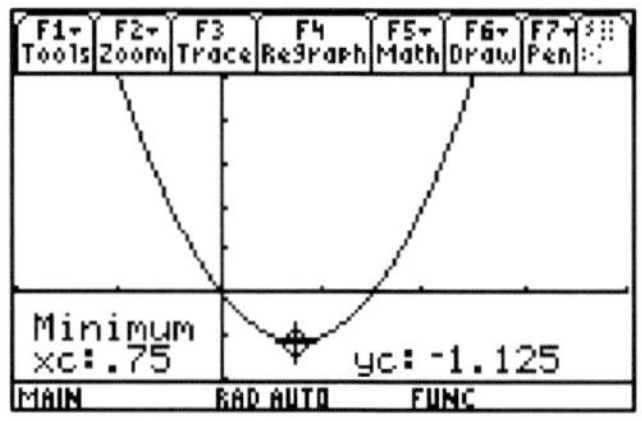

(2)

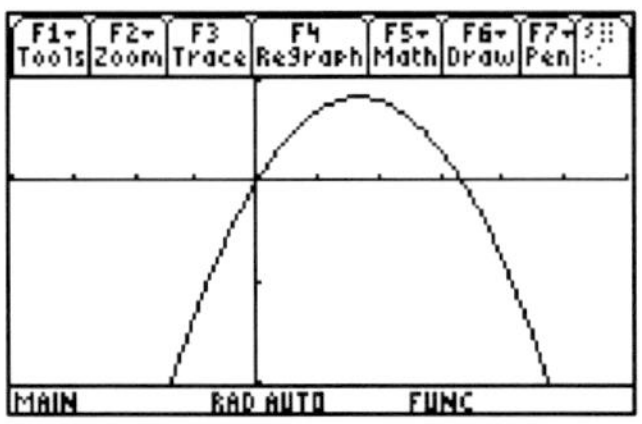

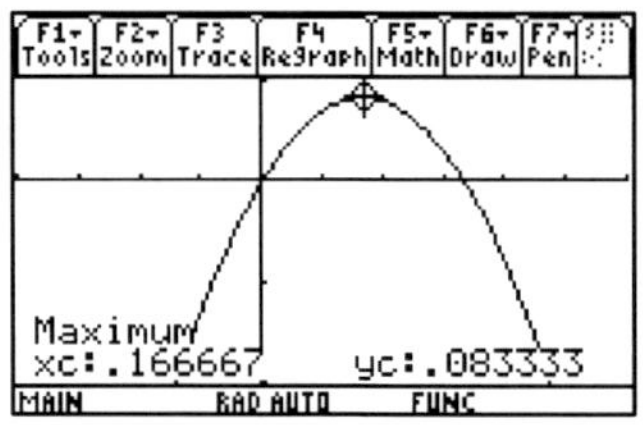

(3)

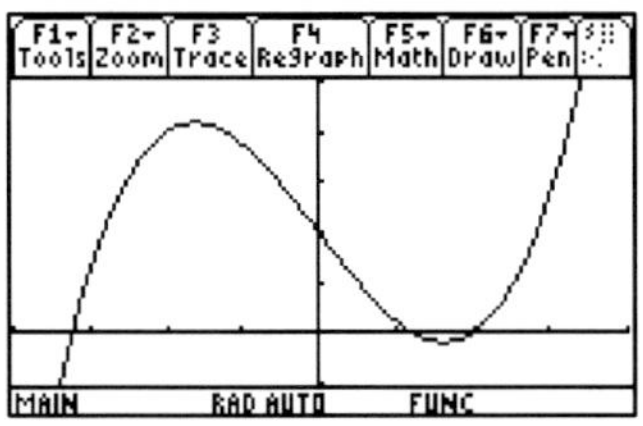

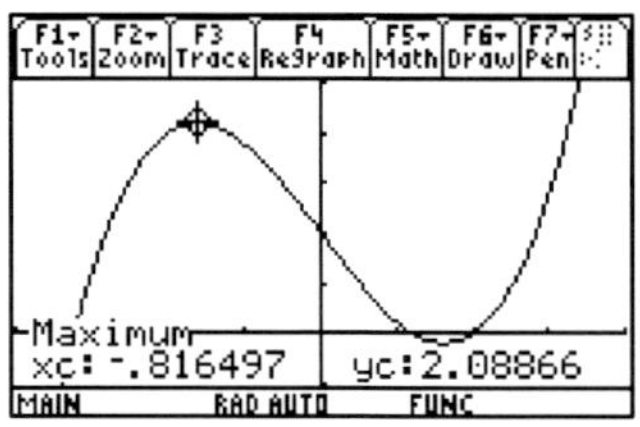

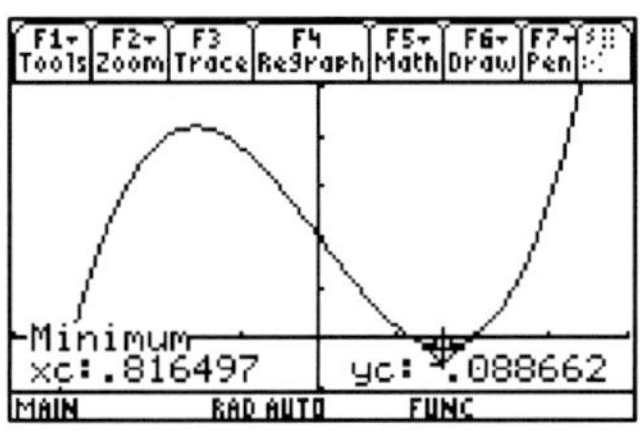

3.2 Lineare Funktionen

3.2.1 Lineare Funktionen der Form $y = m \cdot x$

128 **2.** Da Preise nicht negativ sind ist der Graph eine Gerade durch O (0 | 0) und **a)** P (4 | – 5), **b)** P (1 | –3), **c)** P (1 | –1), **d)** P (4 | –3)
Auch hier gilt: Wenn man eine Stelle x verdoppelt, so verdoppelt sich auch der Funktionswert.

3. a) (1) Der Benzinpreis beträgt immer 1,10 € pro Liter.
(2) Die Zuordnung ist proportional: y = 1,1x
mit y: Preis (in €) und x: Benzinvolumen (in ℓ)
b) Als Quotienten erhält man 1,8 in (1) und –0,4 in (2). Der Quotient ist gleich m, denn $\frac{y}{x} = \frac{mx}{x} = m$.
Für x = 0 ist der Quotient nicht definiert, da man durch 0 nicht dividieren darf.

4. a)

x	y
0	0
1	2
2	4
3	6
4	8
5	10
6	12
7	14

y = 2x, y: Preis (in €),
x: Menge (in kg)
Der Graph ist eine Halbgerade von O (0 | 0) durch den Punkt P (5 | 10).

b) Der Graph ist die Gerade durch O(0 | 0) und P(5 | 10).

129 **5. a)** y = 3x [y = 1,2x], y: Wasservolumen (in ℓ), x: Zeit (in min)

x	0	1	2	3	4	5	6	7	8	9	10
y = 3x	0	3	6	9	12	15	18	21	24	27	30
y = 1,2x	0	1,2	2,4	3,6	4,8	6,0	7,2	8,4	9,6	10,8	12,0

Da das Wasservolumen nicht negativ ist, ist der Graph eine Halbgerade von O (0 | 0) durch Punkt P (10 | 30) [P (10 | 12)].

b) z = 0,5x [z = 0,2x], z = Wasserhöhe (in dm), x = Zeit (in min)

x	0	1	2	3	4	5	6	7	8	9	10
z = 0,5x	0	0,5	1	1,5	2	2,5	3	3,5	4	4,5	5
z = 0,2x	0	0,2	0,4	0,6	0,8	1,0	1,2	1,4	1,6	1,8	2,0

Der Graph ist eine Halbgerade vom Punkt O (0 | 0) durch den Punkt P (10 | 5) [P (10 | 2)].

6. a) y = 0,2x, y: Preisnachlass (in €), x: alter Preis (in €)
b) z = 0,8x, z: neuer Preis (in €), x: alter Preis (in €)
Beide Zuordnungen sind proportional. Die grafische Darstellung ist jeweils eine Halbgerade von O (0 | 0) mit der Steigung m = 0,2 bzw. m = 0,8 durch die Punkte P_1 (10 | 2) bzw. P_2 (10 | 8).

129

7. a) (1) $y = 2{,}5x$; Halbgerade von O (0 | 0) durch den Punkt P (2 | 5)
(2) P_3 liegt auf dem Graphen.
(3) $P_1 (2 \mid 5)$; $P_2 (-1 \mid -2{,}5)$; $P_3 (2{,}4 \mid 6)$; $P_4 (-1{,}2 \mid -3)$
(4) $f(40) = 100$; $f(-4) = -10$; $f(0{,}04) = 0{,}1$; $f(-0{,}2) = -\frac{1}{2}$

b) (1) $y = -4x$; Halbgerade von O (0 | 0) durch den Punkt P (1 | –4)
(2) P_5 liegt auf dem Graphen.
(3) $P_1 (2 \mid -8)$; $P_2 (-1 \mid 4)$; $P_3 (-1{,}5 \mid 6)$; $P_4 (0{,}75 \mid -3)$
(4) $f(-25) = 100$; $f(2{,}5) = -10$; $f(-0{,}025) = 0{,}1$; $f(0{,}125) = -\frac{1}{2}$

c) (1) $y = -0{,}6x$; Halbgerade von O (0 | 0) durch den Punkt P (5 | –3)
(2) P_1 liegt auf dem Graphen.
(3) $P_1 (2 \mid -1{,}2)$; $P_2 (-1 \mid 0{,}6)$; $P_3 (-10 \mid 6)$; $P_4 (5 \mid -3)$
(4) $f\left(-166\frac{2}{3}\right) = 100$; $f\left(16\frac{2}{3}\right) = -10$; $f\left(-\frac{1}{6}\right) = 0{,}1$; $f\left(\frac{5}{6}\right) = -\frac{1}{2}$

d) (1) $y = \frac{z}{10}$; Halbgerade von O (0 | 0) durch den Punkt P (10 | 1)
(2) P_4 liegt auf dem Graphen.
(3) $P_1 (2 \mid 0{,}2)$; $P_2 (-1 \mid -0{,}1)$; $P_3 (60 \mid 6)$; $P_4 (-30 \mid -3)$
(4) $f(1000) = 100$; $f(-100) = -10$; $f(1) = 0{,}1$; $f(-5) = -\frac{1}{2}$

e) (1) $y = \frac{5}{2}t$; Halbgerade von O (0 | 0) durch den Punkt P (2 | 5)
(2) P_3 liegt auf dem Graphen.
(3) $P_1 (2 \mid 5)$; $P_2 (-1 \mid -2{,}5)$; $P_3 (2{,}4 \mid 6)$; $P_4 (-1{,}2 \mid -3)$
(4) $f(40) = 100$; $f(-4) = -10$; $f(0{,}04) = 0{,}1$; $f(-0{,}2) = -\frac{1}{2}$

8. a)

Geschwindigkeit $\left(\text{in } \frac{\text{km}}{\text{h}}\right)$	10	20	30	40	50	60	70	80	90	100
Reaktionsweg (in m)	3	6	9	12	15	18	21	24	27	30

Die Größen sind proportional zueinander.

b)

Geschwindigkeit $\left(\text{in } \frac{\text{km}}{\text{h}}\right)$	10	20	30	40	50	60	70	80	90	100
Bremsweg (in m)	1	4	9	16	25	36	49	64	81	100

Die Größen sind nicht proportional zueinander.

129 **8. b)** Fortsetzung

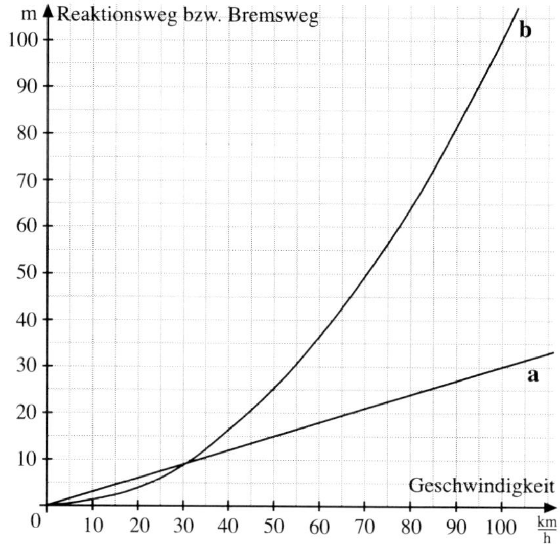

9. Reaktionsweg y_1: $y_1 = \frac{3}{10} \cdot v$

Bremsweg y_2: $y_2 = \left(\frac{v}{10}\right)^2$

a)

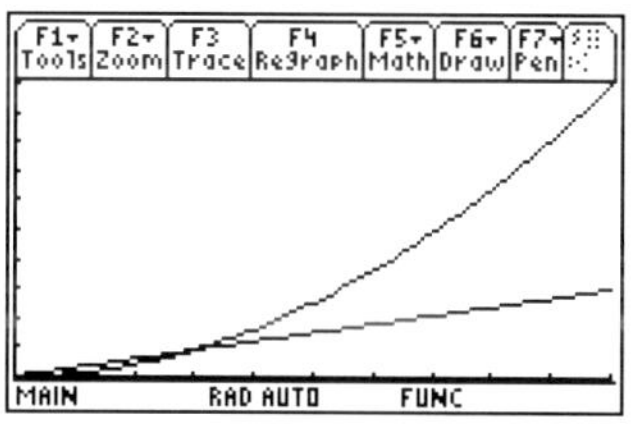

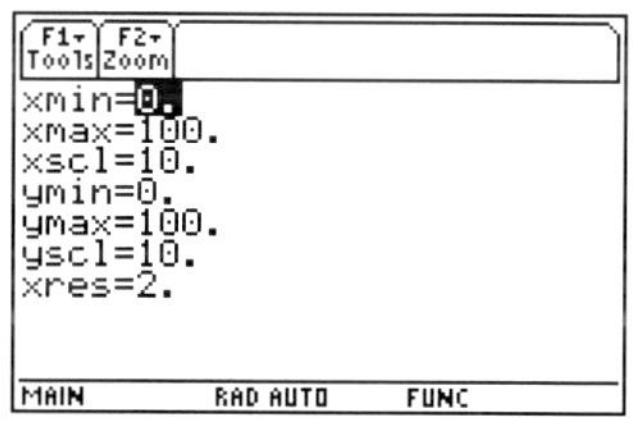

b) Beide Graphen steigen an. Der Bremsweg ist ab 30 $\frac{km}{h}$ länger als der Reaktionsweg und steigt schneller als dieser (da quadratisch) an.

130 **10.** (1) $\frac{y}{x} = \frac{2}{1} = 2$ (2) $\frac{y}{x} = \frac{400}{4} = 100$ (3) $\frac{y}{x} = \frac{-10}{1} = -10$

11. Z. B.
$y = m \cdot x$ für m = 5

x	y
−3	−15
−2	−10
−1	−5
0	0
1	5
2	10
3	15

Z. B. für
NICHT $y = m \cdot x$

x	y_1	y_2
−3	15	−5
−2	10	−3
−1	5	−1
0	0	1
1	5	3
2	10	5
3	15	7

130 **11.** Fortsetzung
Der Punkt (0 | 0) liegt auf dem Graph von Funktionen der Form y = mx.
y = mx ist linear. y_1 ist quadratisch daher nicht von dieser Form; y_2 beinhaltet nicht (0 | 0), daher nicht von dieser Form.

12. Prüfen, ob die Punkte auf einer Geraden liegen oder ob in der Wertetabelle Quotientengleichheit vorliegt.

13. a)

G (in €)	W (in €)
10	0,50
20	1,00
30	1,50
40	2,00
50	2,50

G (in €)	W (in €)
60	3,00
70	3,50
80	4,00
90	4,50
100	5,00

b) Der Prozentwert W verdoppelt, verdreifacht usw. sich, wenn man bei festem Prozentsatz den Grundwert verdoppelt usw.

c) Der Graph ist eine Halbgerade von O (0 | 0) durch den Punkt P (100 | 5).
Es handelt sich um eine proportionale Zuordnung mit der Funktionsgleichung W = 0,05 · G.

3.2.2 Anstieg, Steigungsdreieck

131 **1. a)** Gerade durch O (0 | 0) und P (5 | 6).
Der Funktionswert wird (1) um 1,2 größer; (2) um 2,4 größer; (3) um 6,0 größer; (4) um 1,2 kleiner.

b) Gerade durch O (0 | 0) und P (5 | 3).
Der Funktionswert wird (1) um 0,6 größer; (2) um 1,2 größer; (3) um 3,0 größer; (4) um 0,6 kleiner.

c) Gerade durch O (0 | 0) und P (2 | –3).
Der Funktionswert wird (1) um 1,5 kleiner; (2) um 3,0 kleiner; (3) um 7,5 kleiner; (4) um 1,5 größer.

d) Gerade durch O (0 | 0) und P (4 | –3).
Der Funktionswert wird (1) um $\frac{3}{4} = 0{,}75$ kleiner; (2) um $1\frac{1}{2} = 1{,}5$ kleiner; (3) um $3\frac{3}{4} = 3{,}75$ kleiner; (4) um $\frac{3}{4} = 0{,}75$ größer.

2. Geraden durch O (0 | 0) und P (1 | 5) für m = 5;
P (5 | –1) für m = –0,2; P (1 | 1) für m = 1;
P (10 | –13) für m = –1,3; P (3 | 2) für m = $\frac{2}{3}$.

132

3.

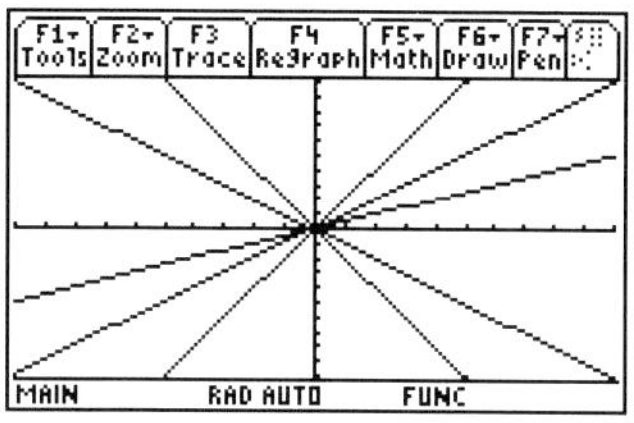

Z. B.: $y_1 = x$; $y_2 = -x$; $y_3 = -2x$; $y_4 = 2x$; $y_5 = 0{,}5x$
Je größer |m|, desto steiler die Gerade; positive m: die Gerade steigt, negative m: die Gerade fällt.

4. Geraden durch O (0 | 0) und
a) P (1 | 3); **b)** P (1 | –2); **c)** P (5 | 7); **d)** P (2 | –1); **e)** P (5 | –6)

5. **a)** Der Funktionswert steigt um 0,5 [1; 1,5] (m = 0,5).
b) Der Funktionswert fällt um 0,6 [1,2; 1,8] (m = –0,6).
c) Der Funktionswert steigt um 0,4 [0,8; 1,2] (m = 0,4).

133

6. **a)** Gerade durch O (0 | 0) und P (5 | 12)
f (x) steigt um 9,6 [steigt um 12; fällt um 12].
b) Gerade durch O (0 | 0) und P (5 | 7)
f (x) steigt um 5,6 [steigt um 7; fällt um 7].
c) Gerade durch O (0 | 0) und P (10 | 3)
f (x) steigt um 1,2 [steigt um 1,5; fällt um 1,5].
d) Gerade durch O (0 | 0) und P (4 | –1)
f (x) fällt um 1 [fällt um 1,25; steigt um 1,25].
e) Gerade durch O (0 | 0) und P (5 | –4)
f (x) fällt um 3,2 [fällt um 4; steigt um 4].
f) Gerade durch O (0 | 0) und P (7 | 1)
f (x) steigt um $\frac{4}{7}$ $\left[\text{steigt } \frac{5}{7}\text{; fällt um } \frac{5}{7}\right]$.
g) Gerade durch O (0 | 0) und P (5 | –2)
f (x) fällt um 1,6 [fällt um 2; steigt um 2].
h) Gerade durch O (0 | 0) und P (10 | –1)
f (x) fällt um 0,4 [fällt um 0,5; steigt um 0,5].
i) Gerade durch O (0 | 0) und P (1 | –1)
f (x) fällt um 4 [fällt um 5; steigt um 5].
j) Gerade durch O (0 | 0) und P (2 | 7)
f (t) steigt um 14 [steigt um 17,5; fällt um 17,5].

7. $y = \frac{3}{4}x$ ist falsch. Er hat die Gerade für $y = \frac{4}{3}x$ gezeichnet.

Richtig wäre für $y = \frac{3}{4}x$ die Gerade durch O (0 | 0) und P (4 | 3).

$y = -\frac{3}{5}x$ ist falsch. Er hat die Gerade zu $y = -\frac{5}{3}x$ gezeichnet.

Richtig wäre $y = -\frac{5}{3}x$ für $y = -\frac{3}{5}x$ die Gerade durch O (0 | 0) und P (5 | –3).

133 **8.** **a)** $y = 1{,}6\,x$; Gerade durch O (0 | 0) und P (5 | 8)
b) $y = -1{,}8x$; Gerade durch O (0 | 0) und P (5 | –9)
c) $y = 2{,}7x$; Gerade durch O (0 | 0) und P (10 | 27)
d) $y = -\frac{6}{5}x$; Gerade durch O (0 | 0) und P (5 | –6)
e) $y = 1{,}8x$; Gerade durch O (0 | 0) und P (5 | 9)
f) $y = -1{,}8x$; Gerade durch O (0 | 0) und P (5 | –9)

9.

a) $g_1: y = -3x$;	**b)** $g_4: y = -\frac{3}{2}x$;	**c)** $g_7: y = \frac{3}{2}x$;
$g_2: y = \frac{1}{2}x$;	$g_5: y = \frac{3}{4}x$;	$g_8: y = x$;
$g_3: y = -\frac{1}{2}x$;	$g_6: y = -\frac{1}{2}x$;	$g_9: y = -x$;

10. **a)** E, A **b)** C, G **c)** F, B **d)** D, H

11. **a)** $y = 5x$; $f(x) = 5x$
b) $y = -3x$; $f(x) = -3x$
c) $y = 3{,}8x$; $f(x) = 3{,}8x$
d) $y = -0{,}8x$; $f(x) = -0{,}8x$
e) $y = -\frac{3}{2}x$; $f(x) = -\frac{3}{2}x$
f) $y = -\frac{9}{5}x$; $f(x) = -\frac{9}{5}x$
g) $y = 3x$; $f(x) = 3x$
h) $y = 4{,}2x$; $f(x) = 4{,}2x$
i) $y = -\frac{2}{5}x$; $f(x) = -\frac{2}{5}x$
j) $y = 1{,}7x$; $f(x) = 1{,}7x$
k) $y = -\frac{2}{3}x$; $f(x) = -\frac{2}{3}x$
l) $y = 4x$; $f(x) = 4x$

12. -

3.2.3 Lineare Funktionen der Form y = mx + b

135 **2.** **a)** $m = \frac{3}{4}$; $c = -2$; Gerade durch P (0 | –2) und Q (4 | 1).
b) $m = -\frac{1}{3}$; $c = 1$; Gerade durch P (0 | 1) und Q (3 | 0).
c) $m = -1$; $c = 4{,}5$; Gerade durch P (0 | 4,5) und Q (5 | –0,5).
d) $m = 1$; $c = 0$; Gerade durch P (0 | 0) und Q (5 | 5).
e) $m = 0$; $c = -3$; Gerade parallel zur x-Achse durch P (0 | –3).
f) $m = 0$; $c = 0$; Gerade identisch mit der x-Achse.

136 **3.** (1) Die Geraden schneiden sich im Punkt (5,6 | 5,4).
(2) Die Geraden verlaufen parallel.
(3) Die Geraden sind deckungsgleich.

4.

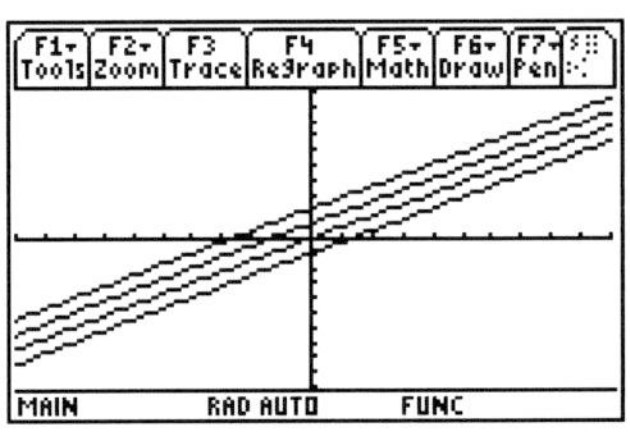

Der Summand n verschiebt den Graphen entlang der y-Achse.

136

5. a)

Belastung (in kg)	0	1	2	3	4	5	6	7	8
Verlängerung der Feder (in cm)	0	0,5	1,0	1,5	2,0	2,5	3,0	3,5	4,0
Federlänge (in cm)	6,0	6,5	7,0	7,5	8,0	8,5	9,0	9,5	10,0

Der Graph zu (1) ist eine Halbgerade von O (0 | 0) aus durch den Punkt P (8 | 4), die zu einer proportionalen Zuordnung gehört. Die andere Halbgerade ist dazu parallel und um 6 in Richtung der y-Achse nach oben verschoben.

b) $y = 0{,}5x + 6$, x: Federlänge (in cm), x: Belastung (in kg); $x \geq 0$
c) Die Feder wird 1,2 cm länger [0,9 cm kürzer].
d) 4 kg [7 kg; 8,4 kg]
e) 28 kg

137

6. **a)** Strecke von P (0 | 21) bis Q (17,5 | 0)
b) $y = -1{,}2x + 21$, y: Länge der Kerze (in cm), x: Brenndauer (in h)
c) Sie ist noch 15 cm [12 cm; 6 cm] lang.
d) Nach $14\frac{1}{3}$ h, also nach 14 h 20 min ist die Kerze nur noch 3,8 cm lang.
e) Nach 17,5 h, also nach 17 h 30 min ist die Kerze abgebrannt.

7. **a)** $y = -0{,}8x + 48$; y: Fugenbreite b (in mm), x: Temperatur ϑ (in °C)
Gerade durch P (0 | 48) und Q (25 | 28); Funktionswerte sind nur oberhalb der x-Achse sinnvoll, da die Fugenbreite nicht negativ werden darf.

b)

Temperatur ϑ (in °C)	30	10	−10	−15
Fugenbreite b (in mm)	24	40	56	60

c) −7,5°C
d) 60°C

8. **a)**

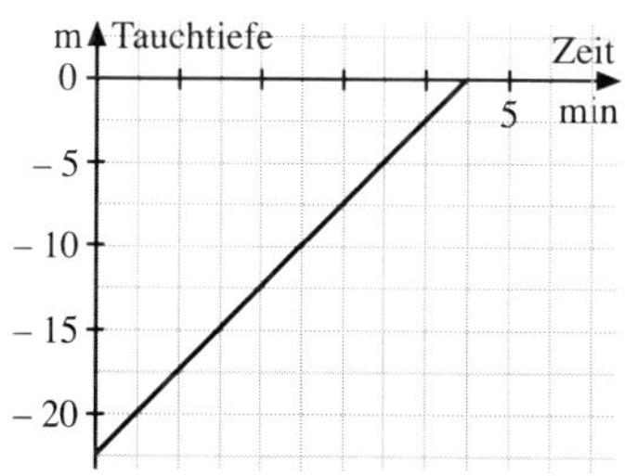

b) $y = 5x - 22$
c) In 9,5 m Tiefe.
d) Nach 3,8 min.
e) 4,4 min dauert das Auftauchen.
f) -

9. Die Graphen zu den angegebenen Funktionen sind Geraden durch O (0 | 0) und dem angegebenen Punkt P.
a) P (2 | 3); $y = 1{,}5x + 4$ [$y = 1{,}5x - 1$]
b) P (1 | −4); $y = -4x + 4$ [$y = -4x - 1$]
c) P (3 | −2); $y = -\frac{2}{3}x + 4$ $\left[-\frac{2}{3}x - 1\right]$

137

9. **d)** P (4 | 5); $s = \frac{5}{4}r + 4$ $\left[s = \frac{5}{4}r - 1\right]$

e) P (5 | –1); $v = -\frac{u}{5} + 4$ $\left[v = -\frac{u}{5} - 1\right]$

10. Die Graphen der angegebenen Funktionen sind Geraden durch die Punkte P und Q. Der Graph zu g ist dazu parallel und geht durch den Punkt O (0 | 0).

a) P (0 | 1), Q (5 | 3); b = 1; g (x) = 0,4x

b) P (0 | 3,5), Q (2 | –2,5); b = 3,5; $g(x) = -\frac{1}{2}x$

c) $P\left(0\middle|-\frac{4}{5}\right)$, $Q\left(1\middle|\ \frac{1}{5}\right)$; $b = -\frac{4}{5}$; g (x) = x

d) P (0 | –2,5), Q (4 | –5,5); $b = -\frac{5}{2}$; $g(x) = -\frac{3}{4}x$

11. **a)** g (x) ist eine proportionale Funktion; Gerade durch O (0 | 0) und P (2 | 1). Die Graphen zu f und h sind dazu parallele Geraden, die in Richtung der y-Achse um 4 nach oben bzw. um 2 nach unten verschoben sind.

b) h (x) ist eine proportionale Funktion; Gerade durch O (0 | 0) und P (2 | –3). Die Graphen zu f und g sind dazu parallele Geraden, die in Richtung der y-Achse um 5 nach oben bzw. um 4 nach unten verschoben wurden.

138

12. **a)**
$g_1(x) = 2x - 1$
$g_2(x) = x - 1$
$g_3(x) = \frac{x}{2} - 1$
$g_4(x) = -1$
$g_5(x) = -x - 1$
Ordinatenabschnitt c = –1

b)
$g_1(x) = -\frac{x}{2} - 2$
$g_2(x) = -\frac{x}{2} - \frac{3}{2}$
$g_3(x) = -\frac{x}{2}$
$g_4(x) = -\frac{x}{2} + 1$
$g_5(x) = -\frac{x}{2} + 2$
Steigung $m = -\frac{1}{2}$

13.

	Funktion	Steigung	Schnittpunkt mit		proportionale Funktion
			x-Achse	y-Achse	
a)	y = 2,5x +1	m = 2,5	P (–0,4 | 0)	Q (1 | 0)	y = 2,5x
b)	y = –3x + 7	m = –3	$P\left(2\frac{1}{3}\middle|0\right)$	Q (7 | 0)	y = –3x
c)	y = –x – 2,4	m = –1	P (–2,4 | 0)	Q (–2,4 | 0)	y = –x
d)	$s = \frac{1}{4}t - \frac{7}{5}$	$m = \frac{1}{4}$	P (5,6 | 0)	Q (–1,4 | 0)	$s = \frac{1}{4}t$

138

14. Die Graphen sind Geraden, die parallel zur x-Achse sind. Sie schneiden die y-Achse in den Punkten
a) S (0 | 4), **b)** S (0 | −1), **c)** S (0 | 3), **d)** S (0 | −3), **e)** S (0 | 0).
Der Graph in e) ist identisch mit der x-Achse.
Die Funktionswerte ändern sich nicht, wenn man x um 1 erhöht.
Die Steigung ist jeweils m = 0, der Ordinatenabschnitt ist in
a) $c = 4$, **b)** $c = -1$, **c)** $c = 3$, **d)** $c = -3$, **e)** $c = 0$.
Die Funktionsgleichung ist in
a) $y = 0 \cdot x + 4$, **b)** $y = 0 \cdot x - 1$, **c)** $y = 3$, **d)** $y = -3$, **e)** $y = 0$.

15. Die Graphen sind Geraden durch die Punkte P und Q.
a) P (0 | 1), Q (1 | 3)
b) P (0 | −1), Q (1 | 1)
c) P (0 | 1), Q (1 | −1)
d) P (0 | −4), Q (1 | −2)
e) P (0 | −1), Q (1 | −3)
f) P (0 | 3), Q (2 | 4)
g) P (0 | −3), Q (5 | 1)
h) P (0 | −1), Q (5 | 7)
i) P (0 | 4), Q (2 | 3)
j) P (0 | 3,5), Q (5 | 4,5)
k) P (0 | −2), Q (5 | 14)
l) P (0 | 4), Q (5 | 13)
m) P (3 | 3), Q (8 | 4)
n) P (0 | −3,8), Q (4 | 0,2)
o) P (0 | 5), Q (5 | 0)
p) P (1 | 1), Q (5 | 4)
q) P (0 | −2), Q (3 | −3)
r) P (0 | 0,5), Q (3 | −2)
s) P (2 | 2), Q (6 | 9)
t) Parallele zur x-Achse durch $P\left(0 \middle| -\frac{1}{8}\right)$

16. $y = 2x$ ist falsch. Die Funktionsgleichung zur gezeichneten Geraden ist $y = \frac{1}{2}x$. Der Graph zu $y = 2x$ wäre eine Gerade durch die Punkte O (0 | 0) und P (1 | 4).
$y = 5$ ist falsch. Die Funktionsgleichung zur gezeichneten Geraden ist $y = 5x$. Der Graph zu $y = 5$ wäre eine zur x-Achse parallele Gerade, die die y-Achse im Punkt S (0 | 5) schneidet.
$y = -\frac{1}{3}x + 2$ ist falsch. Die Funktionsgleichung zur gezeichneten Geraden ist $y = -\frac{1}{2}x + 2$. Der Graph zu $y = -\frac{1}{3}x + 2$ wäre eine Gerade durch die Punkte P (0 | 2) und Q (3 | 1).
$y = -3 - \frac{3}{2}x$ ist falsch. Die Funktionsgleichung zur gezeichneten Geraden ist $y = -3x - \frac{3}{2}$. Der Graph zu $y = -3 - \frac{3}{2}x$ wäre eine Gerade durch die Punkte P (0 | −3) und Q (2 | −6).

17. Die Graphen sind Geraden durch die Punkte P und Q.
a) P (0 | −4), Q (1 | −3)
b) P (0 | 3), Q (1 | 2)
c) P (0 | −1,4), Q (5 | 0,4)
d) P (0 | 5), Q (5 | 1)
e) P (0 | 0), Q (3 | 1)
f) $P\left(0 \middle| -\frac{1}{2}\right)$, $Q\left(3 \middle| -7\frac{1}{2}\right)$
g) P (0 | −1), Q (7 | 1)
h) P (0 | 0), Q (8 | 3)

138 **18.**

	Funktion	Schnittpunkt mit x-Achse	Schnittpunkt mit y-Achse	durch P (2 I 0)
a)	$y = 6x - 3{,}5$	$P\left(\frac{7}{12}\middle|0\right)$	Q (0 I −3,5)	nein
b)	$y = -2{,}6x + 5{,}2$	P (2 I 0)	Q (0 I 5,2)	ja
c)	$y = -\frac{4}{5}x - \frac{3}{2}$	$P\left(-1\frac{7}{8}\middle|0\right)$	$Q\left(0\middle|-1\frac{1}{2}\right)$	nein
d)	$v = 1 - \frac{u}{2}$	P (2 I 0)	Q (0 I 1)	ja

139 **19.** **a)** $g_1(x) = -x + 2$ **b)** $g_1(x) = x - 3$ **c)** $g_1(x) = -x$

$g_2(x) = -2x + 1$ $g_2(x) = -\frac{x}{6} + 4$ $g_2(x) = x$

$g_3(x) = -\frac{x}{4} - \frac{1}{2}$ $g_3(x) = 3x + 3$ $g_3(x) = 15$

20. **a)** (1) Geraden durch den Ursprung, im 2. und 4. Quadranten
(2) Gerade identisch mit der x-Achse
(3) Geraden durch den Ursprung, im 1. und 3. Quadranten

b) Geraden mit Steigung 2
(1) mit negativem Ordinatenabschnitt c;
(2) durch den Ursprung;
(3) mit positivem Ordinatenabschnitt c;

c) Geraden, die sich im Punkt S (0 I −1) schneiden; für m > 0 steigend, für m < 0 fallend; für m = 0 parallel zur x-Achse.

21. **a)**

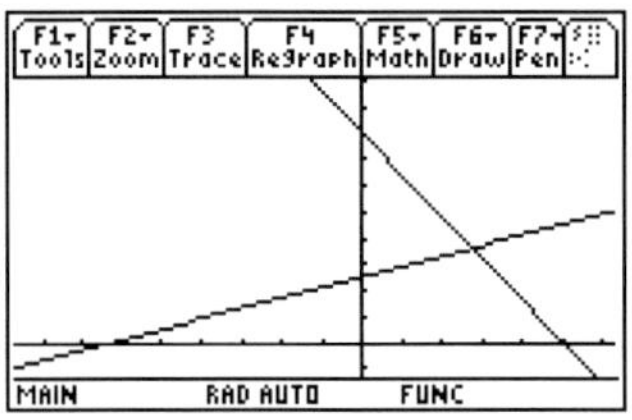

b)

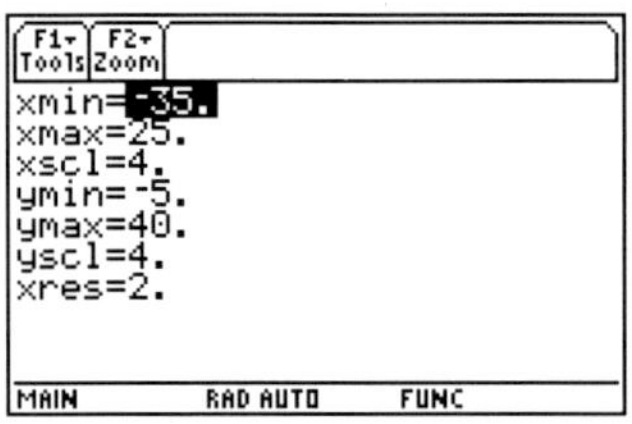

Schnittpunkte: (0 I 32); (20 I 0); (0 I 10); (25 I 0)

c) Schnittpunkt (11 I 14,4)

139 **22.** (1) y = mx, m > 0
(2) y = mx + c, m > 0, c > 0
(3) (a) durch 1. und 3. Quadranten: y = mx, m > 0
(b) durch 2. und 4. Quadranten: y = mx, m < 0
(c) durch 1. und 2. Quadranten: y = c, c > 0
(d) durch 3. und 4. Quadranten: y = c, c < 0
(e) durch 1. und 4. Quadranten: x = b, b > 0
(f) durch 2. und 3. Quadranten: x = b, b < 0

23. y = mx + b
(1) m > 0, b > 0
1., 2., 3. Quadrant
(2) m > 0, b < 0
1., 3., 4. Quadrant
(3) m < 0, b > 0
1., 2., 4. Quadrant
(4) m < 0, b < 0
2., 3., 4. Quadrant
(5) m > 0, b = 0
1., 3. Quadrant
(6) m < 0, b = 0
2., 4. Quadrant
(7) m = 0, b > 0
1., 2. Quadrant
(8) m = 0, b < 0
3., 4. Quadrant
(9) m = b = 0
identisch mit x-Achse

24. Z. B.:
(1)
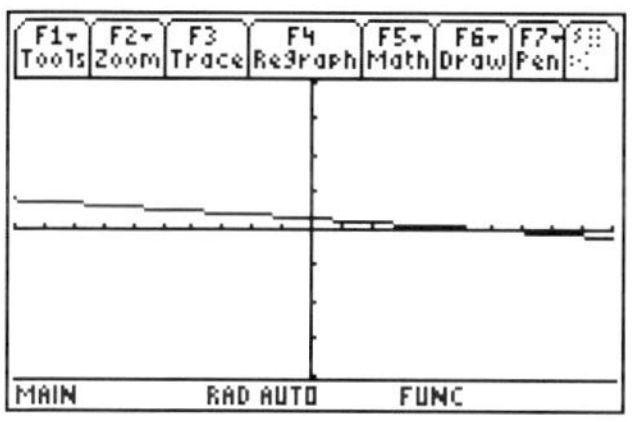

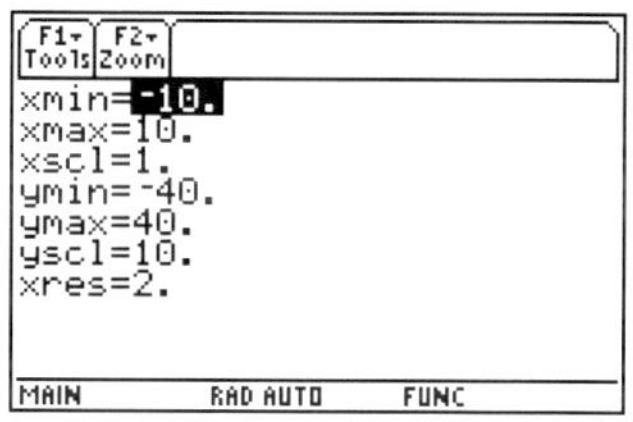

(2)
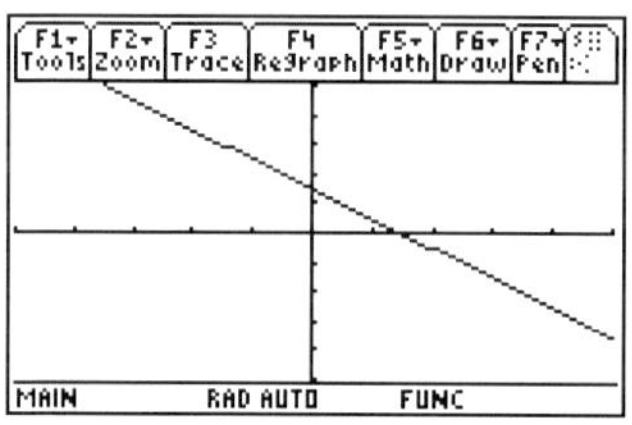

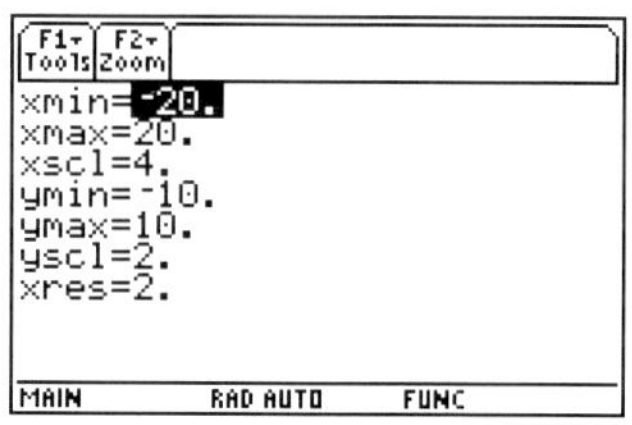

(3)
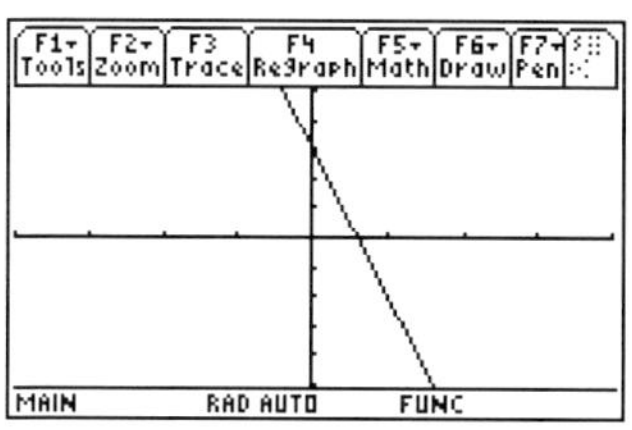

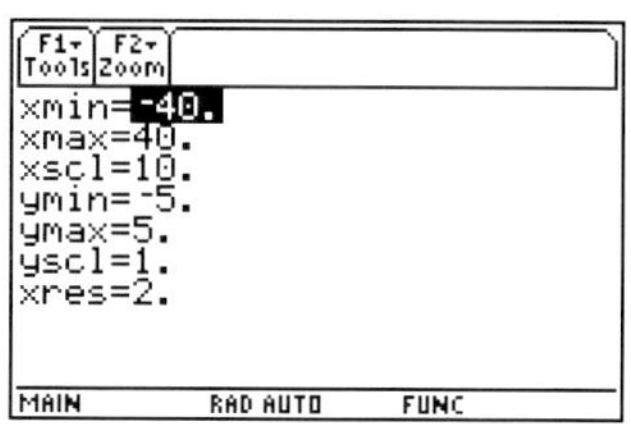

140 **25.** Nur bei gleicher Unterteilung der Achsen ergibt sich das „gewohnte" Bild. Sind die Unterteilungen unterschiedlich, ergeben sich veränderte Anstiege.

140

26. **a)** $x_{min} = -500$ **b)** $x_{min} = -20$ **c)** x_{min} nicht bestimmbar

$x_{max} = 500$ $x_{max} = 20$ x_{max} nicht bestimmbar

$y_{min} = -30$ $y_{min} = -20$ $y_{min} = -60$

$y_{max} = 30$ $y_{max} = 20$ $y_{max} = 60$

27. **a)** y: Wasserhöhe (in m),
x: Zeit (in h)
$y = 2{,}5 - 0{,}4x$ mit $x \geq 0$
Der Graph geht von (0 h | 2,5 m) bis $\left(6\frac{1}{4}\text{ h}\middle|\text{ 0 m}\right)$.

b) Nach $6\frac{1}{4}$ h, also nach 6 h 15 min ist das Becken leer.

c) Insgesamt fasst das Becken 37,5 m^3 Wasser. Die Grundfläche ist also 15 m^2 groß.

28. $\gamma = 180° - 2\alpha$ $(0° < \alpha < 90°)$
Der Graph geht von (0° | 180°) bis (90° | 0°), wobei die Endpunkte nicht dazu gehören.

29. $\alpha = 90° - \beta$ $(0° < \beta < 90°)$
Der Graph geht von (0° | 90°) bis (90° | 0°), wobei die Endpunkte nicht dazu gehören.

30. **a)** Die Geraden schneiden sich im Punkt (–2 | –5).
b) Die Geraden verlaufen parallel.
c) Die Geraden verlaufen parallel.
d) Die Geraden schneiden sich im Punkt (1,2 | –1,2).

31. **a)** Die Geraden schneiden sich.
b) Die Geraden verlaufen parallel.
c) Die Geraden schneiden sich.
d) Die Geraden sind deckungsgleich.

32. *Beispiele:*
a) $y = 3x + 2$ **b)** $y = -3x - 6$ **c)** $y = -x + 2$, Schnittpunkt S(2 | 0)

33. **a)**

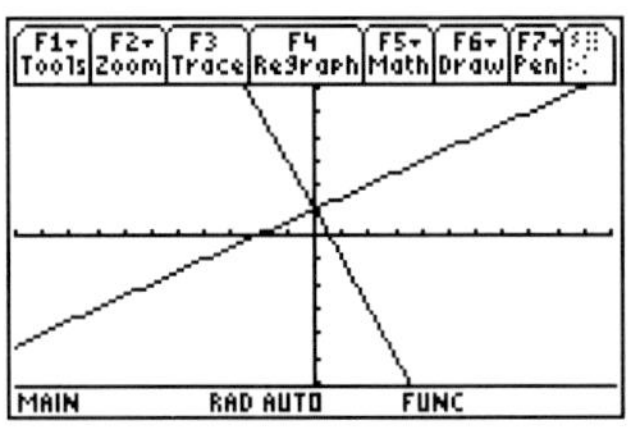

Die Geraden stehen senkrecht aufeinander.
Vermutung: Gerade $y = mx + n$ steht immer senkrecht auf Gerade $y = -\frac{1}{m}x + n$

141

33. **b)** Vermutung bestätigt

$y = \frac{3}{4}x - 1$ steht senkrecht auf $y = -\frac{4}{3}x - 1$

c) $y = \frac{3}{2}x - 3$

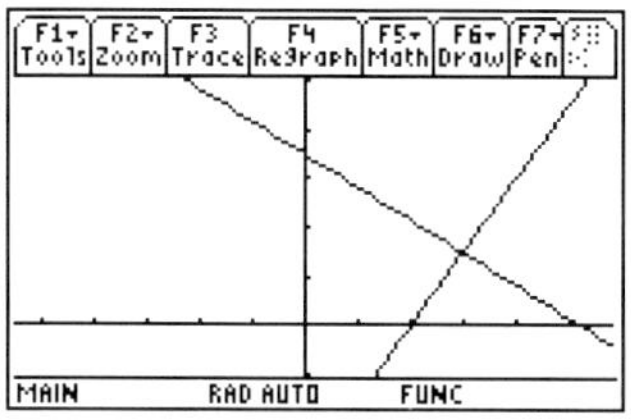

34. Anstieg m und Achsenabschnitt n müssen zusammen 3 ergeben
$\Rightarrow m + n = 3$.

35.

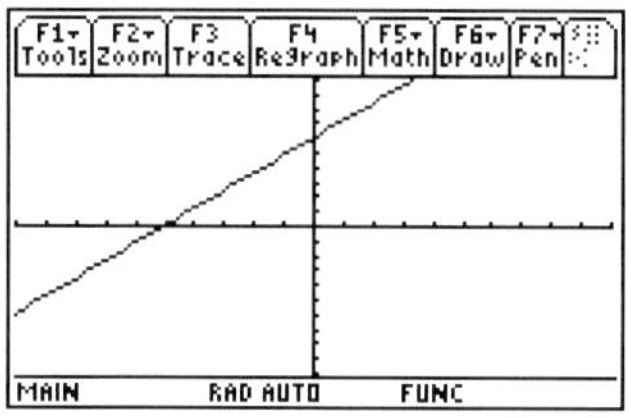

a) g: $y = 1{,}2\,x$

b) g: $y = -m \cdot x + 6$ $\quad m \in \mathbb{Q}$ beliebig

c) g: $y = +m \cdot x + 6$ $\quad m > 1{,}2$

d) alle g: $y = m \cdot x + n$ mit $2m + n = 8{,}4$

e) g: $y = -1{,}2x + 6$

f) g: $y = -\frac{5}{6}x - 6$

36.

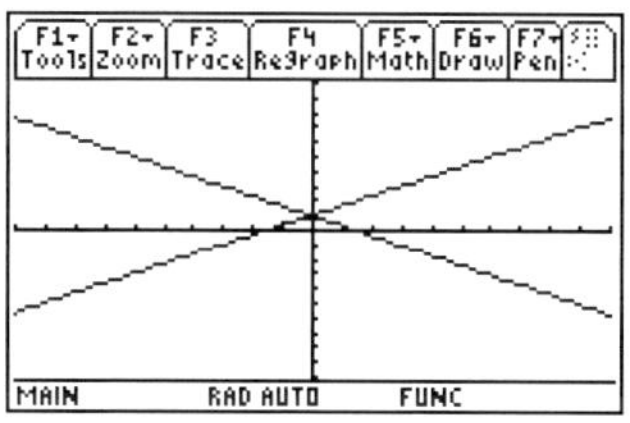

Die Graphen gehen durch Spiegelung an der y-Achse ineinander über.

3.3 Nullstellen linearer Funktionen

143

1. **a)** Nullstelle: $x = \frac{7}{3} = 2,\overline{3}$

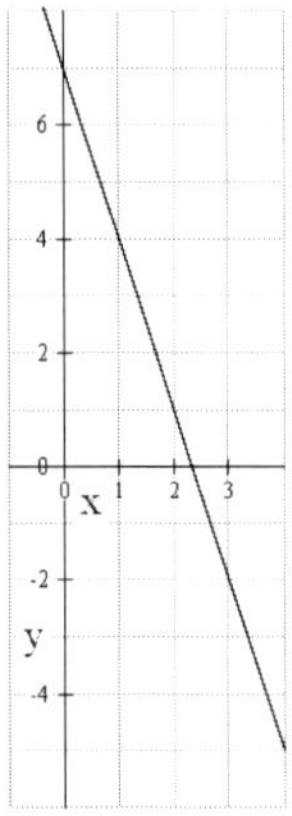

b) Nullstelle: $x = -20$

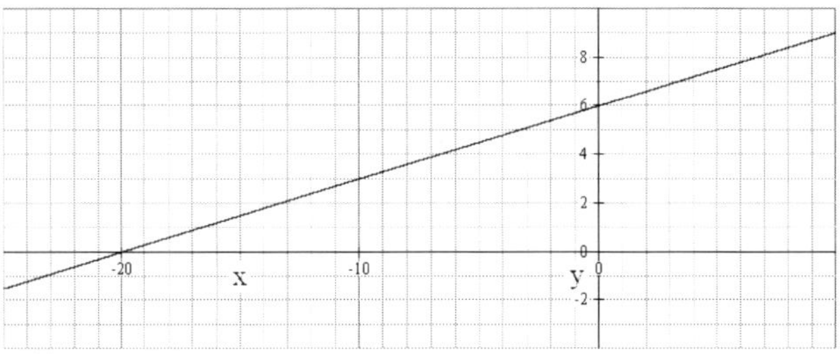

c) Nullstelle: $x = -7,5$

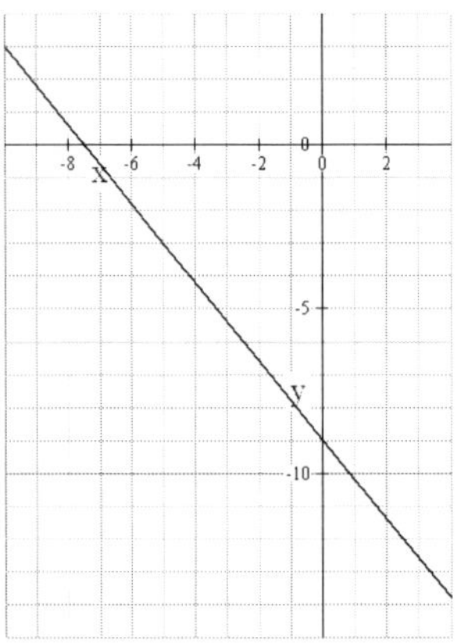

143 **1.** **d)** Nullstelle: $x = 11,\overline{6}$

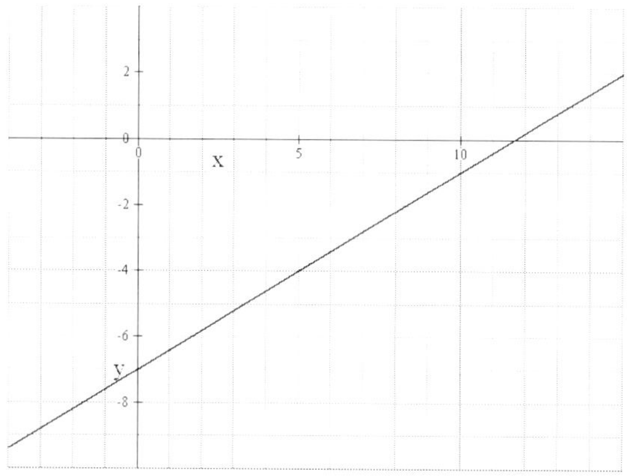

2. **a)**

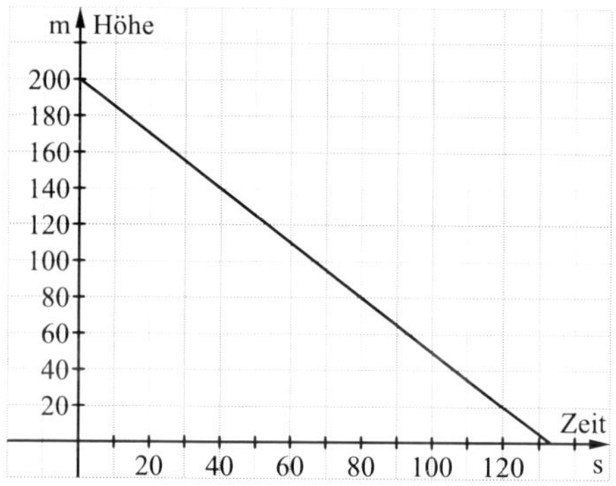

b) Nach $133\frac{1}{3}$ s = 2 min $13,\overline{3}$ s landet der Ballon.

c) Nach $126\frac{2}{3}$ s = 2 min $6,\overline{6}$ s unterschreitet er 10 m Höhe.

d) Bei 2 $\frac{m}{s}$ Sinkgeschwindigkeit landet er nach 100 s, also $13,\overline{3}$ s früher.

3. Alle Funktionen f(x) = mx + b mit $\frac{b}{m} = -3,5$;

z. B. $f_1(x) = -2x + 7$; $f_2(x) = -4x + 14$; $f_3(x) = \frac{1}{2}x - 1,75$

3.4 Bestimmen von Gleichungen linearer Funktionen

3.4.1 Gleichung einer Gerade durch zwei vorgegebene Punkte

145 **2.** $K(t) = 0,015 \cdot \frac{€}{\text{min}} \cdot t + 3,4\ €$

t in min

Anstieg m $\hat{=}$ Minutenpreis

Achsenabschnitt n $\hat{=}$ Grundgebühr

145 **3.** **a)** $f(x) = 2x$ **b)** $f(x) = 4$ **c)** $f(x) = \frac{1}{2}x + 4$ **d)** $f(x) = -\frac{1}{9}x + \frac{7}{3}$

4. **a)** $f(x) = -2x + 4$ **c)** $f(x) = \frac{3}{2}x + 3$

b) $f(x) = -3x + 2{,}5$ **d)** $f(x) = \frac{1}{2}x + \frac{3}{2}$

Bei a) - c) konnte der Achsenabschnitt n nicht direkt abgelesen werden.
Bei d) war die Nullstelle klar ersichtlich.

3.4.2 Ermitteln einer Näherungsgerade für fast lineare Zusammenhänge

146 **2.** **a)** Zum Beispiel: $y = -2\frac{11}{15}x + 1\frac{2}{45} = -2{,}73x + 1{,}04$ **b)** $\approx -26°C$

3. Die Werte liegen ungefähr auf einer Geraden mit der Funktionsgleichung
$y = 71{,}4x + 52{,}7$

3.5 Vermischte und komplexe Übungen

147 **1.** **a)**

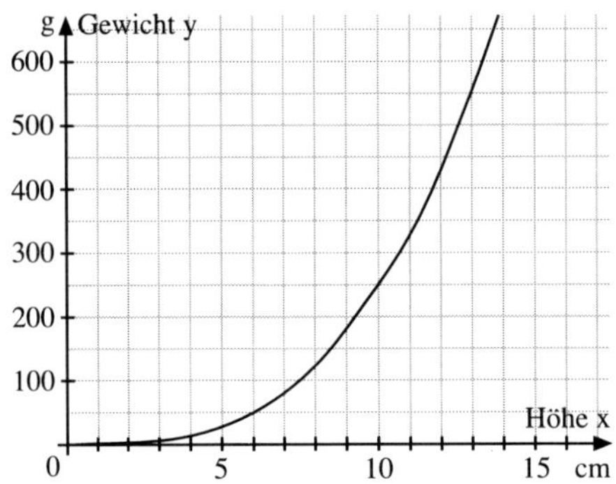

c) $y = \frac{1}{4}x^3$

d) 843,75 g

b)

Gewicht (in g)	50	100	200	500
Höhe (in cm)	5,8	7,4	9,3	12,6

2. **a)** $m = 1$ $\left[c = \frac{13}{3}\right]$ **c)** $m = -6$ $\left[c = \frac{17}{9}\right]$

b) $m = 3$ $\left[c = \frac{2}{3}\right]$ **d)** $m = 0$ $\left[c = \frac{5}{3}\right]$

3. **a)** 60 $\left[-60;\ 0;\ 6;\ -3;\ 2;\ -\frac{12}{5}\right]$

b) $-9{,}5$ $\left[10{,}5;\ 0{,}5;\ -0{,}5;\ 1;\ \frac{1}{6};\ \frac{9}{10}\right]$

c) 7,4 $[-7{,}6;\ -0{,}1;\ 0{,}65;\ -0{,}475;\ 0{,}15;\ -0{,}4]$

d) -1 $\left[3;\ 1;\ \frac{4}{5};\ 1{,}1;\ \frac{14}{15};\ \frac{27}{25}\right]$

e) immer 4,5

147

4. **a)** 3 $\left[2;\ \frac{5}{2};\ \frac{7}{2};\ \frac{3}{2};\ 3{,}75;\ \frac{17}{8}\right]$

b) 2 $\left[3;\ \frac{5}{2};\ \frac{3}{2};\ \frac{7}{2};\ 1{,}25;\ \frac{23}{8}\right]$

c) −0,025 $\left[-0{,}275;\ -0{,}15;\ 0{,}1;\ -0{,}4;\ \frac{13}{80};\ -\frac{39}{160}\right]$

d) $\frac{12}{5}$ $\left[0;\ \frac{6}{5};\ \frac{18}{5};\ -\frac{6}{5};\ 4{,}2;\ \frac{3}{10}\right]$

e) 1 $\left[-1{,}5;\ -0{,}25;\ 2{,}25;\ -2{,}75;\ \frac{23}{8};\ -\frac{19}{16}\right]$

5. **a)** x = 4 **b)** x = −3 **c)** x = 4 **d)** x = 4

6. **a)** Jan hat einen kleinen Ausschnitt von x = −10 bis x = 10 gewählt. Außerdem aber auf der y-Achse auch von y = −10 bis y = 10. Die Gerade steigt von x = −10 bis x = 10 nur um 0,02. Dadurch sieht es so aus, als ob die Gerade parallel zur x-Achse verläuft.

b) (1) Zum Beispiel von x = −0,5 bis x = 0 und y = −10 bis y = 10.
(2) Zum Beispiel von x = 1 499 bis x = 1 501 und y = −0,1 bis y = 0,1.
(3) Zum Beispiel von x = 28 bis x = 29 und y = −10 bis y = 10.

148

7. Der Einfluss der verschiedenen Einstellungen hängt einerseits vom Rechnermodell, andererseits aber auch von den vorherigen Einstellungen des Rechners ab. Die Geraden verlaufen ggf. steiler bzw. flacher.

8. Siehe Aufgabe 7.

9. Siehe Aufgabe 7.

10. Hier ohne Tabelle und Graph.
y: Temperatur in °R, x: Temperatur in °C; Steigung m = 0,8;
Funktionsgleichung: y = 0,8x

11. **a)** Umwandlung °C in °F: y = 1,8x + 32
y: Temperatur in °F
x: Temperatur in °C
Umwandlung °F in °C: $x = \frac{5}{9}y - 17\frac{7}{9}$

b) −40°F = −40°C

c) Für normale Temperaturen ist die Faustformel ganz gut.

148

12. a)

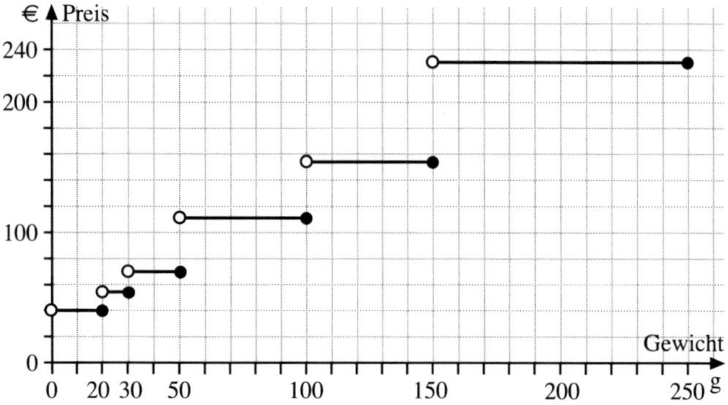

b)

$$f(x) = \begin{cases} 40{,}44; & 0 < x \le 20 \\ 57{,}78; & 20 < x \le 30 \\ 75{,}11; & 30 < x \le 50 \\ 115{,}55; & 50 < x \le 100 \\ 156{,}00; & 100 < x \le 150 \\ 231{,}10; & 150 < x \le 250 \end{cases}$$

149

13. Die Punkte müssen auf einer Geraden liegen.

a) nein **b)** nein **c)** $y = -\frac{2}{3}x + 5$ **d)** $y = \frac{x}{2}$

14. a) Tarif 1: $f(x) = 51 + 0{,}42x$

Tarif 2: $g(x) = \begin{cases} 78; & 0 \le x \le 50 \\ 78 + 0{,}28(x - 50) = 0{,}28x + 64; & x > 50 \end{cases}$

b)

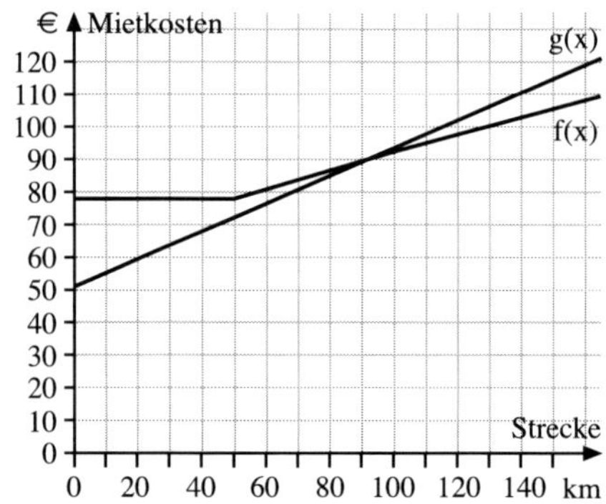

c) Für Strecken bis 92 km ist Tarif 1 günstiger als Tarif 2, ab 93 km ist Tarif 2 günstiger.

149

15. *4. Beispiel*
Sachverhalt: Eine Leiste kostet 2,00 € pro m.
Wertetabelle:

x	1	2	3	4	5
y	0,5	1	1,5	2	2,5

Funktionsgleichung: $y = 0{,}5x$ mit $x \geq 0$
Graph: Halbgerade von O (0 | 0) durch P (2 | 1).

16. Hier nur die Funktionsgleichungen:
a) $y = \frac{3}{4}x + 2$ **b)** $y = \frac{3}{4}x - 2$ **c)** $y = -\frac{4}{3}x + \frac{8}{3}$

17. (1) *Zum Beispiel:* $y = 2$, $y = 4$, $y = 6$… und $y = 3x + 5$, $y = 3x$, $y = 3x - 5$, $y = 3x - 10$, …
(2) *Zum Beispiel:* $y = 1{,}5x + 5$, $y = 1{,}5\,x$, $y = 1{,}5x - 5$, $y = 1{,}5x - 10$, … und $y = -\frac{1}{3}x + 10$, $y = -\frac{1}{3}x + 8$, $y = -\frac{1}{3}x + 6$ …
(3) *Zum Beispiel:* $y = \frac{1}{2}x$, $y = x$, $y = 2x$, $y = 3x$, $y = -3x$, $y = -2x$, $y = -x$, $y = -\frac{1}{2}x$

150

18. a) $29 + (s - 50) \cdot 0{,}2 = 0{,}2s + 19$

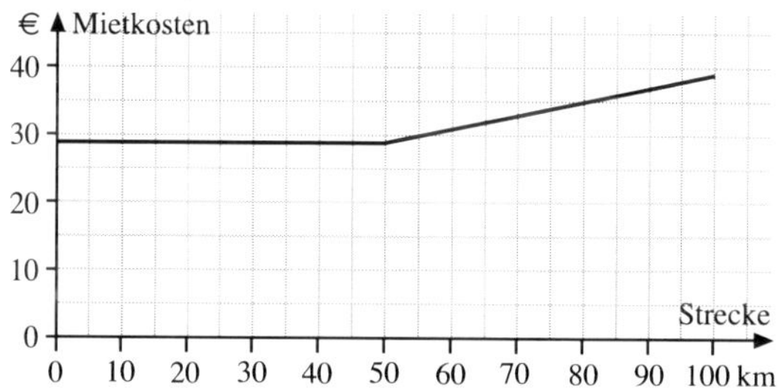

b) Pauschale 29 € am Tag. 50 km frei. Darüber 20 Cent pro km.

19. a) Der Graph wird für $x \leq 2$ an der x-Achse gespiegelt.
b) Die Graphen sind identisch. Der Graph von $f(x) = 2x - 4$ wird für $x \leq 0$ an der zur x-Achse parallelen Geraden durch P (0 | –4) gespiegelt.

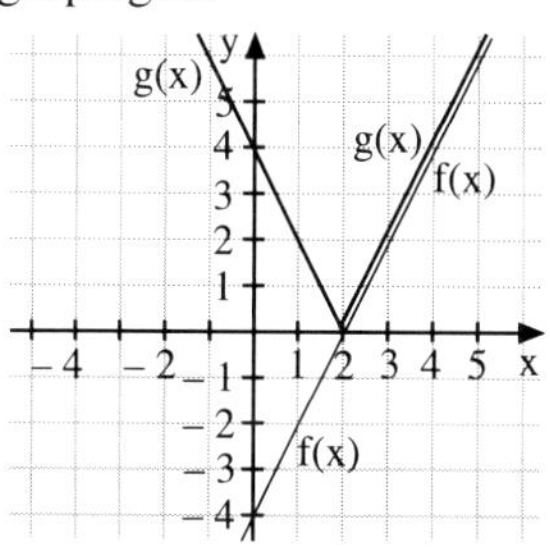

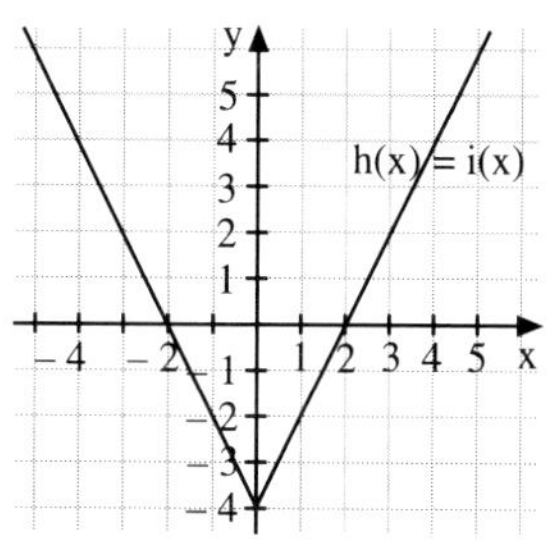

150 **20.** Die Parallelen zur y-Achse sind keine Graphen von linearen Funktionen.

21. (A) und (2) (B) und (1) (C) und (4) (D) und (3) (E) und (5)
Die Graphen geben den Verlauf nur angenähert wieder.

151 **22.** -

23. **a)** $H(t) = -6\ \frac{m}{s} \cdot t + 80\ m$
t in s

b) Im Erdgeschoss nach $13,\overline{3}$ s.

c) Im 3. Untergeschoss nach $16,\overline{3}$ s.

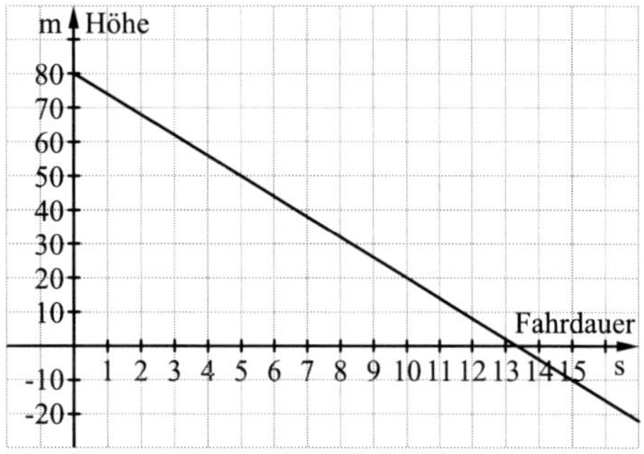

24. **a)** Nullstellen: 0, 2
Tiefpunkt: (1,5 | −1,6875)
Der Graph fällt bis zum Tiefpunkt,
dann steigt er wieder.

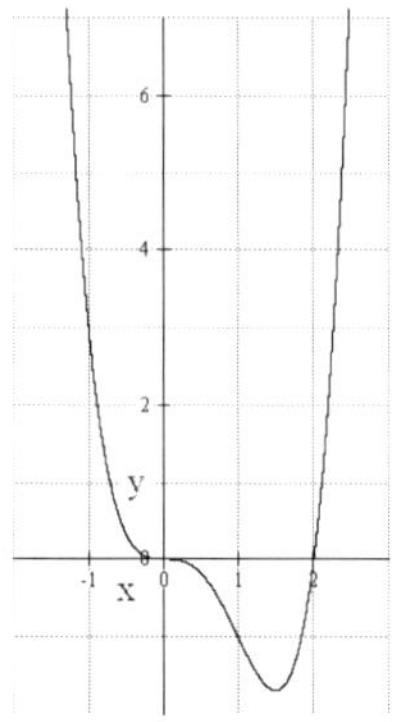

b) Nullstelle: x = 0
Tiefpunkt: (−1 | −2)
Hochpunkt: (1 | 2)
Punktsymmetrie zum Ursprung
Der Graph fällt für x < − 1 und x > 1; er steigt für −1 < x < 1.

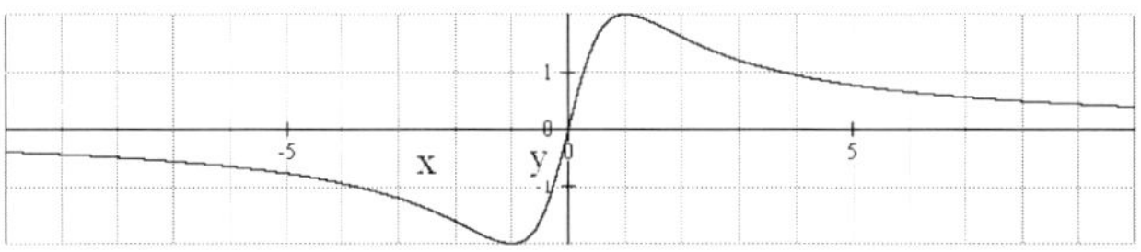

151

24. c) Nullstelle bei x = 0
Definitionslücken bei x = −1; x = 1
keine Extrempunkte
Der Graph fällt in allen Bereichen.

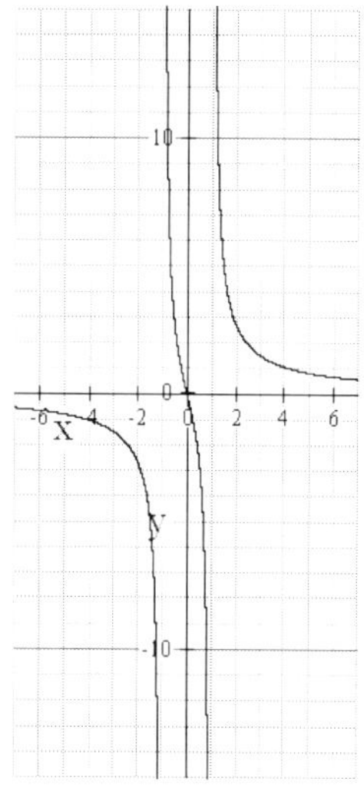

25. a) m = 1,434, n = 0,636
$\Rightarrow$ f(x) = 1,434 · x + 0,636

b) Kein Unterschied

26.

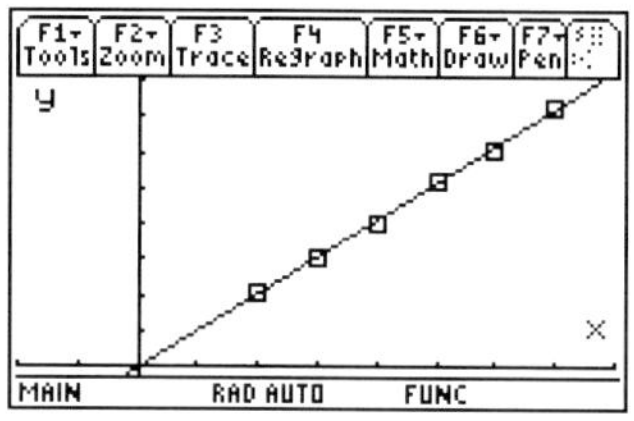

f(x) = 10,32x − 0,12

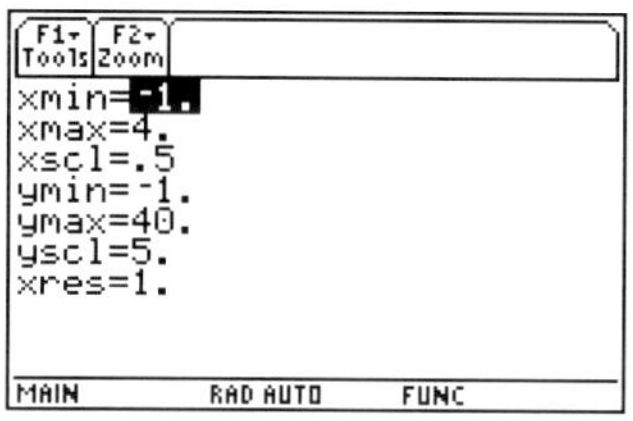

27. a) Z. B. $f_2(x) = 1{,}5x + 3$ Ecken: $(-2 \mid 0)$
$f_3(x) = 2$ $(2 \mid 0)$
$f_4(x) = 0$ $\left(\frac{2}{3} \mid 2\right)$
$\left(-\frac{2}{3} \mid 2\right)$

b) Z. B. $f_2(x) = -1{,}5x$ Ecken: $(0 \mid 0)$
$f_3(x) = 2$ $(2 \mid 0)$
$f_4(x) = 0$ $\left(\frac{2}{3} \mid 2\right)$
$\left(-1\frac{1}{3} \mid 2\right)$

c) Z. B. $f_2(x) = -1{,}5x$ Ecken: $(0 \mid 0)$, $(0 \mid 3)$
$f_3(x) = \frac{2}{3}x$ $(-1{,}38 \mid 2{,}077)$
$f_4(x) = \frac{2}{3}x + 3$ $(+1{,}38 \mid 0{,}923)$

d) Z. B. $f_2(x) = -1{,}5x - 3{,}5$ Ecken: $(0 \mid 3)$
$f_3(x) = \frac{2}{3}x - \frac{4}{3}$ $(2 \mid 0)$
$f_4(x) = \frac{2}{3}x + 3$ $(-1 \mid -2)$
$(-3 \mid 1)$

28. -

4. Lineare Gleichungen mit zwei Variablen – Systeme linearer Gleichungen

4.1 Lineare Gleichungen der Form ax + by = c

4.1.1 Zahlenpaare als Lösungen von linearen Gleichungen – Graph

158 **2.** **a)** P_2, P_3 und P_6 **b)** P_2 und P_5 **c)** P_1, P_3 und P_5 **d)** P_1 und P_6

3.

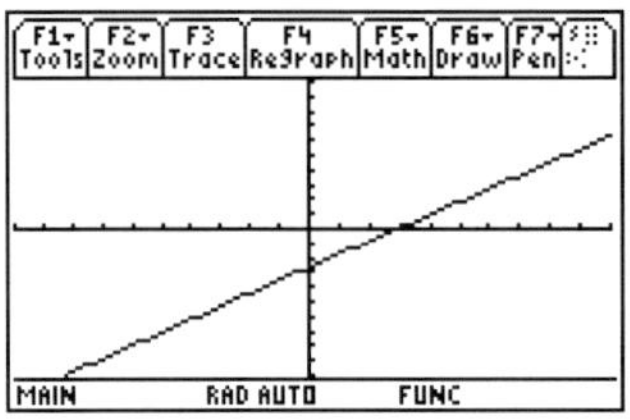

a) $P_1 = \left(0 \middle| -\frac{2}{3}\right)$; $P_2 = \left(-4 \middle| -\frac{38}{9}\right)$; $P_3 \left(13\frac{1}{8} \middle| 11\right)$; $P_4 = \left(-8\frac{1}{4} \middle| -8\right)$;

$P_5 = \left(\frac{3}{4} \middle| 0\right)$

b) (1)

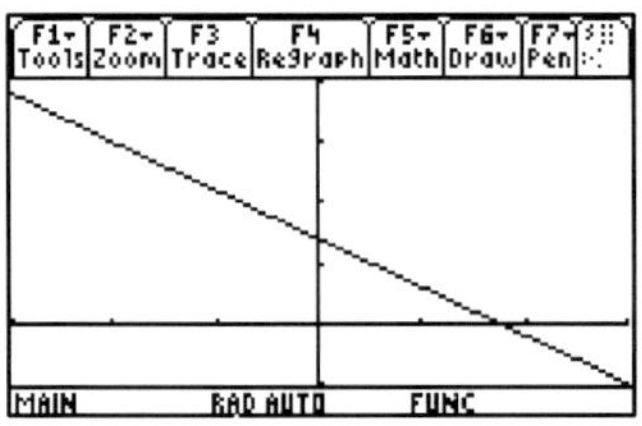

(2)

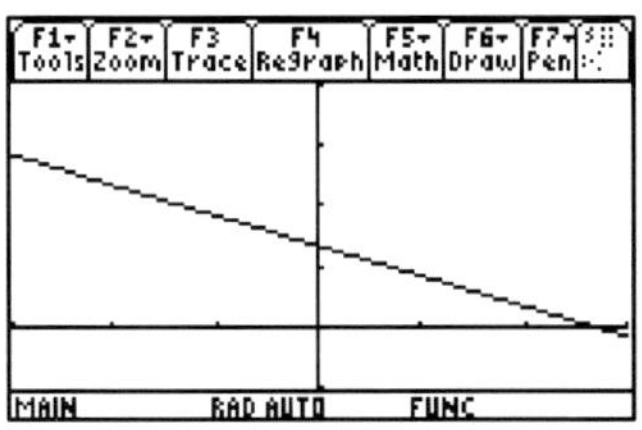

158

3. **b)** (3)

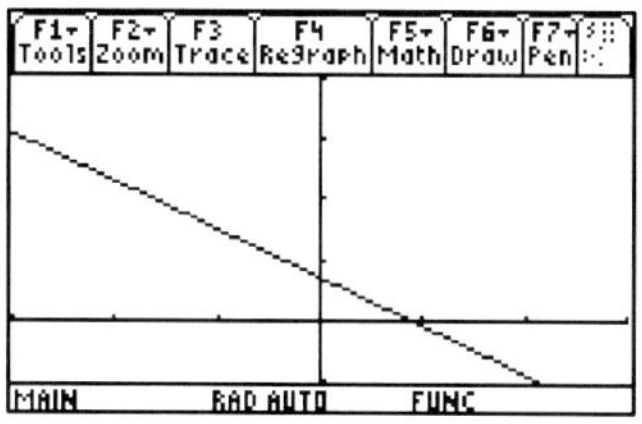

c) P_1 gerundet ja (exakt $P_1 = \left(-0{,}9 \middle| 8{,}7\overline{5}\right)$)

P_2 gerundet ja (exakt $P_2 = \left(4 \middle| 8{,}\overline{6}\right)$)

P_3 nein; richtig $P_3 = \left(1{,}5 \middle| 0{,}\overline{2}\right)$

P_4 nein; richtig $P_4 = \left(-14{,}9 \middle| 58{,}5\overline{3}\right)$

P_5 ja (exakt $P_5 = \left(5 \middle| -10{,}\overline{2}\right)$)

P_6 nein; richtig $P_6 = \left(-4{,}1 \middle| 20{,}1\overline{3}\right)$

P_7 nein; richtig $P_7 = \left(21{,}9 \middle| -72{,}3\overline{1}\right)$

159

4. Je größer die Länge des Auslaufes ist, desto kleiner ist die Breite.
y: Länge des Auslaufes
x: Breite des Auslaufes
Gleichung: x = 10 – 2y

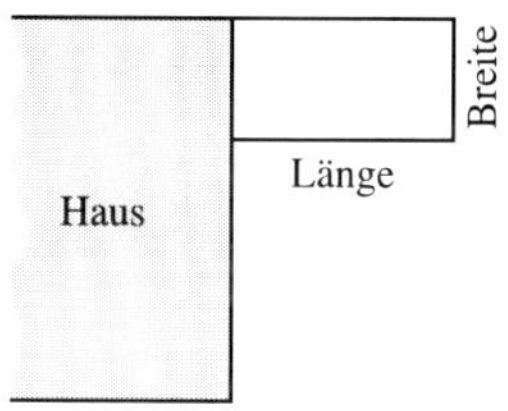

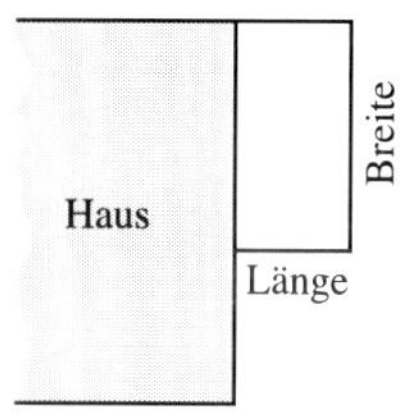

5. **a)** 4x + 8y = 40

b) $\left\{(2 \mid 4), (6 \mid 2), (3 \mid 3{,}5), \left(\frac{1}{2} \,\middle|\, \frac{19}{4}\right)\right\}$

c) $y = -\frac{1}{2}x + 5$

d) x darf nicht größer als 10 sein. Wenn x den Zahlenwert 10 hat, hat y den Zahlenwert 0. y darf nicht größer als 5 sein. Wenn y den Zahlenwert 5 hat, hat x den Zahlenwert 0.

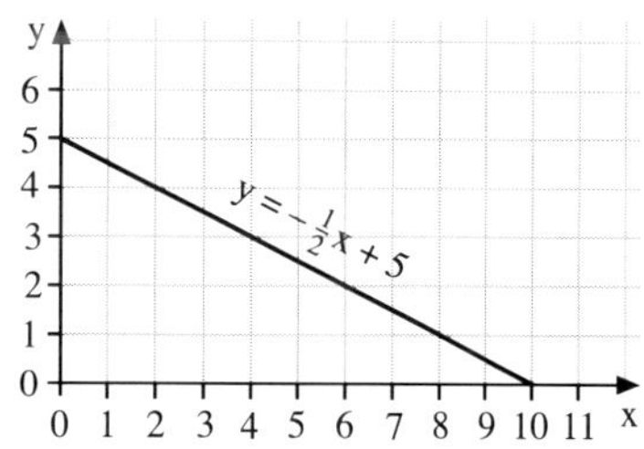

6. **a)** (4 | 4), (–1 | 9) **b)** $\left(0 \,\middle|\, \frac{1}{4}\right)$ **c)** (1 | –6), (2 | 0)

7. Lösungen sind z. B.: $\left(0 \,\middle|\, \frac{3}{5}\right)$, $\left(-\frac{3}{2} \,\middle|\, 0\right)$ und (1 | 1).
Keine Lösungen sind z. B.: (1 | 0) und (2 | 2).

159 **8. a)** $y = -2x + 10$

Steigung: -2

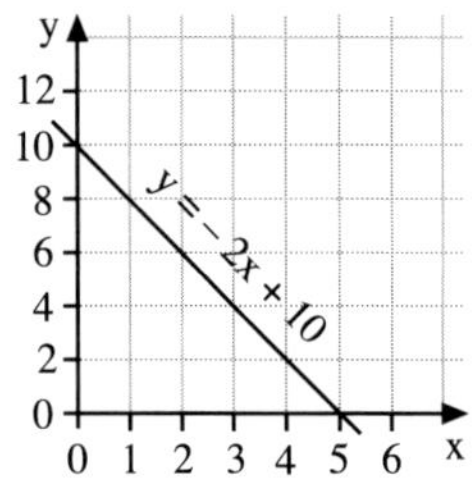

b) $y = \frac{3}{5}x - 4$

Steigung: $\frac{3}{5}$

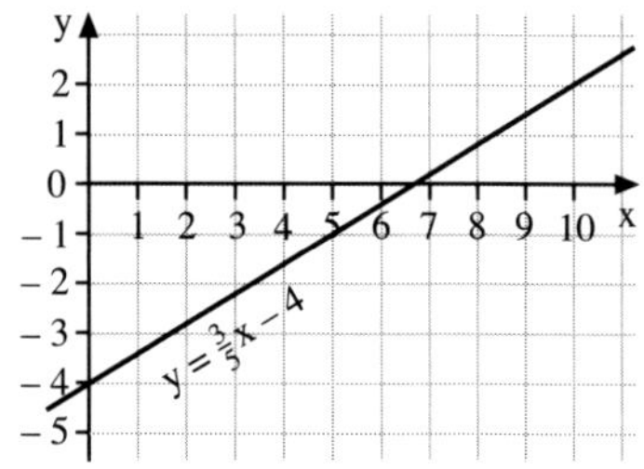

c) $y = -\frac{1}{2}x - 3{,}5$

Steigung: $-\frac{1}{2}$

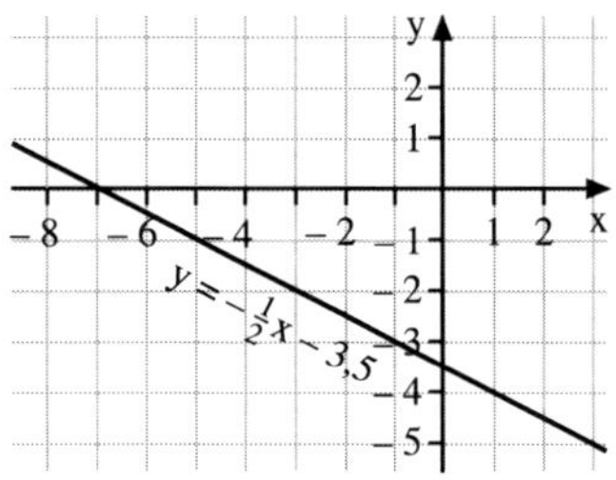

d) $y = -x + 4$

Steigung: -1

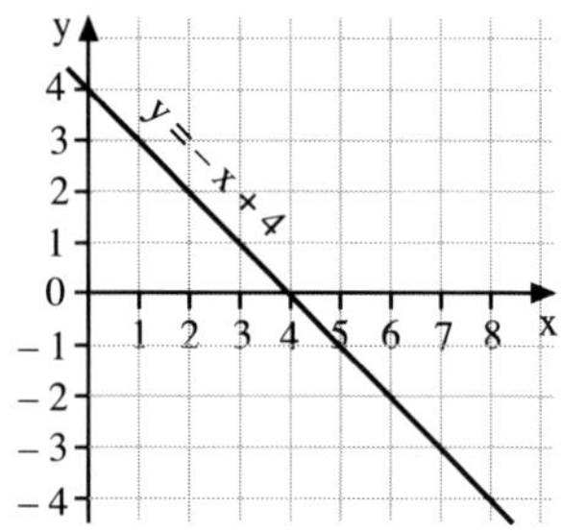

9. a) $y = -3x + 1{,}5$

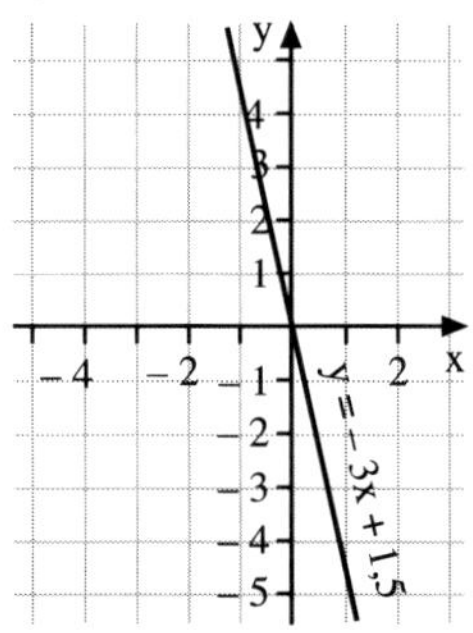

b) $y = 0{,}25x + 2{,}2$

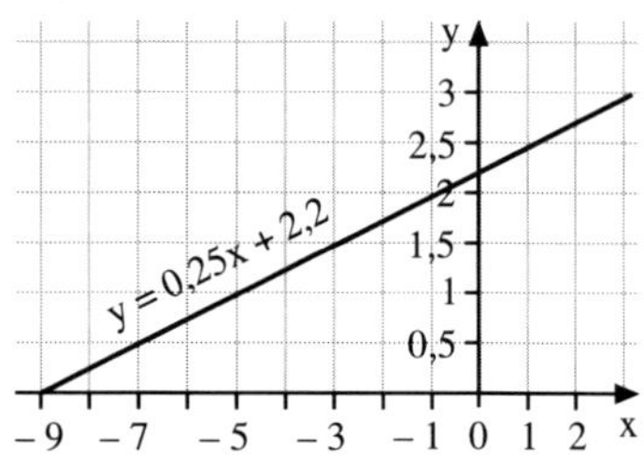

c) $y = 2{,}5x - 3{,}5$

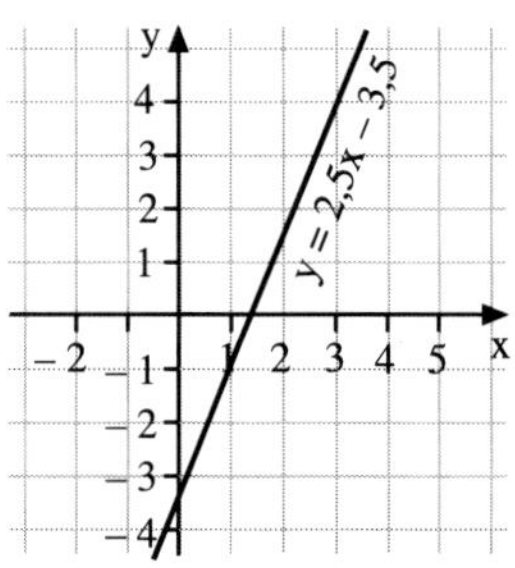

d) $y = -3x$

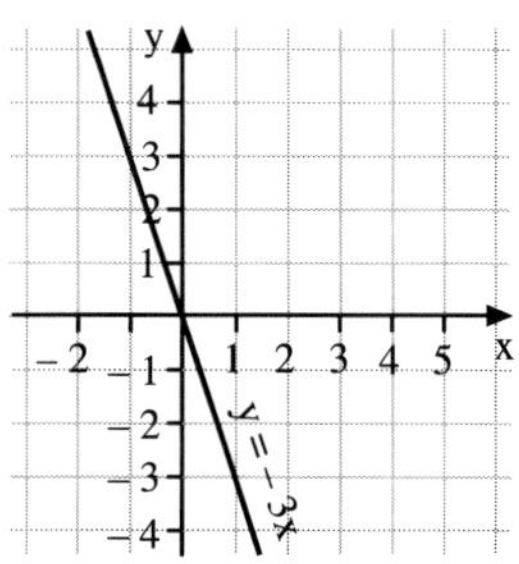

159 **10.** s → t

$t = 1{,}5s - 6$

t → s

$s = \frac{2}{3}t + 4$

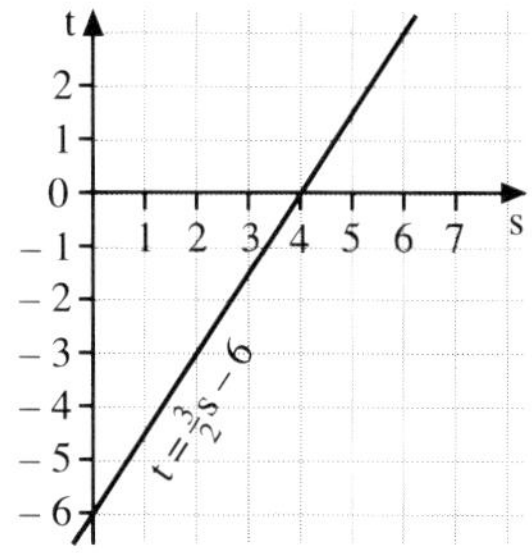

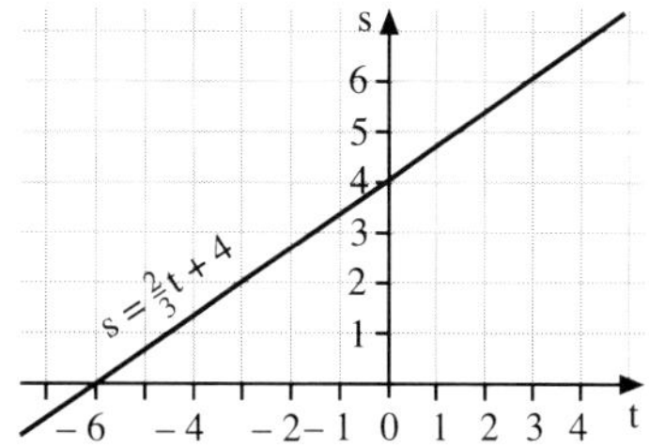

Beide Geraden schneiden die Achsen bei 4 und –6, nur vertauscht. Spiegelt man die erste Gerade an der Funktion y = x erhält man die zweite Gerade.

11. **a)** Steigung: 4 y-Achse: 5 x-Achse: –1,25
b) Steigung: –0,8 y-Achse: 1 x-Achse: 1,25
c) Steigung: $\frac{1}{3}$ y-Achse: 0 x-Achse: 0
d) Steigung: –2 y-Achse: 3 x-Achse: 1,5

12. **a)** P_5 und P_7 **b)** P_1 **c)** P_3 **d)** P_2 und P_7
(P_4 und P_6 gehören zu keinem der vier Graphen.)

13. **a)** (0 | 1); (1 | 0); (1 | 0); (–5 | 6); (–0,2 | 1,2); (1,6 | –0,6)
b) (0 | 0); (0 | 0); (1 | 0,4); (15 | 6); (–0,2 | –0,08); (–1,5 | –0,6)
c) (0 | 6); (4 | 0); (1 | 4,5); (0 | 6); (–0,2 | 6,3); (4,4 | –0,6)
d) (0 | 12); (–4 | 0); (1 | 15); (–2 | 6); (–0,2 | 11,4); (–4,2 | –0,6)

160 **14.** **a)** 3x + 2y = 0 4x + 7y = –13 5x – 2y = 16
b) -

15. x: Anzahl der Weizenbrötchen
y: Anzahl der Vollkornbrötchen
Gleichung: 0,30x – 0,50y = 24
Drei Lösungen sind z. B.: (80 | 0); (0 | 48) und (70 | 6)

16. **a)** 20 €; 40 €; 50 €; 60 € und 70 €
b) x: Anzahl der 20-€-Scheine
y: Anzahl der 50-€-Scheine
Gleichung: 20x + 50y = 430
c) Ja, z. B. (–1 | 9) und (1 | 8,2).

4.1.2 Sonderfälle bei linearen Gleichungen mit zwei Variablen

161

2. a) (1) GTR zu a): false
b) (4) GTR zu b): true

3. a) $y = -\frac{7}{9}x - \frac{5}{9}$

b) $y = -\frac{7}{5}$

c) Keine Lösung, da die Auflösung nach y zu einer Division durch null führt.

162

4. a) Gerade geht durch (2 | 3) und (0 | 3). Lineare Gleichung: $0x + y = 3$.
b) Gerade geht durch (2 | 3) und (2 | 0). Lineare Gleichung: $x + 0y = 2$
Beide Geraden sind Graphen linearer Gleichungen, aber b) ist keine Funktionsgleichung.

5. a) Gerade durch (2 | 2) und (0 | 2). Gleichung: $y = 2$
b) Gerade durch $\left(\frac{3}{2} \mid 3\right)$ und $\left(\frac{3}{2} \mid 0\right)$. Gleichung: $x = \frac{3}{2}$
c) Gerade durch (2 | –2,4) und (0 | –2,4). Gleichung: $y = -2{,}4$
d) Gerade durch (0,9 | 3) und (0,9 | 0). Gleichung: $x = 0{,}9$

6. a) (5 | 2) und (5 | –1)
b) $\left(\frac{1}{2} \mid -1\right)$ und (5 | –1)
c) $\left(\frac{1}{2} \mid -1\right)$
d) (1 | 5)
e) Kein Zahlenpaar ist Lösung.

7. a) $0x + y = 6$ Gerade: (0 | 6); (1 | 6)
b) $x + 0y = 2$ Gerade: (2 | 0); (2 | 1)
c) $0x + y = -1{,}5$ Gerade: (0 | –1,5); (1 | –1,5)
d) $x + 0y = -5{,}5$ Gerade: (–5,5 | 0); (–5,5 | 1)
e) $0x + y = \frac{5}{2}$ Gerade: $\left(0 \mid \frac{5}{2}\right)$; $\left(1 \mid \frac{5}{2}\right)$
f) $6x + 0y = 3$ Gerade: (0,5 | 0); (0,5 | 1)
g) $0x - 2y = 1$ Gerade: (0 | –0,5); (1 | –0,5)

8. a) P_2 und P_4 **b)** P_1 **c)** P_1 **d)** P_2 **e)** P_3 und P_6 **f)** P_5 und P_6 **g)** P_2 und P_4

9. a) $0x + y = 1{,}5$; $y = 1{,}5$ **b)** $0x + y = -0{,}5$; $y = -0{,}5$ **c)** $x + 0y = 1{,}5$; $x = 1{,}5$ **d)** $s + 0t = -2$; $s = -2$
Die Geraden von a) und b) gehören zu einer linearen Funktion.

10. a) $0x + y = 4{,}2$; $y = 4{,}2$ $0x + y = -4{,}2$; $y = -4{,}2$ **b)** $x + 0y = 4{,}2$; $x = 4{,}2$ $x + 0y = -4{,}2$; $x = -4{,}2$

162 **11.** **a)** $0x + y = 0$
$y = 0$

b) $x + 0y = 0$
$y = 0$

12. **a)** $y = -7$
$[y = 5{,}3]$

b) $y = 4$
$[y = 1{,}9]$

13. Beide Aussagen sind falsch, da $0x + 0y = 0$ keine Gerade als Graph hat.

4.2 Systeme linearer Gleichungen – Grafisches Lösungsverfahren

164 **2.** Schnittpunkte:
(1) GTR: $(1 \mid 4)$ exakt: $(1 \mid 4)$
(2) GTR: $(-15 \mid 30)$ exakt: $(-15 \mid 30)$
(3) GTR: $(2{,}333 \mid 1{,}2857)$ exakt: $\left(2\frac{1}{3} \middle| 1\frac{2}{7}\right) = (2{,}333 \mid 1{,}28571)$

165 **3.** (1) $L = \{(3 \mid 2)\}$
(2) $L = \{\ \}$; beide Geraden sind parallel
(3) $L = \{(x \mid y) \mid y = -2x - 4\}$; die Geraden sind identisch

4. x: Gasverbrauch (in m³)
y: Gesamtkosten (in €)

Gleichungssystem: $\left| \begin{array}{l} y = 0{,}45x + 5 \\ y = 0{,}25x + 10 \end{array} \right|$

$L = \{(25 \mid 16{,}25)\}$
Familie Siede hat im April 25 m³ Gas verbraucht und muss 16,25 € bezahlen.

5. x: Anzahl der Karten für Erwachsene
y: Anzahl der Karten für Jugendliche

Gleichungssystem: $\left| \begin{array}{r} 10x + 5y = 700 \\ x + \quad y = 100 \end{array} \right|$

$L = \{(40 \mid 60)\}$
Es wurden 40 Karten an Jugendliche und 60 Karten an Erwachsene verkauft.

6. x: Anzahl der Container zu 10 t.
y: Anzahl der Container zu 12 t.

Gleichungssystem: $\left| \begin{array}{r} 10x + 12y = 148 \\ x + \quad y = \ \ 14 \end{array} \right|$

$L = \{(10 \mid 4)\}$
Es sind 10 Container zu 10 t und 4 Container zu 12 t geladen.

7. $(2 \mid 2)$

166

8. **a)** (−2 | 3) **b)** (4 | 3) **c)** (−1 | 1) **d)** (−13 | 7) **e)** (2,25 | −3,5) **f)** (2 | 1) **g)** (4 | −1) **h)** (4 | 2)

9. x: Anzahl der Dreibettzimmer.
y: Anzahl der Fünfbettzimmer.

Gleichungssystem: $\left| \begin{array}{r} 3x + 5y = 145 \\ x + y = 35 \end{array} \right|$

L = {(15 | 20)}
Die Jugendherberge hat 15 Drei- und 20 Fünfbettzimmer.

10. x: Anzahl der 20 € Scheine.
y: Anzahl der 50 € Scheine.

Gleichungssystem: $\left| \begin{array}{r} 20x + 50y = 600 \\ y = 2x \end{array} \right|$

L = {(5 | 10)}
Es sind 5 20-€-Scheine und 10 50-€-Scheine.

11. x: Alter des Vaters (in Jahren)
y: Alter des Sohnes (in Jahren)

Gleichungssystem: $\left| \begin{array}{c} x + y = 70 \\ (x - 5) = 3(y - 5) \end{array} \right|$

L = {(50 | 20)}
Der Vater ist 50 und der Sohn 20 Jahre alt.

12. **a)** $\left| \begin{array}{l} y = 2x - 3 \\ y = 2x - 2{,}5 \end{array} \right|$ 2. Fall (parallel)

b) $\left| \begin{array}{l} y = -2x + 2{,}5 \\ y = -2x + 2{,}5 \end{array} \right|$ 3. Fall (identisch)

c) $\left| \begin{array}{l} y = 0{,}5x - \frac{1}{3} \\ y = 0{,}5x + \frac{1}{3} \end{array} \right|$ 2. Fall (parallel)

d) $\left| \begin{array}{l} y = -\frac{2}{3}x + 2 \\ y = \frac{2}{3}x - 2 \end{array} \right|$ 1. Fall (3 | 0)

166

13. (1) rot: (1 | 0); (–1 | –1)
blau: (1,5 | –2); (0 | 1,25)

$$\left|\begin{array}{l} y = \frac{1}{2}x - \frac{1}{2} \\ y = -\frac{13}{6}x + \frac{5}{4} \end{array}\right|$$

$L = \left\{\left(\frac{2}{3}\middle|-\frac{1}{6}\right)\right\}$

(2) rot: (1 | –1); (–2 | –2)
blau: (0 | 1); (–3 | 0)

$$\left|\begin{array}{l} y = \frac{1}{3}x - \frac{4}{3} \\ y = \frac{1}{3}x + 1 \end{array}\right|$$

$L = \{\ \}$

(3) rot: (0 | 1); (2 | 0)
blau: (0 | 1); (2 | 0)

$$\left|\begin{array}{l} y = -\frac{1}{2}x + 1 \\ y = -\frac{1}{2}x + 1 \end{array}\right|$$

$L = \left\{(x \mid y) \;\middle|\; y = -\frac{1}{2}x + 1\right\}$

14. (1) $2x - 5y = 4$ $\left[-\frac{1}{2}x + y = -2\right]$
(2) $2x + 5y = 3$ $\left[-\frac{1}{2}x - y = -1\right]$
(3) $4x - 10y = 6$ $[-x + 2y = -2]$

15. Z. B. **a)** f(x): $y = x$ Schnittpunkte: $\left(\frac{8}{3}\middle|\ \frac{8}{3}\right)$ und (–3 | –3)

Z. B. **b)** f(x): $y = \frac{2}{3}x$ Schnittpunkt: (3 | 2)

Z. B. **c)** f(x): $y = -2x$ Schnittpunkt: $\left(\frac{3}{17}\middle|\ -\frac{6}{17}\right)$

167

16. **a)** $\left|\begin{array}{l} y + 2x = 0 \\ 2y - 6 = 2x \end{array}\right|$ $L = \{(-1 \mid 2)\}$

b) $\left|\begin{array}{r} y + x = 4 \\ 2y - 4x = -4 \end{array}\right|$ $L = \{(2 \mid 2)\}$

c) $\left|\begin{array}{l} 3y + 2x = 6 \\ 2y + x = -4 \end{array}\right|$ $L = \{(24 \mid -14)\}$

17. **a)** (1) $L = \{(3 \mid 2)\}$ (2) $L = \{\ \}$ (3) $L = \{(x \mid y) \mid y = -2x - 4\}$

b) (2) $\left|\begin{array}{r} -x + \ \ y = 4 \\ 2x - 4y = 4 \end{array}\right|$ $L = \{(-10 \mid -6)\}$

(3) $\left|\begin{array}{r} -6x - 3y = -4 \\ -6x - 3y = 12 \end{array}\right|$ $L = \{\ \}$

c) (2) $\left|\begin{array}{r} -x + 2y = -2 \\ 2x - 4y = \ \ 4 \end{array}\right|$ $L = \left\{(x \mid y) \;\middle|\; y = \frac{1}{2}x - 1\right\}$

(3) $\left|\begin{array}{r} 2x + y = \ \ 4 \\ -6x - 3y = 12 \end{array}\right|$ $L = \{\ \}$

18. **a)** (1) k = –1,5
(2) keine Lösung
(3) k = –2
(4) k = 2

b) (1) k = 2
(2) k = 3
(3) k = 2
(4) k = –1

c) (1) keine Lösung
(2) k = 0
(3) keine Lösung
(4) keine Lösung

167 **19.** x: Monatlicher Verbrauch (in kWh)
y: Monatliche Kosten (in €)

Tarife All und Basic

$$\left| \begin{array}{l} y = 0{,}10x + 2{,}50 \\ y = 0{,}09x + 4{,}50 \end{array} \right| \qquad L = \{200 \mid 22{,}5\}$$

Tarife All und Classic

$$\left| \begin{array}{l} y = 0{,}10x + 2{,}50 \\ y = 0{,}07x + 10{,}50 \end{array} \right| \qquad L = \left\{266\tfrac{2}{3} \,\middle|\, 29\tfrac{1}{6}\right\}$$

Tarife Basic und Classic

$$\left| \begin{array}{l} y = 0{,}09x + 4{,}50 \\ y = 0{,}07x + 10{,}50 \end{array} \right| \qquad L = \{300 \mid 31{,}5\}$$

Bis zu einem monatlichen Verbrauch von 200 kWh ist Tarif All am günstigsten, von 200 kWh bis 300 kWh Tarif Basic, und bei einem größeren Verbrauch Tarif Classic.

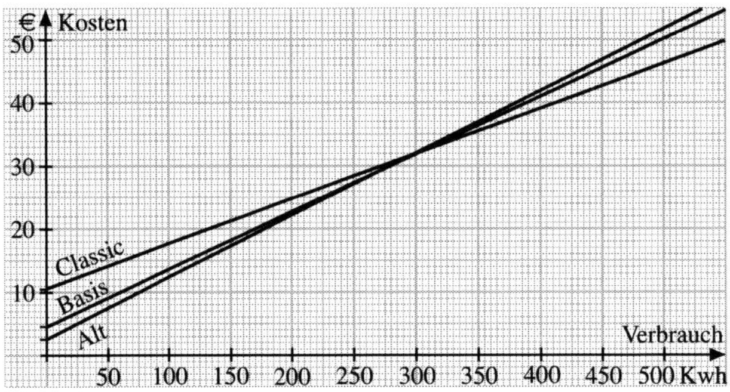

20. -

4.3 Rechnerische Lösungsverfahren

4.3.1 Gleichsetzungsverfahren und Einsetzungsverfahren

169 **2.** **a)** Zunächst wird y in der ersten Gleichung ersetzt. Anschließend wird die erste Gleichung nach x aufgelöst. Dann wird x in die zweite Gleichung eingesetzt und y errechnet.

b) Man erspart sich die Auflösung nach y und kommt ohne Brüche aus.

c) x in der ersten Gleichung ersetzen

$L = \left\{\left(-\frac{2}{25} \,\middle|\, -\frac{38}{25}\right)\right\}$

170 **3.** **a)** $L = \{(3 \mid -5)\}$

b) $L = \{(2 \mid -4)\}$

c) $L = \{(5{,}48 \mid -0{,}45)\}$

d) $L = \left\{\left(\frac{45}{7} \,\middle|\, \frac{29}{7}\right)\right\}$

170 **4. a)** $L = \left\{\left(5 \mid \frac{9}{5}\right)\right\}$ **c)** $L = \{(0 \mid 2)\}$

b) $L = \{(10 \mid -7)\}$ **d)** $L = \{(3 \mid 5)\}$

5. a) $L = \{(8 \mid 5)\}$ **e)** $L = \{(29 \mid 11)\}$

b) $L = \left\{\left(\frac{5}{7} \mid -\frac{22}{7}\right)\right\}$ **f)** $L = \left\{\left(-\frac{8}{3} \mid -\frac{5}{3}\right)\right\}$

c) $L = \{(12 \mid 6)\}$ **g)** $L = \{(0{,}4 \mid 1{,}3)\}$

d) $L = \{(11 \mid -2)\}$ **h)** $L = \left\{\left(1 \mid \frac{1}{6}\right)\right\}$

6. x: jährliche Verbrauch (in cm³)
y: jährliche Gesamtpreis (in €)

$$\left| \begin{array}{l} 54 + 0{,}55x = y \\ 102 + 0{,}35x = y \end{array} \right|$$

$L = \{(240 \mid 186)\}$
Die Tarife sind bei einem jährlichen Verbrauch von 240 m³ gleich günstig.

7. a) $L = \{(5 \mid 4)\}$ **c)** $L = \left\{\left(\frac{3}{2} \mid 1\right)\right\}$ **e)** $L = \left\{\left(\frac{43}{9} \mid \frac{188}{9}\right)\right\}$

b) $L = \{(10 \mid 39)\}$ **d)** $L = \{(5 \mid -1)\}$ **f)** $L = \{(2 \mid 3)\}$

8. a) $L = \{(3 \mid -2)\}$ **b)** $L = \{(2 \mid 1)\}$ **c)** $L = \{(2 \mid 2)\}$

9. a) $L = \{(-9 \mid -13)\}$ **c)** $L = \{(2 \mid 4)\}$

b) $L = \{(-5 \mid -3)\}$ **d)** $L = \left\{\left(-\frac{1}{4} \mid \frac{1}{2}\right)\right\}$

4.3.2 Additionsverfahren

172 **2. a)** $x = -43;\ y = -21$
b) Lösungen stimmen überein.
c) -

173 **3. a)** -

b)

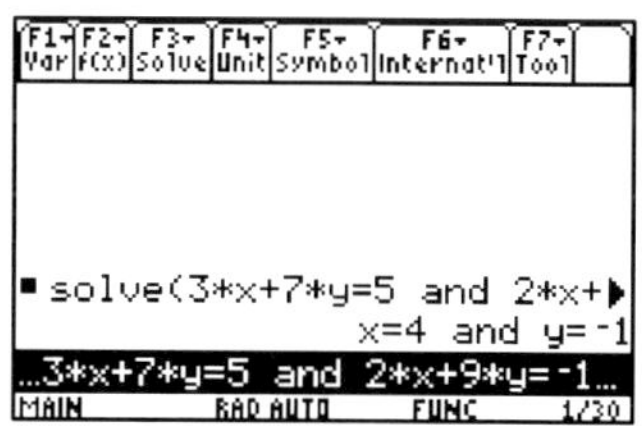

4. a) $L = \{(-2 \mid 3)\}$ **c)** $L = \left\{\left(0 \mid -\frac{5}{4}\right)\right\}$ **e)** $L = \{\ \}$

b) $L = \{\ \}$ **d)** $L = \left\{\left(\frac{1}{2} \mid 4\right)\right\}$ **f)** $L = \{(2 \mid 6)\}$

173

5. **a)** $L = \{(10 \mid 3)\}$ **c)** $L = \{(27 \mid -15)\}$ **e)** $L = \{(1 \mid 2)\}$
b) $L = \{(8 \mid 5)\}$ **d)** $L = \{(11 \mid 8)\}$ **f)** $L = \{(8 \mid 2)\}$

6. **a)** $L = \{(9 \mid 7)\}$ **b)** $L = \left\{\left(1 \mid \frac{1}{2}\right)\right\}$ **c)** $L = \{(10 \mid 21)\}$ **d)** $L = \{(1{,}1 \mid 2{,}2)\}$

7. **a)** $\left|\begin{array}{l} 2x - 1{,}9y = 9{,}2 \\ 5x - 0{,}9y = 1{,}4 \end{array}\right|$ $L = \{(1 \mid 4)\}$

b) $\begin{bmatrix} 1 & 0 & 1 \\ 0 & 1 & 4 \end{bmatrix}$ Lösungen stimmen überein.

4.3.3 Sonderfälle beim rechnerischen Lösen

175

1. **a)** $L = \{(3 \mid -3)\}$
b) $L = \{\ \}$
c) $L = \left\{(u \mid v) \mid v = -\frac{1}{2}u + \frac{3}{2}\right\}$
d) $L = \{(5 \mid -1)\}$
e) $L = \{\ \}$
f) $L = \left\{(x \mid y) \mid y = \frac{2}{3}x - \frac{2}{3}\right\}$
g) $L = \{\ \}$
h) $L = \{(-1 \mid 4)\}$
i) $L = \left\{(x \mid y) \mid y = -\frac{1}{4}x + \frac{5}{4}\right\}$
j) $L = \{(-1 \mid -2)\}$
k) $L = \{\ \}$
l) $L = \left\{\left(-15 \mid -\frac{5}{2}\right)\right\}$
m) $L = \{\ \}$
n) $L = \left\{(x \mid y) \mid y = \frac{3}{2}x\right\}$
o) $L = \left\{(x \mid y) \mid y = \frac{1}{3}x + \frac{4}{3}\right\}$
p) $L = \left\{(x \mid y) \mid y = \frac{1}{16}x - \frac{1}{8}\right\}$

176

2. **a)** $L = \{\ \}$
b) $L = \left\{(x \mid y) \mid y = \frac{2}{3}x - 2\right\}$
c) $L = \{(x \mid y) \mid y = 2 + x\}$
d) $L = \left\{(x \mid y) \mid y = x + \frac{1}{2}\right\}$
e) $L = \{(x \mid y) \mid x, y \in \mathbb{R}\}$
f) $L = \{\ \}$

3. **a)** $L = \left\{(x \mid y) \mid y = \frac{3}{2}x + \frac{3}{4}\right\}$ **b)** $L = \{\ \}$ **c)** $L = \{(0 \mid 0)\}$

Zum Üben

177

1. **a)** (1) für alle $\square \neq 4$ (2) für $\square = 4$

b) (1) nicht möglich (2) für $\square = 2$

c) (1) für alle $\square \neq \frac{7}{3}$ (2) für $\square = \frac{7}{3}$

d) (1) für alle $\square \neq \frac{48}{5}$ (2) für $\square = \frac{48}{5}$

2. **a)** Für a = 4, b = 10.
b) Für a = 4 und für alle b ≠ 10.

3. **a)** (1) a = 4; b = 10
(2) a = 4; alle b ≠ 10
(3) alle a ≠ 4 und b beliebig
b) (1) a = –3; b = –4
(2) nicht möglich
(3) Für alle a ≠ –3 und b beliebig oder a beliebig und b ≠ –4
c) (1) nicht möglich
(2) a beliebig; b = 18
(3) a beliebig; b ≠ 18
d) (1) a = 3, b = –4
(2) $c \in \mathbb{Q}$ und c ≠ 1: a = c · 3; b = c · (–4)
$b = -\frac{4a}{3}$ aber a ≠ 3
(3) $\frac{a}{b} \neq -\frac{3}{4}$, sonst beliebig

4. Mara: F(x) = –x + 15
a) g(x) = –x + c wobei c ≠ 15
b) Z. B. g(x) = x + 9
c) Z. B. g(x) = 2x + 21
d) L = {0 | 15)} g(x) = ax + 15, a beliebig
e) L = {(15 | 0)} z. B. g(x) = x – 15
f) L = {(40 | –25)} z. B. $g(x) = -\frac{1}{2}x - 5$
g) L = {(–305 | 320)} z. B. g(x) = x + 625
h) $L = \left\{\left(-\frac{1}{25} \middle| 15\frac{1}{25}\right)\right\}$ z. B. $g(x) = x + 15\frac{2}{25}$

5. Z. B.: (1) solve$(3x + 4y = 19$ and $y + \frac{3}{4}x = 20)$
solve(… and $y + \frac{3}{4}x = 1)$
(2) solve(2x – 4y = 19 and 4y – 2x = 10)
solve(… and 4y – 2x = 30)

177 **5.** Z. B.: (3) solve(2x −4y = 6 and 8y + 4x = −4)
solve(… and 8y + x = −7)
(4) solve(2y − 4x = 8 and 2y −4 · x = 0)
solve(4y − 8x = 8 and 2y − 4x = 0)
(5) solve(8x = 4y + 6 and 2y − 4x = 0)
solve(8x + 2 = 4y + 6 …)
(6) solve(7x = y + 6 and 2y − 4x = 8)
solve(2x + 10 = y + 6 and …)

6. Das Gleichungssystem hat unendlich viele Lösungen. Die Lösungsmenge ist die Gerade y = −2x + 2 selber. @1 steht für eine beliebige Zahl in der Lösungsschar.

4.3.4 Vermischte Übungen

178 **1.**
a) $L = \{(1 \mid 7)\}$
b) $L = \{(-3 \mid 4\}$
c) $L = \{(5 \mid 3)\}$
d) $L = \{\ \}$
e) $L = \{(2 \mid 4)\}$
f) $L = \{(0{,}5 \mid 0{,}25)\}$
g) $L = \{(0{,}25 \mid 1{,}75)\}$
h) $L = \left\{(x \mid y) \,\middle|\, y = -\frac{2}{3}x + \frac{1}{3}\right\}$
i) $L = \{(2 \mid 1)\}$
j) $L = \{(2{,}5 \mid 1{,}5)\}$
k) $L = \left\{\left(\frac{3}{2} \,\middle|\, 2\frac{1}{3}\right)\right\}$
l) $L = \{\ \}$
m) $L = \{(x \mid y) \mid y = 2 - x\}$
n) $L = \{(1 \mid 3)\}$
o) $L = \{(4 \mid -6)\}$
p) $L = \{(0 \mid 0)\}$

2. $L = \{(-7{,}5 \mid -7{,}5)\}$

3.
a) (1) $a \neq 7$, sonst beliebig; c beliebig (2) $a = 7$, $c = 1$
b) (1) $a \neq 16$, sonst beliebig; c beliebig (2) $a = 16$, $c = 4$
c) (1) $b \neq \frac{4}{5}$, sonst beliebig; c beliebig (2) $b = \frac{4}{5}$, $c = -\frac{25}{2}$
d) (1) $b \neq -\frac{21}{4}$, sonst beliebig; c beliebig (2) $b = -\frac{21}{4}$, $c = 0$

4.
a) $a = 4$, $b = -5$
b) $a = -1$, $b = -11$
c) $a = 4$, $b = 11$

5.
a) $a = -2$ Lösung: $\left(3 \,\middle|\, -\frac{7}{2}\right)$
b) $a = 2$ Lösung: $(3 \mid -1)$
c) $a = -\frac{1}{2}$ Lösung: $\left(3 \,\middle|\, -\frac{5}{4}\right)$

178

6. **a)** $\begin{vmatrix} 8x - 9y = 22 \\ 3x - 5y = 5 \end{vmatrix}$ $L = \{(5 \mid 2)\}$

b) $\begin{vmatrix} 5x - 6y = 0 \\ -10x + 12y = 24 \end{vmatrix}$ $L = \{\ \}$

7. $L = \{(0 \mid 2)\}$

8. (1) $\begin{vmatrix} y = x + 2 \\ y = -2x \end{vmatrix}$ (2) $\begin{vmatrix} y = 2x \\ y = 2x + 1 \end{vmatrix}$ (3) $\begin{vmatrix} y = 1 \\ y = -x + 1 \end{vmatrix}$ (4) $\begin{vmatrix} y = 2x + 2 \\ y = -\frac{1}{2}x + \frac{1}{2} \end{vmatrix}$

4.4 Lösen von Sachaufgaben mithilfe von linearen Gleichungssystemen

181

4. x: Länge (in cm)
y: Breite (in cm)

$\begin{vmatrix} y = 5 + x \\ 2x + 2y = 60 \end{vmatrix}$

$L = \{(12{,}5 \mid 17{,}5)\}$

Die Seiten des Rechtecks sind 12,5 cm und 17,5 cm lang.

5. x: Länge (in m)
y: Breite des Rahmens (in m)

$\begin{vmatrix} 2x + 2y = 3 \\ y = 2x \end{vmatrix}$

$L = \{(0{,}5 \mid 1)\}$ $\left[L = \left\{\frac{3}{8} \mid \frac{9}{8}\right\};\ L = \left\{\frac{3}{10} \mid \frac{12}{10}\right\}\right]$

Der Rahmen wird 0,50 m breit und 1,00 m lang
[0,375 m breit und 1,125 m lang; 0,30 m breit und 1,20 m lang].

6. x: Basislänge (in cm)
y: Schenkellänge (in cm)

a) $\begin{vmatrix} x + 2y = 40 \\ y = x + 5 \end{vmatrix}$

$L = \{(10 \mid 15)\}$

Die Basis ist 10 cm, die Schenkel 15 cm lang.

b) $\begin{vmatrix} x + 2y = 40 \\ y = x - 5 \end{vmatrix}$

$L = \left\{\left(\frac{50}{3} \mid \frac{35}{3}\right)\right\}$

Die Basis ist $16\frac{2}{3}$ cm ≈ 16,7 cm, die Schenkel $11\frac{2}{3}$ cm ≈ 11,7 cm lang.

181

7. x: Länge der kürzeren Seite (in cm)
y: Länge der längeren Seite (in cm)

a) $\left|\begin{array}{l} 2x+2y=x+10 \\ 2x+2y=y+5 \end{array}\right|$ $L=\{(0 \mid 5)\}$

Nein, denn ein Rechteck besitzt nur positive Seitenlängen.

b) $\left|\begin{array}{c} 2x+2y=20 \\ 2x+2(y-5)=10 \end{array}\right|$ $L=\{(x \mid y) \mid y=-x+10\}$

Ja, alle Rechtecke mit einem Umfang von 20 cm haben diese Eigenschaft.

8. x, y: Länge der am rechten Winkel anliegenden Seiten (in cm)

$\left|\begin{array}{l} \frac{1}{2}xy=\frac{1}{2}(x+2)(y+2)-14 \\ \frac{1}{2}xy=\frac{1}{2}(x-2)(y-2)+10 \end{array}\right|$

$\left|\begin{array}{c} 12=x+y \\ -12=-x-y \end{array}\right|$ $L=\{y=12-x \mid x,y>2\}$

Die Summe der am rechten Winkel anliegenden Seiten muss 12 cm ergeben. Jede Seite muss länger als 2 cm sein.

9. x: Seitenlänge der Quadrate (in cm)
y: Länge der übrigen Seitenlängen des Quaders (in cm)

$\left|\begin{array}{c} 8x+4y=88 \\ 8\cdot(2x)+4\left(\frac{y}{2}\right)=88+28 \end{array}\right|$ $L=\{(6 \mid 10)\}$

Der Quader hat Quadrate mit einer Seitenlänge von 6 cm. Die übrigen Seitenlängen sind 10 cm lang.

182

10. x: Preis eines Weizenbrötchens (in €)
y: Preis eines Roggenbrötchens (in €)

$\left|\begin{array}{l} 6x+2y=3,60 \\ 4x+4y=4,00 \end{array}\right|$ $L=\{(0,4 \mid 0,6)\}$

Weizenbrötchen kosten 0,40 €, Roggenbrötchen 0,60 €.

11. Grundgebühr = 15,75 € Preis pro kWh = 0,08 €

12. x, y: angelegte Geldbeträge (in €)

$\left|\begin{array}{l} 0,0475\cdot x+0,066y=549 \\ 0,0525\cdot x+0,062y=563 \end{array}\right|$ $L=\{(6\,000 \mid 4\,000)\}$

Frau Schmitt hat 6 000 € und 4 000 € angelegt.

13. x: Kredithöhe (in €)
y: Zinssatz

$\left|\begin{array}{c} x\cdot y=3600 \\ xy-5000y=3555 \end{array}\right|$ $L=\{(400\,000 \mid 0,009)\}$

Frau Ude hat einen Kredit von 400 000 € aufgenommen.
Sie zahlt 0,9% Zinsen.

182 **14.** -

15. x: Sahnequarkmenge (in g)
y: Magerquarkmenge (in g)

$$\left| \begin{array}{c} x + y = 500 \\ 0,4x + 0,005y = 0,084 \cdot 500 \end{array} \right| \qquad L = \{(100 \mid 400)\}$$

Es müssen 100 g Sahne- und 400 g Magerquark gemischt werden.

16. e: Entfernung von Zittau bis zum Treffpunkt (in km)
f: Fahrzeit von Zittau bis zum Treffpunkt (in h)

Michael fährt 2 km in 2 h, also 13 $\frac{\text{km}}{\text{h}}$.

Anne fährt 8 km in $\frac{2}{3}$ h, also 12 $\frac{\text{km}}{\text{h}}$.

$$\left| \begin{array}{l} 13t = e \\ 12\left(t - \frac{1}{3}\right) = 26 - e \end{array} \right| \qquad L = \{15,6 \mid 1,2\}$$

Nachdem Michael 1 h 12 min gefahren ist, trifft er Anne (um 16.12 Uhr) in 15,6 km Entfernung von Zittau.

183 **17.** **a)** Um 9.48 Uhr holt der Pkw den Lkw ein.
b) Um 10.08 Uhr holt der Pkw den Lkw ein und zwar genau 4 km vor Torgau.

18. x: Eigengeschwindigkeit der Schiffe (in km pro h)
y: Strömungsgeschwindigkeit (in km pro h)

$$\left| \begin{array}{l} (x + y) \cdot \frac{35}{60} = 10 \\ (x - y) \cdot \frac{60}{60} = 10 \end{array} \right| \qquad L = \{(\approx 13,6 \mid \approx 3,6)\}$$

Die Geschwindigkeit der Schiffe beträgt ungefähr 13,6 $\frac{\text{km}}{\text{h}}$, die des Stromes ungefähr 3,6 $\frac{\text{km}}{\text{h}}$.

19. Familie Becker kommt um 13.24 Uhr an.
Familie Schreiber kommt um 12.30 Uhr an.

20. -

21. x: Länge der Autoschlange (in km)
y: Geschwindigkeit der Autos (in $\frac{\text{km}}{\text{h}}$)

$$\left| \begin{array}{l} (200 - y) \cdot \frac{1}{60} \cdot 3\frac{1}{2} = x \\ (200 + y) \cdot \frac{1}{60} \cdot 2\frac{1}{2} = x \end{array} \right| \qquad L = \left\{\left(9\tfrac{13}{18} \,\middle|\, 33\tfrac{1}{3}\right)\right\}$$

Die Autoschlange ist ungefähr 9,7 km lang. Die Autos fahren mit $33\frac{1}{3}$ $\frac{\text{km}}{\text{h}}$.

183

22. x: Volumen von Platin (in cm³)
y: Volumen von Iridium (in cm³)

$$\begin{vmatrix} x + y = 46{,}6 \\ 21{,}4x + 22{,}4y = 1000 \end{vmatrix} \qquad L = \{(43{,}84 \mid 2{,}76)\}$$

Es wurden 43,84 cm³ Platin mit 2,76 cm³ Iridium gemischt.

184

23. x, y: Prozentgehalte der Lösungen

$$\begin{vmatrix} 11x + 8y = 19 \cdot 0{,}22 \\ 15x + 4y = 19 \cdot 0{,}18 \end{vmatrix} \qquad L = \{(0{,}14 \mid 0{,}33)\}$$

Die Prozentgehalte der Lösungen sind 14% und 33%.

24. **a)** Tina ist 15 Jahre alt und ihre Mutter ist 45 Jahre alt.
b) Lorenz ist 14 Jahre alt.
c) Der Sohn wird in einem viertel Jahr erst geboren.

25. **a)** Die erste Zahl ist 18, die zweite 4.
b) Die größere Zahl ist 3,5, die kleinere –3,5.

26. x: Last des Eselchens (in Pfund)
y: Last der Mutter (in Pfund)

$$\begin{vmatrix} x + 1 = 2(y - 1) \\ x - 1 = y + 1 \end{vmatrix} \qquad L = \{(7 \mid 5)\}$$

Das Eselchen trägt 7 Pfund, die Mutter 5 Pfund.

27. x, y: Geldbetrag (in Pfennig), den jeder hat

$$\begin{vmatrix} x + 1 = y - 1 \\ 2(x - 1) = (y + 1) \end{vmatrix} \qquad L = \{(5 \mid 7)\}$$

Einer besitzt 5 Pfennig, der andere 7 Pfennig.

28. **a)** x, y: Geldbetrag (in Rubel), den jede Person besitzt

$$\begin{vmatrix} x + \frac{2}{4}y = \frac{2}{9} \\ \frac{3}{4}x + y = \frac{2}{9} \end{vmatrix} \qquad L = \left\{\left(\frac{8}{45} \mid \frac{4}{45}\right)\right\}$$

Die Personen besitzen $\frac{8}{45} \approx 0{,}18$ Rubel und $\frac{4}{45} \approx 0{,}09$ Rubel.

b) x: Anzahl der Männer
y: Anzahl der Frauen

$$\begin{vmatrix} x + y = 20 \\ 8x + 7y = 6 \cdot 24 \end{vmatrix} \qquad L = \{(4 \mid 16)\}$$

Es besuchen das Gasthaus 4 Männer und 16 Frauen.

Im Blickpunkt: Systeme mit mehr als zwei Variablen

185 **1.** -

2. -

3. **a)** $L = \{(2 \mid -1 \mid 2)\}$ **b)** $L = \{(-3 \mid 1 \mid 2)\}$ **c)** $L = \left\{\left(4 \left| -\frac{5}{2} \right| 1 \left| -\frac{5}{2} \right.\right)\right\}$

Wahlthema: Lineare Optimierung

189 **2.** **a)**

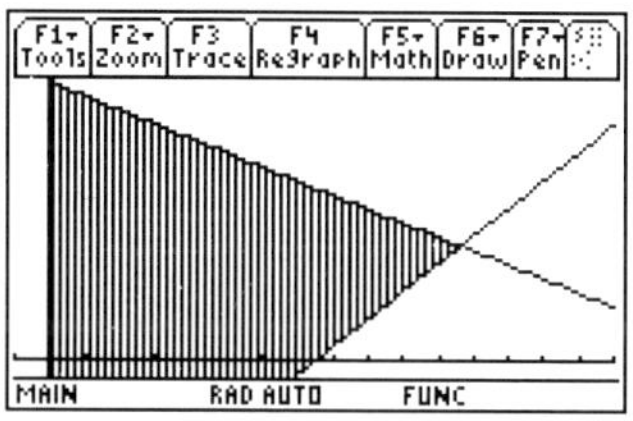

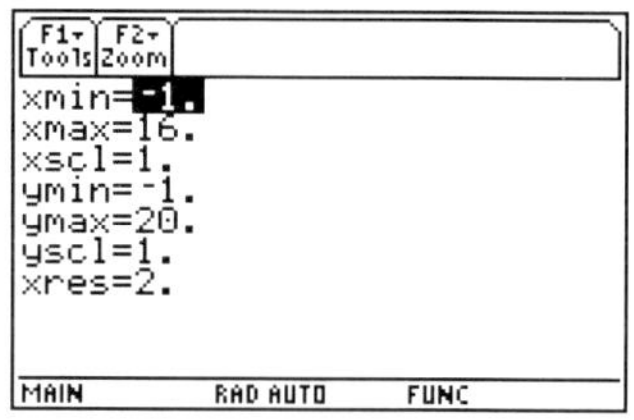

b) Z. B. (5 | 5), (10 | 5), (1 | 2), (3 | 4), (8 | 2) etc.
c) Lösung: (4 | 4), (0 | 12)
keine Lösung: (10 | 1)
d) -

3. **a)** $x \triangleq$ DVD-Recorder; $y \triangleq$ MP3-Player
Es muss gelten: $200x + 50y \leq 3\,000$ und $y \geq 3x$; $x \geq 0$; $y \geq 0$,
also z. B. (8 | 32); (5 | 40).
b) Z. B. Gewinnspanne, Lagerkosten etc.

4. **a)** $x \triangleq$ Schokolade; $y \triangleq$ Brot; $z \triangleq$ Dörrfrüchte
Es muss gelten
$7 \cdot x + 7 \cdot y + 3{,}5 \cdot z \geq 70$
$30 \cdot x + 5 \cdot y \geq 30$
$50 \cdot x + 75 \cdot y + 75 \cdot z \geq 600$
$x \geq 0$; $y \geq 0$; $z \geq 0$
also z. B. (0 | 10 | 0)
b) -

190 **5.** x = Anzahl Stehplätze
y = Anzahl Sitzplätze
Bedingungen: $x \geq 2y$
$x + y = 5\,000$
Zielfunktion: $z = 5 \cdot x + 12 \cdot y$
Maximaler Gewinn bei x = 3 333; y = 1 667
Einnahmen 36 657 (€)

190

6. x = Anzahl Mountainbikes
y = Anzahl Tourenrad
Bedingungen: $50 \cdot x + 20 \cdot y \leq 24\,000$
$30 \cdot x + 50 \cdot y \leq 28\,800$
$x \geq 0;\ y \geq 0$
Zielfunktion: $z = 40 \cdot x + 50 \cdot y$
Maximaler Gewinn bei x = 328, y = 380
Gewinn: z = 32 120

7. a)
- Salz kommt nur in Wasserpflanzen vor, daher liegt der Graph parallel zur x-Achse, bei einer Mindestmenge von 1 kg.
- Landpflanzen passen mehr in den Pansen als Wasserpflanzen, daher ist der Graph recht flach.
- Energie geben beide Pflanzen annähernd gleich viel, daher ist der Graph steiler als bei der Begrenzung durch Pansen.

b) x ≙ Landpflanzen; y ≙ Wasserpflanzen

Begrenzung durch Energie E: $y = -\frac{8}{7}x + 4$

Begrenzung durch Pansen P: $y = -\frac{5}{12}x + 2{,}5$

Begrenzung durch Salzmangel S: $y = 1$

Schnittpunkte:
E und P: (2,07 | 1,64)
E und S: (2,625 | 1)
P und S: (3,6 | 1)

c) In dem Dreieck mit den Schnittpunkten als Ecken. D. h. oberhalb der Begrenzungen von Salmangel und Energie und unterhalb von der Begrenzung durch Pansen.

8. x = Hektar Bohnen y = Hektar Rüben
Bedingungen: $x + y \leq 10$
$800 \cdot x + 1\,500 \cdot y \leq 10\,000$
$50 \cdot x + 30 \cdot y \leq 350$
$x, y \geq 0$
Zielfunktion: $z = 300x + 350y$
Maximaler Gewinn bei x = 4,412 Hektar; y = 4,313 Hektar
Maximaler Gewinn z = 2 833,15 €.

191

9. x = Anzahl Liter Tropica y = Anzahl Liter Exotic
Bedingungen: $x \geq 15;\ x + y \geq 50;\ y \geq x;\ y \leq 2x$
Zielfunktion: $z = 0{,}7x + 0{,}85y$
Minimale Kosten von 38,75 € bei x = 25, y = 25 (inklusive Kosten der bereits vorhandenen 15 Liter Tropica).

10. x = Anzahl Doppelzimmer y = Anzahl Familienzimmer
$50 - (x + y)$ = Anzahl Einzelzimmer
Bedingungen: $x \leq 40;\ x \geq 25;\ y \leq 5$
$2\,000 \cdot y + 1\,500 \cdot x + 1\,200\,(50 - (x + y)) \leq 80\,000$
Zielfunktion: $z = 25 \cdot y + 20 \cdot x + 15 \cdot (50 - (x + y))$
Maximaler Gewinn von $z_{max} = 1\,050$ bei x = 40 und y = 10.

191

11. x = Anzahl 10-Personen-Zelte, y = Anzahl 15-Personen-Zelte

a) Bedingungen: $x \leq 5$; $y \leq 4$

$250 \cdot x + 300 \cdot y \leq 2\,000$

$x \geq 0$, $y \geq 0$

Zielfunktion: $z = 10x + 15y$

Maximale Personenzahl $z_{max} = 90$; bei $x = 3$, $y = 4$

b) Bedingungen: $x \leq 10$; $y \leq 11$

$10x + 15y \geq 120$

$x \geq 0$, $y \geq 0$

Zielfunktion: $z = 250 \cdot x + 300 \cdot y - 2\,000$

minimale Kosten: $z_{min} = 400$, bei $x = 0$ und $y = 8$

12. x = Anzahl Ruderboote, y = Anzahl Tretboote

Bedingungen: $2x \leq y$; $x + y \geq 15$; $x \geq 0$; $y \geq 0$

a) Zielfunktion: $z = 2\,500 \cdot x + 3\,500 \cdot y$

minimale Kosten $z_{min} = 47\,500$, bei $x = 5$ und $y = 10$

b) zusätzliche Bedingung: $2\,500 \cdot x + 3\,500 \cdot y \leq 40\,000$

neue Zielfunktion: $z = x + y$

Das Problem ist unter diesen Bedingungen nicht lösbar. Eine der Bedingung „mindestens 15 Boote" oder „doppelt so viele Tretboote" muss fallen gelassen werden um im Budget zu bleiben.

192

13. a) Eine Fahrzeugart

Art	Kosten	Zeit
Auto	20,00 €	1 h 15 min
Bus	10,00 €	1 h 40 min
Bahn	5,00 €	2 h 30 min

Zwei Arten, z. B. jeweils halbe Strecke

Art	Kosten	Zeit
Auto und Bus	15,00 €	1 h 27 min 30 s
Auto und Bahn	12,50 €	1 h 52 min 30 s
Bahn und Bus	7,50 €	2 h 5 min

Alle drei Arten, z. B. jeweils ein Drittel der Strecke

Art	Kosten	Zeit
Auto, Bus und Bahn	11,67 €	1 h 48 min 33 s

192

13. b) x = km Anzahl mit Auto; y = km Anzahl Bus
km Anzahl Bahn = 100 – x – y
Bedingungen:
(1) $0{,}2x + 0{,}1y + 0{,}05\,(100 - x - y) \leq 8$;
(2) $0{,}2x + 0{,}1y + 0{,}05\,(100 - x - y) \leq 9$;
(3) $0{,}2x + 0{,}1y + 0{,}05\,(100 - x - y) \leq 10$;
$x \leq 100$; $y \leq 100$
Zielfunktion:

$$t = \frac{x}{80\,\frac{km}{h}} + \frac{y}{60\,\frac{km}{h}} + \frac{(100-x-y)}{40\,\frac{km}{h}} = \left(\frac{60x}{80} + \frac{60x}{60} + \frac{60(100-x-y}{40}\right)\text{min}$$

Minimale Zeit t:
Für (1): y = 60, x = 0
also 60 km Bus und 40 km Bahn — Zeitaufwand: 2 h
Für (2): y = 80, x = 0
also 80 km Bus und 20 km Bahn — Zeitaufwand: 1 h 50 min
Für (3): y = 100, x = 0
also 100 km Bus — Zeitaufwand: 1 h 40 min
Je höher der Betrag, desto geringer die Fahrzeit.

c) x = Anzahl km mit Bus; y = Anzahl km mit Bahn
Bedingungen: x + y = 85
(1) $3 + 0{,}1x + 0{,}05y \leq 8$;
(2) $3 + 0{,}1x + 0{,}05y \leq 9$;
(3) $3 + 0{,}1x + 0{,}05y \leq 10$;
$x \geq 0$; $y \geq 0$

Zielfunktion: $t = \left(\frac{45}{4} + \frac{60}{60}x + \frac{60}{40}y\right)\text{min}$

Minimale Zeit t:
Für (1): x = 15; y = 70 — Zeitaufwand 2 h 11 min 15 s
Für (2): x = 35; y = 50 — Zeitaufwand 2 h 1 min 15 s
Für (3): x = 55; y = 30 — Zeitaufwand 1 h 51 min 15 s

d) Z. B.
- 60 km Auto; 40 km Bahn:
  Kosten = 14 €; Fahrzeit: 1 h 45 min
- 15 km Auto; 85 km Bahn
  Kosten = 7,25 €; Fahrzeit: 2 h 18 min 45 s
- 23 km Auto; 77 km Bus
  Kosten = 12,30 €; Fahrzeit: 1 h 30 min 15 s
- 15 km Bus; 85 km Bahn
  Kosten = 5,75 €; Fahrzeit: 2 h 22 min 30 s

e) -

5. Ähnlichkeit

5.1 Zentrische Streckung – Eigenschaften

5.1.1 Maßstäbliches Vergrößern und Verkleinern – Maßstab

194 **2.** Tanja muss für die Breite 6,8 cm wählen.
Der Verkleinerungsfaktor beträgt 0,02.
Bei einem Verkleinerungsfaktor von 0,04 muss Tanja ein Rechteck mit den Seitenlängen 16,8 cm und 13,6 cm zeichnen.

195 **3. a)** Der Wanderweg ist in Wirklichkeit 8 km lang.
b) Auf der Wanderkarte ist er 50 cm lang.
c) Ist der Maßstab 1 : a, so ist der Verkleinerungsfaktor $\frac{1}{a}$.
Ist der Maßstab a : 1, so ist der Verkleinerungsfaktor $\frac{a}{1} = a$.

196 **4.** Bei gleicher Breite des Rahmens sind nur quadratische Bilderrahmen ähnlich zueinander.
Rechteckige Bilderrahmen, die nicht quadratisch sind, sind nicht ähnlich zueinander.

Beweis: x sei die Breite des Rahmens. Ferner sei $a \neq b$.
Annahme: ABCD ist ähnlich zu A'B'C'D'.
Dann gilt $\frac{a}{a'} = \frac{b}{b'}$, also
$\frac{a}{a-2x} = \frac{b}{b-2x}$ bzw.
$ab - 2ax = ab - 2bx$.
Wegen $x \neq 0$ folgt daraus $a = b$.
Das ist ein Widerspruch zur Annahme $a \neq b$.

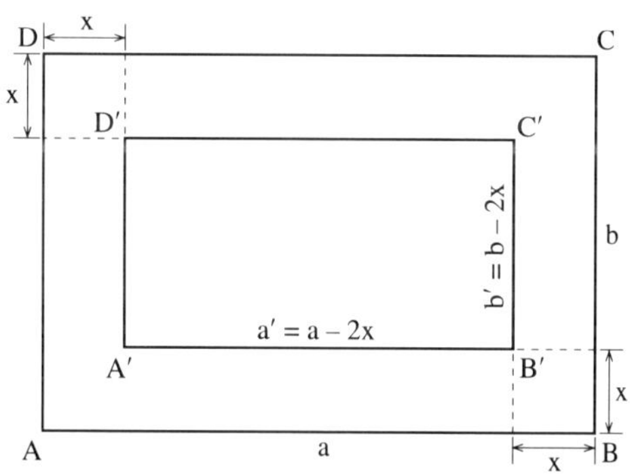

5. -

6. (1) $\frac{4}{7}$ (2) $\frac{6}{2} = 3$ (3) $\frac{5}{9}$ (4) $\frac{8}{8} = 1$ (5) $\frac{7}{6}$ (6) $\frac{2}{7}$

7. a) $\frac{5\text{ m}}{7\text{ m}} \approx 0{,}71$ [7 m : 5 m = 1,4]
b) $\frac{5\text{ dm}}{3\text{ dm}} \approx 1{,}67$ [3 dm : 5 dm = 0,6]
c) $\frac{1\text{ cm}}{12\text{ cm}} \approx 0{,}08$ [12 cm : 1 cm = 12]
d) $\frac{252\text{ cm}}{32{,}4\text{ m}} \approx 7{,}78$ [32,4 cm : 252 cm ≈ 0,13]

196

8. **a)** -

b) (1) $\overline{RS} = 60$ cm [$\overline{RS} = 100$ cm]

(2) $\overline{PQ} = 160$ cm [$\overline{PQ} = 96$ cm]

(3) $\overline{PQ} = 100$ cm [$\overline{PQ} = 60$ cm]

(4) $\overline{RS} = 36$ mm [$\overline{RS} = 60$ mm]

9. b = 4 cm

197

10. $c = \frac{5}{4}a$ und $b = \frac{3}{4}a$, also $u = a + \frac{3}{4}a + \frac{5}{4}a = 3a$

a = 8 cm [6 cm]; b = 6 cm [4,5 cm]; c = 10 cm [7,5 cm]

11. **a)** Siehe b).

b)

A und H:	1	H und A:	1
A und I:	2	I und A:	$\frac{1}{2}$
E und B:	2	B und E:	$\frac{1}{2}$
F und B:	$\frac{4}{3}$	B und F:	$\frac{3}{4}$
E und F:	$\frac{3}{2}$	F und E:	$\frac{2}{3}$
H und I:	2	I und H:	$\frac{1}{2}$

12.

Maßstab	1 : 5	5 : 1	1 : 40 000	1 : 40 000	1 : 200 000	1 : 25 000
Zeichnung	80 mm	80 mm	5 cm	30 cm	6 cm	17 cm
Wirklichkeit	40 cm	16 mm	2 km	12 km	12 km	4,25 km

13. **a)** 99 km **b)** 177 km **c)** 66 km **d)** 33 km **e)** 42 km **f)** 147 km

14. 1 m in der Wirklichkeit entspricht 1 cm in der Zeichnung.
[1 m in der Wirklichkeit entspricht 2 cm in der Zeichnung.]

15. Ein DIN-A4-Blatt hat eine Höhe von 29,7 cm. Folgende Maßstäbe sind zu wählen.

Frauenkirche:	1 : 314	(genauer: 1 : 313,131)
Eiffelturm:	1 : 1 078	(genauer: 1 : 1 077,441)

16. $(1\text{ pm} \cdot 10^{12} = 1\text{ m})$

a) 8 000 000 **b)** 640 000 000

5.1.2 Begriff der zentrischen Streckung – Konstruktion der Bildfigur

199 **2. a)** Ist $k = 1$, so sind alle Punkte Fixpunkte, ist $k \neq 1$, so ist das Streckzentrum der einzige Fixpunkt.

b) Ist $k = 1$, so sind alle Geraden Fixgeraden, ist $k \neq 1$, so ist jede Gerade durch das Streckzentrum eine Fixgerade.
Ist $k = 1$, so ist jeder Punkt auf einer Fixgeraden auch Fixpunkt, ist $k \neq 1$, so ist nach a) nur das Zentrum Fixpunkt.

3.

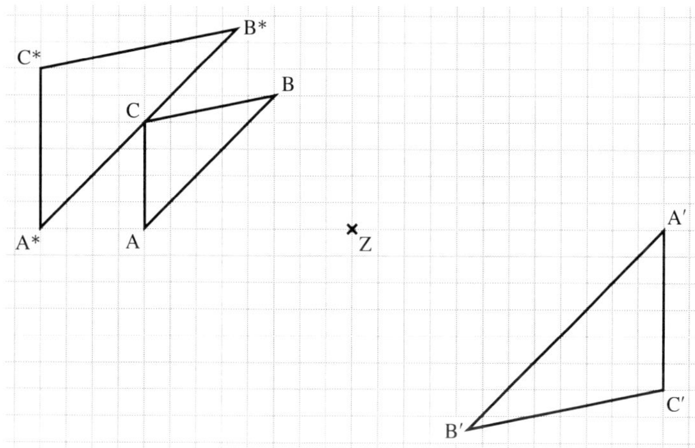

4. -

200 **5.** -

6. Konstruiere von den Eckpunkten der jeweiligen Figur die Bildpunkte bei der zentrischen Streckung $S_{Z;k}$. Die Bildfigur entsteht durch Verbinden der Bildpunkte.

7. a) $k = \frac{1}{3}$ **b)** $k = 2{,}5$

8. a) Keine zentrische Streckung **b)** $Z(4 \mid 2)$; $k = \frac{1}{2}$

9. a) (1) $k = \frac{5}{3}$ (2) $k = \frac{3}{5}$ (3) $k = 1$ (4) $k = -\frac{3}{2}$ (5) $k = -\frac{7}{12}$

b) Solange sich Q in Richtung Z bewegt, wird der Streckfaktor kleiner. Bewegt sich Q von Z weg, wird der Streckfaktor (wieder) größer. Passiert Q bei der Bewegung auf P zu den Punkt Z, wird der Streckfaktor positiv und gleichzeitig wieder größer, da sich Q jetzt wieder von Z wegbewegt.

c) (1) $k = \frac{3}{5}$ (2) $k = \frac{5}{3}$ (3) $k = 1$ (4) $k = -\frac{2}{3}$ (5) $k = -\frac{12}{7}$

5.1.3 Eigenschaften der zentrischen Streckung

202 **2.** (1) Zeichne die Halbgerade $\overline{ZB}$.
(2) Zeichne die Parallele zu $\overline{AB}$ durch A'. Diese schneidet $\overline{ZB}$ im Punkt B'. (Begründung mit dem 1. Strahlensatz.)

3. Nach Information (1) Satz auf Seite 201 ist eine Bildstrecke k-mal so lang wie eine Originalstrecke (Streckungsfaktor k). Damit ist jedes Längenverhältnis von Bild- zu Originalstrecke $\frac{k}{1}$ und somit auch $\frac{\overline{A'B'}}{\overline{AB}} = \frac{k}{1}$; $\frac{\overline{B'C'}}{\overline{BC}} = \frac{k}{1}$; $\frac{\overline{A'C'}}{\overline{AC}} = \frac{k}{1}$.

203 **4.** **a)** Da je zwei Strecken von APBA' gleich lang sind, ist APBA' ein Parallelogramm. Also sind $\overline{A'P'}$ und $\overline{AP}$ zueinander parallel.
Nach den Strahlensätzen gilt dann:
$\frac{\overline{ZA'}}{\overline{ZA}} = \frac{\overline{A'P'}}{\overline{AP}} = k$
Dann ist P' das Bild von P bei einer zentrischen Streckung mit dem Zentrum Z.

b) Da je zwei Seiten von APBA' immer gleich lang sind, ist APBA' ein Parallelogramm. Also sind $\overline{A'P'}$ und $\overline{AP}$ zueinander parallel.
Es gilt: $\frac{\overline{ZP'}}{\overline{ZP}} = \frac{\overline{A'P'}}{\overline{AP}} = k = \frac{11}{4} = 2{,}75$

c) Es lassen sich alle Streckfaktoren $k = \frac{\overline{ZA'}}{\overline{ZA}}$ mit $\overline{ZA'} = 1, 2, ..., 11$ und $\overline{ZA} = 1, 2, ..., 11$ einstellen.

d) Man vertauscht P und P'.

5. **a)** -
b) Die Seiten des Bilddreiecks sind jeweils doppelt so lang wie die des Ausgangsdreiecks.
c) -

6. A' ist der Schnittpunkt der Halbgeraden $\overline{ZA}$ mit der Parallelen zu $\overline{PA}$ durch P'.
Aus dem 2. Strahlensatz folgt:
$\frac{\overline{ZA'}}{\overline{ZA}} = \frac{\overline{ZP'}}{\overline{ZP}} = k$
Entsprechend werden die Punkte B' und C' konstruiert.

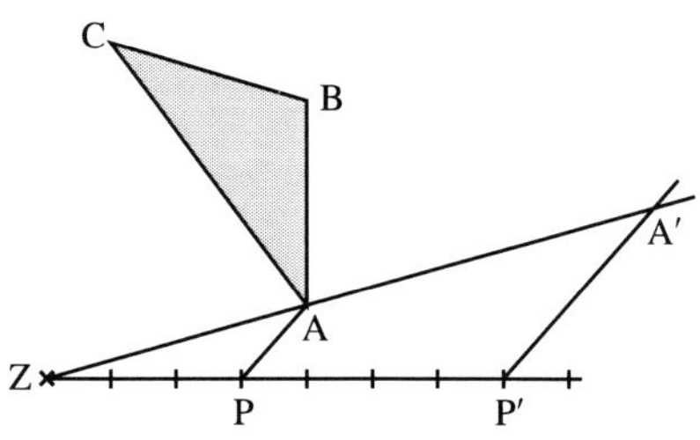

204

7. **a)** k = 3

B'(9 | –1)
C'(0 | 11)

b) $k = \frac{1}{2}$

A'(–1 | 0)
C'(0 | 2,5)

c) k = 3

A'(–3 | –9)
B'(12 | –6)

d) k = 2

Z (0 | 0)
C'(–2 | 6)

e) $k = \frac{1}{2}$

Z (–2 | –3)
A'(–2,5 | –2,5)

8. A'B'C' bei k = 1,5 [A''B''C'' bei k = 0,5]

a)

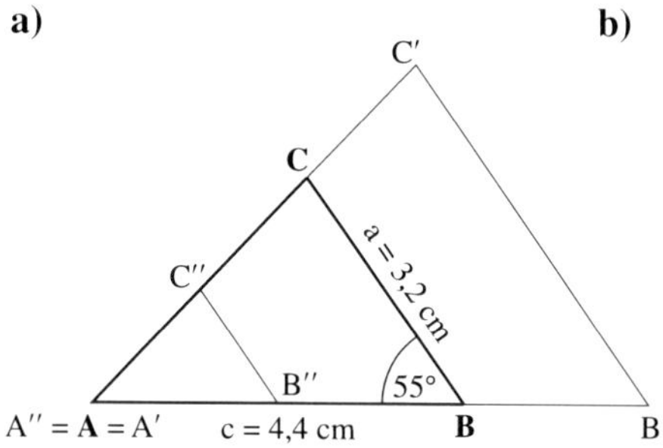

b)

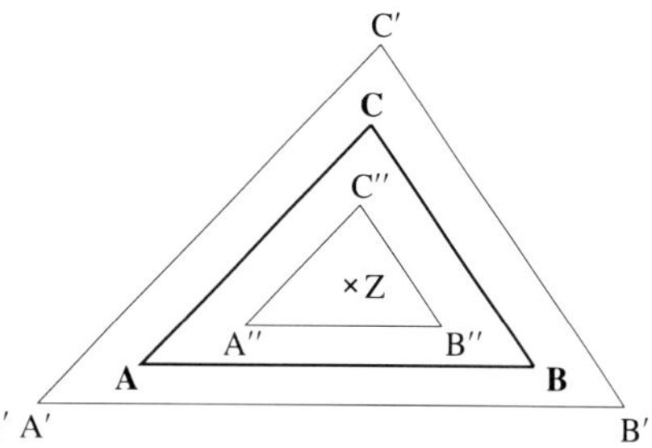

c)

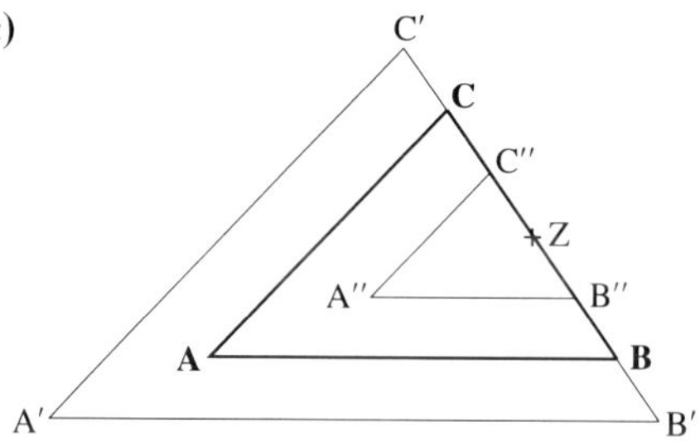

A'''B'''C''' bei k = –0,5 entsteht jeweils für a) bis c) aus A''B''C''
Durch Punktspiegelung am Zentrum Z.

9. (1) und (4) Z ist der Schnittpunkt der Diagonalen; k = 2
(2) und (3) Es liegt keine zentrische Streckung vor, da für die Eckpunkte kein gemeinsames Streckungszentrum gefunden werden kann.

10. M' ist der Mittelpunkt von $\overline{A'B'}$, denn wegen $\overline{AM} = \overline{BM} = \frac{1}{2} \cdot \overline{AB}$ gilt:

$$\overline{A'M'} = k \cdot \overline{AM} = k \cdot \overline{BM} = \overline{B'M'} = k \cdot \frac{1}{2} \cdot \overline{AB} = \frac{1}{2} \cdot \overline{A'B'}$$

11. **a)** Die Winkelhalbierenden des Dreiecks ABC und deren Schnittpunkt werden auf die Winkelhalbierenden des Dreiecks A'B'C' und deren Schnittpunkte abgebildet.

b) Die Mittelsenkrechten des Dreiecks ABC und deren Schnittpunkt werden auf die Mittelsenkrechten des Dreiecks A'B'C' und deren Schnittpunkt abgebildet.

204 **12.** **a)** a' = 27 cm
b' = 36 cm
c' = 15 cm

b) a' = 4,5 cm
b' = 6 cm
c' = 2,5 cm

c) a' = 15 cm
b' = 20 cm
c' ≈ 8,3 cm

d) a' ≈ 20,1 cm
b' ≈ 26,8 cm
c' ≈ 11,2 cm

13. **a)** A'(8 | 12); B'(4 | 10); C'(6 | –8); D'(–12 | 10); E'(–6 | –14); F'(–10 | 16)
[A'(2 | 3); B'(1 | 2,5); C'(1,5 | –2); D'(–3 | 2,5); E'(–1,5 | –3,5);
F'(–2,5 | 4);
A'(–2 | –3); B'(–1 | –2,5); C'(–1,5 | 2); D'(3 | –2,5); E'(1,5 | 3,5);
F'(2,5 | –4)]

b) Die zentrische Streckung mit dem Streckzentrum O (0 | 0) und dem Streckfaktor k bildet den Punkt A (x | 0) auf den Punkt A'(kx | 0) ab und den Punkt B (0 | y) auf den Punkt B'(0 | ky). Der Punkt P (x | y) wird also auf den Punkt P'(ky | ky) abgebildet.

c) (1) R'(9 | 12)
S'(–13 | 18)
T'(9,6 | –1,5)

(2) R'(7,5 | 10)
S'(–12,5 | 15)
T'(8 | –1,25)

(3) R'(2,25 | 3)
S'(–3,75 | 4,5)
T'(2,4 | –0,375)

(4) R'(3,6 | 4,8)
S'(–6 | 7,2)
T'(3,84 | –0,6)

5.2 Ähnliche Figuren – Eigenschaften

5.2.1 Begriff der Ähnlichkeit

207 **2.** Mit Streckungsfaktor 1 erhalten wir eine zum Original kongruente Figur. Damit ist die Bedingung laut Definition der Ähnlichkeit erfüllt und die Figuren sind somit ähnlich.

3. **a)** Der Begriff „ähnlich“ bei Geschwistern bezieht sich nur auf das Aussehen bzw. die Gleichheit bestimmter Merkmale, z. B. Augenfarbe, Gesichtsform u. ä., beschreibt aber keine (mathematische) Gesetzmäßigkeit.

b) Z. B. durch Messen von Abständen zwischen markanten Punkten und durch Einzeichnen dieser Strecken und Messen der Winkel im Original und im Bild. Bei Ähnlichkeit muss der Winkel jeweils übereinstimmen.

208 **4.** Alle Längenangaben in cm.

a)

a = 4	[a' = 8	a' = 2	a' = 6	a' = 3]
b = 2	[b' = 4	b' = 1	b' = 3	b' = 1,5]
c = 5	[c' = 10	c' = 2,5	c' = 7,5	c' = 3,75]

$\alpha = 49°$; b ≈ 22°; $\gamma \approx 108°$

208

4. b) $a = 4{,}2$ [$a' = 8{,}4$ | $a' = 2{,}1$ | $a' = 6{,}3$ | $a' = 3{,}15$]
$b \approx 2{,}4$ [$b' \approx 4{,}8$ | $b' \approx 1{,}2$ | $b' \approx 3{,}6$ | $b' \approx 1{,}8$]
$c \approx 3{,}2$ [$c' \approx 6{,}5$ | $c' \approx 1{,}6$ | $c' \approx 4{,}8$ | $c' \approx 2{,}4$]
$\alpha = 95°$; $b = 35°$; $\gamma = 50°$

c) $a \approx 3{,}1$ [$a' \approx 6{,}2$ | $a' \approx 1{,}5$ | $a' \approx 4{,}6$ | $a' \approx 2{,}3$]
$b = 3$ [$b' = 6$ | $b' = 1{,}5$ | $b' = 4{,}5$ | $b' = 2{,}25$]
$c = 4{,}5$ [$c' = 9$ | $c' = 2{,}25$ | $c' = 6{,}75$ | $c' = 3{,}375$]
$\alpha = 43°$; $b \approx 42°$; $\gamma \approx 95°$

d) $a \approx 7{,}0$ [$a' \approx 14{,}1$ | $a' \approx 3{,}5$ | $a' \approx 10{,}6$ | $a' \approx 5{,}3$]
$b = 3$ [$b' = 6$ | $b' = 1{,}5$ | $b' = 4{,}5$ | $b' = 2{,}25$]
$c = 5{,}5$ [$c' = 11$ | $c' = 2{,}75$ | $c' = 8{,}25$ | $c' = 4{,}125$]
$\alpha = 108°$; $b \approx 24°$; $\gamma \approx 48°$

5. (1) Nicht ähnlich zueinander (Winkel im 2. Dreieck beträgt 63° und nicht 27°).
(2) Nicht ähnlich zueinander (Längenverhältnisse der Seiten $\frac{3}{2} \neq \frac{6}{6}$).
(3) Ähnlich zueinander (Maßstab 3 : 4 bzw. $1 : \frac{4}{3}$).
(4) Ähnlich zueinander (Maßstab 1 : 3).
(5) Nicht ähnlich zueinander (Längenverhältnisse der Grundseiten bzw. Höhen $\frac{4}{3} \neq \frac{4}{4}$).
(6) Ähnlich zueinander (Maßstab 2 : 1).

6. a) $\frac{a}{b} = \frac{r}{t}$; $\frac{a}{c} = \frac{r}{s}$; $\frac{c}{b} = \frac{s}{t}$

b) $\frac{m}{n} = \frac{u}{v}$; $\frac{m}{o} = \frac{n}{w}$; $\frac{o}{n} = \frac{w}{v}$

c) $\frac{d}{a_2} = \frac{b}{a_1}$; $\frac{e}{a_2} = \frac{c}{a_1}$; $\frac{e}{d} = \frac{c}{b}$

7. a) $b' = 12$ cm, $c' = 18$ cm **b)** $a' = 1$ cm, $b' = 1{,}5$ cm **c)** $c' = 13{,}5$ cm, $b' = 10{,}5$ cm **d)** $b = 120$ mm, $c = 120$ mm

8. a) 12 cm und 18 cm bzw. 12 cm und 8 cm
b) 2 cm und 3 cm bzw. 2 cm und $1\frac{1}{3}$ cm.
c) 5 cm und 7,5 cm bzw. 5 cm und $3\frac{1}{3}$ cm.
d) 9 cm und 13,5 cm bzw. 9 cm und 6 cm

9. richtig wäre: $\frac{4}{d} = \frac{3}{5}$; $d = \frac{4 \cdot 5}{3} = 6\frac{2}{3}$

209

10. a) Die Formate „Standard 10 x 15“ und „Duoprint 10 x 15“ sind ähnlich zum Negativ.
b) Da das Bild nun 9 x 13,5 groß ist, müsste auf beiden Seiten der längeren Seite jeweils 2,5 mm weggelassen werden.

209

11. $a_1, a_2, ..., a_n$ seien die Seiten von V und $a_1', a_2', ..., a_n'$ die Seiten von V'.
Da die Vielecke V und V' ähnlich zueinander sind, gibt es ein $k \neq 0$ mit
$a_1' = k \cdot a_1,\ a_2' = k \cdot a_2,\ ...,\ a_n' = k \cdot a_n$.
Daraus folgt:

$$u' = a_1' + a_2' + \ ...\ + a_n' = k \cdot a_1 + k \cdot a_2 + k \cdot a_n$$
$$= k \cdot (a_1 + a_2 + \ ...\ + a_n) = k \cdot u$$

12.

a)	**b)**	**c)**	**d)**
c = 6,4 cm	u' = 41,4 cm	b = 4 cm	u = 28 cm
a' = 7,8 cm	a' = 10,8 cm	u = 12,5 cm	b = 10 cm
b' = 5,4 cm	a = 6 cm	a' = 4 cm	b' = 7 cm
c' = 9,6 cm	c = 10 cm	b' = 3,2 cm	c' = 3,5 cm

13. (1) *Erste Möglichkeit:*
Zeichne zwei Parallelogramme ABCD und A'B'C'D' mit $\overline{A'B'} = k \cdot \overline{AB}$ und $\overline{B'C'} \neq k \cdot \overline{BC}$ (unterschiedlicher Ähnlichkeitsfaktor).
Zweite Möglichkeit:
Zeichne zwei Parallelogramme mit $\alpha \neq \alpha'$.
Dritte Möglichkeit:
Kombiniere die erste und die zweite Möglichkeit.
(2) Zeichne zwei Rauten mit $\alpha \neq \alpha'$.

14. (1) wahr; $\overline{A'B'} = \overline{B'C'} = \overline{C'D'} = \overline{D'A'} = k \cdot \overline{AB}$
(2) falsch;
Gegenbeispiel: a' = 8 cm; b' = 4 cm; a = 4 cm; b = 1 cm
Dann ist a' = 2 · a, aber b' = 4 · b
(3) wahr; $\overline{A'B'} = \overline{B'C'} = \overline{C'A'} = k \cdot \overline{AB}$
(4) falsch;
Gegenbeispiel: Zwei gleichschenklige Dreiecke mit unterschiedlichen winkeln zwischen gleich langen Schenkeln
(5) wahr; Streckungsfaktor $k = \frac{r_1}{r_2}$

15. **a)** Für die gleich langen Seiten gilt k = 1. Der Ähnlichkeitsfaktor ist also k = 1. Entsprechende Seiten sind also gleich lang.
Die Vielecke sind zueinander kongruent.
b) Kehrsatz zu a): Wenn zwei Vielecke kongruent zueinander sind, dann sind sie zueinander ähnlich und stimmen in der Länge zweier entsprechender Seiten überein.
Dieser Kehrsatz ist wahr, denn zueinander kongruente Vielecke sind zueinander ähnlich. Der Ähnlichkeitsfaktor ist k = 1.

5.2.2 Flächeninhalt bei zueinander ähnlichen Figuren

210

2. **a)** Die Dreiecke D und D* seien rechtwinklig und zueinander ähnlich mit den Katheten a und b bzw. a* und b*.
Dann gibt es ein $k \neq 0$ mit $a^* = k \cdot a$ und $b^* = k \cdot b$.
Für die Flächeninhalte der (rechtwinkligen) Dreiecke gilt:
$A_{D^*} = \frac{1}{2} \cdot a^* \cdot b^* = \frac{1}{2} \cdot k \cdot a \cdot k \cdot b = k^2 \cdot \frac{1}{2} \cdot a \cdot b = k^2 \cdot A_D$.
Man kann nun jedes beliebige Dreieck durch eine geeignete Höhe in zwei rechtwinklige Teildreiecke zerlegen. Für die Teildreiecke D_1^* und D_2^* bzw. D_1 und D_2 von D gilt dann auch:
D_1 ist ähnlich zu D_1^* und D_2 ist ähnlich zu D_2^*.
Mit dem 1. Teil folgt daraus:
$A_{D^*} = A_{D_1} + A_{D_2} = k^2 \cdot A_{D_1} + k^2 \cdot A_{D_2} = k^2 \cdot A_D$

b) Jedes Vieleck lässt sich in Dreiecke zerlegen, zueinander ähnliche Vielecke in zueinander ähnliche Dreiecke.
Nach Teilaufgabe a) folgt für die Vielecke F und G:
$A_G = A_{D_1^*} + A_{D_2^*} + \ldots + A_{D_n^*} = k^2 \cdot A_{D_1} + A_{D_2} + \ldots A_{D_n} = k^2 \cdot A_F$

3. **a)** A : B = 1 : 2
b) a : b = 3 : 5; $Q_1 : Q_2 = 9 : 25$
c) Nach Satz auf Seite 239 gilt: $A_G = k^2 \cdot A_F$, also $\frac{A_G}{A_F} = k^2$

4. Die Grafik veranschaulicht eine Vierteilung des Preises, aber nicht eine Halbierung.

211

5. **a)** Die Gesamtlänge der Leisten des größeren Posters ist doppelt so groß wie die Gesamtlänge der Leiste des kleineren Posters.
b) $a' = a \cdot k$; $b' = b \cdot k$
$u' = 2a' + 2b' = 2ka + 2kb = k \cdot (2a + 2b) = k \cdot u$
$u' = k \cdot u$
c) Siehe Aufgabe 11 auf Seite 209.

6. Vergrößerung 9 cm x 13 cm: $A_1 = 117\ cm^2$; $P_1 = 0{,}30$ €
Vergrößerung 10 cm x 15 cm: $A_2 = 150\ cm^2$; $P_2 = 0{,}35$ €
Vergrößerung 13 cm x 18 cm: $A_3 = 234\ cm^2$; $P_3 = 0{,}51$ €
$A_2 : A_1 \approx 1{,}28$ $A_3 : A_1 \approx 2$ $A_3 : A_2 = 1{,}56$
$P_2 : P_1 \approx 1{,}17$ $P_3 : P_1 \approx 1{,}70$ $P_3 : P_2 \approx 1{,}46$
Die Preiserhöhung ist im Vergleich zum Mehrbedarf an Material geringer.

211

7. (1) Berechne die Seitenlängen des Rechtecks A'B'C'D' und daraus den Flächeninhalt A'.

(2) Berechne den Flächeninhalt $A = 25{,}74\ cm^2$ von Rechteck ABCD und damit den Flächeninhalt A' von Rechteck A'B'C'D' mit $A' = k^2 \cdot A$.

a) $a' = 26{,}4$ cm
$b' = 15{,}6$ cm
$A' = 411{,}84\ cm^2$

b) $a' = 3{,}3$ cm
$b' = 1{,}95$ cm
$A' = 6{,}435\ cm^2$

c) $a' = 4{,}4$ cm
$b' = 2{,}6$ cm
$A' = 11{,}44\ cm^2$

d) $a' = 9{,}9$ cm
$b' = 5{,}85$ cm
$A' = 57{,}915\ cm^2$

8. (1) $c' = k \cdot c$, $\quad h_{c'} = k \cdot h_c$ und $A' = \frac{1}{2} \cdot c' \cdot h_c'$

(2) $A = \frac{1}{2} \cdot c \cdot h_c = 12\ cm^2$ und $A' = k^2 \cdot A$.

a) $c' = 12$ cm
$h_c' = 8$ cm
$A' = 48\ cm^2$

b) $c' = 4{,}5$ cm
$h_c' = 3$ cm
$A' = 6{,}75\ cm^2$

c) $c' = 15$ cm
$h_c' = 10$ cm
$A' = 75\ cm^2$

9. $k = 1{,}3$; $\quad a' = 6{,}24$ cm; $\quad A \approx 6\ cm^2$; $\quad A' = 10{,}14\ cm^2$

10. $k = 0{,}8$; $\quad b' = 4{,}8$ cm; $\quad A = 13{,}5\ cm^2$; $\quad A' = 8{,}64\ cm^2$

(1) Berechne im Dreieck ABC die Seite $c = 7{,}5$ cm mit dem Satz von Pythagoras und dann den Umfang $u = 18$ cm. Berechne nun im Dreieck A'B'C' den Umfang $u' = 14{,}4$ cm mit $u' = k \cdot u$.

(2) Berechne $c = 7{,}5$ cm mit dem Satz von Pythagoras, dann die Seite $c' = 6$ cm mit $c' = k \cdot c$; dann den Umfang $u' = 14{,}4$ cm mit $u' = a' + b' + c'$.

11. Der Ähnlichkeitsfaktor sei k, also $\frac{a'}{a} = \frac{b'}{b} = \frac{c'}{c} = k$

$$\frac{h_c'}{h_c} = \frac{A' \cdot c}{A \cdot c'} = \frac{k^2 \cdot A \cdot c}{A \cdot k \cdot c} = k; \quad \frac{h_b'}{h_b} = \frac{A' \cdot b}{A \cdot b'} = k; \quad \frac{h_a'}{h_a} = \frac{A' \cdot a}{A \cdot a'} = k$$

12. **a)** $540\ cm^2$ **b)** $38{,}4\ cm^2$ **c)** $303{,}75\ cm^2$

212

13. **a)** $\frac{3}{4}$ **b)** $\frac{2}{3}$ **c)** $\frac{1}{2}$ **d)** 2 **e)** $\sqrt{2}$ **f)** $\frac{1}{3}\sqrt{3}$

14. $A_1 : A_2 = 72 : 64 = 1{,}125$; $\quad a_1 : a_2 = k_1 : k_2 = \sqrt{1{,}125} \approx 1{,}06$

15. 820 m beträgt die Seitenlänge.

16. **a)** 2 : 1 **b)** 4 : 3 **c)** $2 : \sqrt{5}$

17. $\overline{AB} : \overline{A'B'} = \frac{3}{2}$; $\quad A = \frac{3}{2} \cdot \frac{3}{2} \cdot 12\ cm^2 = 27\ cm^2$

212 **18.** Das Zimmer ist in Wirklichkeit 16,5 m^2 groß.

19. Der Ähnlichkeitsfaktor sei k, also ist a' : a = k.
Nach dem Satz auf Seite 239 gilt dann: $\frac{A_V'}{A_V} = k^2 = \left(\frac{a'}{a}\right)^2$

20. **a)** 11,28 cm [5,12 cm; 5,68 cm; 16 cm]
b) 1,9881 [0,4096; 0,5041; 4]

21. **a)** 44% [36%] **b)** 51%

5.2.3 Volumen bei zueinander ähnlichen Körpern

214 **2.** **a)** Volumen Körper/Original = V, Volumen Körper/Bild = V_p

(1) V = 18 cm³	V_p = 281,25 cm³	bei $k = \frac{5}{2}$; $\frac{V_p}{V} = \frac{125}{8}$
	V_p = 486 cm³	bei $k = 3$; $\frac{V_p}{V} = 27$
	V_p = 60,75 cm³	bei $k = 1{,}5$; $\frac{V_p}{V} = 3{,}375$
(2) V = 11,25 cm³	V_p = 175,781 cm³	bei $k = \frac{5}{2}$; $\frac{V_p}{V} = \frac{125}{8}$
	V_p = 303,75 cm³	bei $k = 3$; $\frac{V_p}{V} = 27$
	V_p = 37,9688 cm³	bei $k = 1{,}5$; $\frac{V_p}{V} = 3{,}375$
(3) V = 15,625 cm³	V_p = 244,141 cm³	bei $k = \frac{5}{2}$; $\frac{V_p}{V} = \frac{125}{8}$
	V_p = 421,875 cm³	bei $k = 3$; $\frac{V_p}{V} = 27$
	V_p = 52,7344 cm³	bei $k = 1{,}5$; $\frac{V_p}{V} = 3{,}375$

Es gilt: $\frac{V_p}{V} = k^3$.

3. Oberfläche Körper/Original = O, Oberfläche Körper/Bild = O_p

Es gilt $\frac{O_p}{O} = k^2$.

4. (1) und (5); (2) und (9); (6) und (7)

5. (1) wahr (2) falsch

6. **a)** (1) Volumen verachtfacht sich
(2) Oberfläche vervierfacht sich

214 **6.** **b)** (1) Volumen versiebenundzwanzigfacht sich
(2) Oberfläche verneunfacht sich
c) (1) Volumen: 42,875fache
(2) Oberfläche: 12,25fache

215 **7.** **a)** Das Volumen wird um das $1,5^3$ fache vergrößert, also 3,375-mal größer.
A_O wird um das $1,5^2$ fache vergrößert, also 2,25-mal größer.
b) Das Volumen wird um das $0,7^3$ fache verkleinert, also 0,343-mal kleiner.
A_O wird um das $0,7^2$ fache verkleinert, also 0,49-mal kleiner.
c) Bei einer Verdoppelung von V müssen die Kantenlängen $\sqrt[3]{2}$ größer.
d) A_O 20% größer; Kantenlänge $\sqrt{\frac{6}{5}}$ größer

8. **a)** falsche Aussage **b)** - **c)** -

9. **a)** Höhe, Breite und Tiefe skalieren jeweils mit einem Faktor k; daraus folgt, dass das Volumen und die Masse mit einem Faktor k^3 skalieren.
$k^3 = \frac{1}{970\,000}$ also $k \approx 0{,}047$
D. h. das Modell ist 1,43 m hoch.
b) Das 12 cm hohe Modell wiegt ungefähr 0,6 g.

10. Das Volumen von einem Straußenei ist größer als das von 3 Hühnereiern.

5.3 Hauptähnlichkeitssatz für Dreiecke – Konstruktionen – Beweise

5.3.1 Hauptähnlichkeitssatz für Dreiecke

216 **2.** Bei der Ähnlichkeit gilt entsprechendes wie bei der Kongruenz. Nur der Kongruenzsatz WSW entsprechend für die Ähnlichkeit kann abgeschwächt werden. Für die Ähnlichkeit genügt die Übereinstimmung von 2 Winkeln, da für zwei gegebene Strecken automatisch gilt $\overline{AB} = k \cdot \overline{A'B'}$.
Für die Ähnlichkeit von Dreiecken gilt also:
Dreiecke sind ähnlich, wenn zwei Winkel übereinstimmen. Stimmen für zwei Seiten die Verhältnisse überein (z. B. $b' = k \cdot b$ und $c' = k \cdot c$) dann muss auch noch eine dritte Übereinstimmung in Winkel oder Verhältnis übereinstimmen, damit das Dreieck ähnlich ist.

217 **3.** -

217

4. **a)** $\frac{a}{a^*} = \frac{b}{b^*} = \frac{c}{c^*}$

b) $\frac{a}{c^*} = \frac{b}{a^*} = \frac{c}{b^*}$

c) Nicht ähnlich zueinander.

d) $\frac{a}{a^*} = \frac{b}{c^*} = \frac{c}{b^*}$

e) Nicht ähnlich zueinander.

f) $\frac{a}{c^*} = \frac{b}{b^*} = \frac{c}{a^*}$

5. Der Baum ist 7,20 m hoch.

6. **a)** (1) *Satz:* Gleichschenklige Dreiecke sind schon ähnlich zueinander, wenn sie in der Größe eines Winkels übereinstimmen.
Beweis: Wenn die Dreiecke in den Winkeln an der Spitze übereinstimmen, dann sind auch die Basiswinkel gleich groß. Wenn die Dreiecke in einem Basiswinkel übereinstimmen, dann sind auch der andere Basiswinkel sowie der Winkel an der Spitze gleich groß. Die Dreiecke stimmen also sogar in drei Winkeln überein und sind somit ähnlich zueinander.
(2) *Satz:* Gleichschenklige Dreiecke sind schon ähnlich zueinander, wenn sie in den Längenverhältnissen der Basisseiten und eines Schenkels übereinstimmen.
Beweis: Da die Schenkel jeweils gleich lang sind, stimmen die Dreiecke in den Längenverhältnissen aller drei Seiten überein und sind somit ähnlich zueinander.

b) (1) *Satz:* Rechtwinklige Dreiecke sind schon ähnlich zueinander, wenn sie in der Größe eines weiteren Winkels übereinstimmen.
Beweis: Die Dreiecke stimmen dann in der Größe zweier Winkel überein und sind damit ähnlich zueinander.
(2) *Satz:* Rechtwinklige Dreiecke sind schon ähnlich zueinander, wenn sie in den Längenverhältnissen zweier Seiten übereinstimmen.
Beweis: Die Dreiecke stimmen auch im rechten Winkel (liegt ggf. der größeren Seite gegenüber) überein und sind damit ähnlich zueinander.

c) *Satz:* Alle gleichseitigen Dreiecke sind ähnlich zueinander.
Beweis: Alle Winkel sind 60° groß. Die Dreiecke sind also ähnlich zueinander.

7. Der Maßstab ist als Verhältnis der Längen von Bilddreieck A'B'C' zu Dreieck ABC angegeben. Bei den Seitenlängen der Bilddreiecke können Rundungsfehler auftreten.

$a \approx 2{,}8$ cm
$b \approx 3{,}7$ cm
$c = 4{,}8$ cm
$a' \approx 2{,}1$ cm [4,1 cm]
$b' \approx 2{,}8$ cm [5,5 cm]
$c' = 3{,}6$ cm [7,2 cm]
$\alpha = \alpha' = 35°$
$\beta = \beta' = 50°$
$\gamma = \gamma' = 95°$
1 : 0,75 [1 : 1,5]

217 **8.** Dreieck DBE ist ähnlich zu ABC.
Dreieck ADF ist ähnlich zu ABC und damit auch zu DBE.

9. Die Dreiecke sind ähnlich.
Begründung: Beide Dreiecke sind gleichschenklig.
Für ABC müssen daher $\beta = \gamma$ übereinstimmen, $\beta = \gamma = (180° - 50°)/\,2 = 65°$.
Für Dreieck $A_1B_1C_1$ muss $\alpha = \gamma = 65°$ und damit $\beta = 180° - 2 \cdot 65° = 50°$.
Für die Ähnlichkeit der beiden Dreiecke genügt bereits die Übereinstimmung zweier Winkel.

10. *Beweis zu a):*
$k = \frac{|A^*B^*|}{|AB|} = \frac{|B^*C^*|}{|BC|} = \frac{|C^*A^*|}{|CA|}$ (laut Voraussetzung)

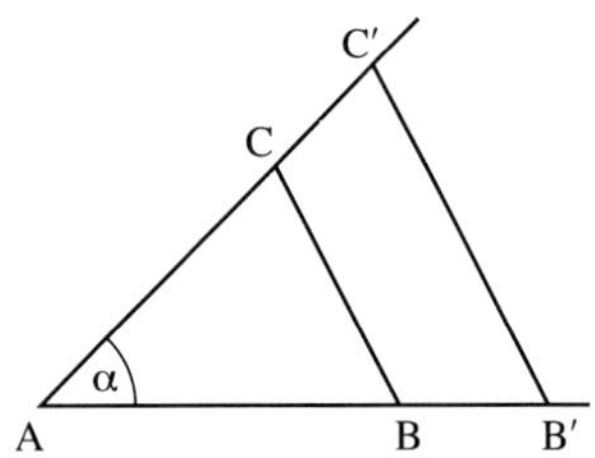

Für A'B'C' und A*B*C* folgt:

(1) $|A'B'| = k \cdot |AB| = \frac{|A^*B^*|}{|AB|} \cdot |AB| = |A^*B^*|$

(2) $|B'C'| = k \cdot |BC| = |B^*C^*|$

(3) $|C'A'| = k \cdot |CA| = |C^*A^*|$

Die Dreiecke sind nach Kongruenzsatz sss kongruent und ABC ist damit ähnlich zu A*B*C* (Definition Seite 68).

Beweis zu b):
$k = \frac{|A^*B^*|}{|AB|} = \frac{|C^*A^*|}{|CA|}$, $\alpha = \alpha^*$ (laut Voraussetzung)

Für A'B'C' und A*B*C* folgt:

(1) $|A'B'| = k \cdot |AB| = |A^*B^*|$

(2) $|C'A'| = k \cdot |CA| = |C^*A^*|$

(3) $\alpha' = \alpha = \alpha^*$ ($\alpha' = \alpha$ wegen zentrischer Streckung)
Mit Kongruenzsatz sws folgt die Ähnlichkeit von ABC und A*B*C*.

Beweis zu c):
$k = \frac{|A^*B^*|}{|AB|} = \frac{|C^*A^*|}{|CA|}$, $\alpha = \alpha^*$ (laut Voraussetzung)

weiter analog zu Beweis b) und mithilfe des Kongruenzsatzes Ssw.

5.3.2 Konstruktionen mithilfe der Ähnlichkeit

218 **1.** (1) Zeichne eine Strecke c mit z. B. 15 cm. Nenne die Endpunkte A' bzw. B'. Konstruiere in A' im Winkel α eine Halbgerade und in B' im Winkel β eine weitere. Nenne den Schnittpunkt C = C' und zeichne im Dreieck A'B'C' die Höhe h_c' ein.

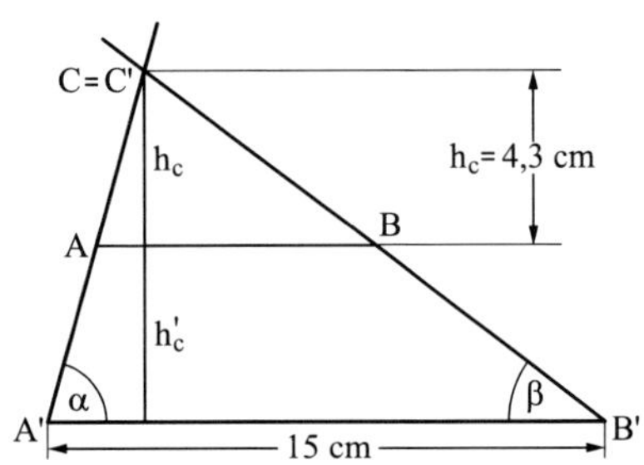

218

1. (2) Konstruiere eine Parallele zu c, die h_c bei 4,3 cm schneidet (gemessen von Punkt C). Nenne die Schnittpunkte mit den Halbgeraden A bzw. B.
(3) Das gesuchte Dreieck ist ABC und ähnlich zu A'B'C'.

2.

	a	b	c	α	β	γ
a)	3 cm	3,2 cm	2,1 cm	65°	75°	40°
b)	2,6 cm	8,2 cm	6,4 cm	14°	128°	38°
c)	7,7 cm	4,8 cm	3,7 cm	128°	29°	23°
d)	7,6 cm	9,9 cm	5,1 cm	50°	100°	30°
e)	16,7 cm	10,7 cm	11,1 cm	100°	39°	41°
f)	7,6 cm	4,9 cm	5,1 cm	100°	39°	41°

3. **a)** a = 3 cm
b = 4,5 cm
c = 5,4 cm
α = 34°
β = 56°
γ = 90°

b) a = 3,1 cm
c = 1,9 cm
α = 73°
γ = 34°

4. (1) Konstruiere das rechtwinklige Dreieck ABC und ein Quadrat AD'E'F', sodass der Eckpunkt D' auf der Seite $\overline{AB}$ und der Eckpunkt F' auf der Seite $\overline{AC}$ liegt.
(2) Die Diagonalgerade AE' schneidet die Seite $\overline{BC}$ im Punkt E.
(3) Bilde das Quadrat AD'E'F' durch die zentrische Streckung mit dem Streckzentrum A und dem Streckfaktor $k = \frac{\overline{AE}}{\overline{AE'}}$ auf das Quadrat ADEF ab.

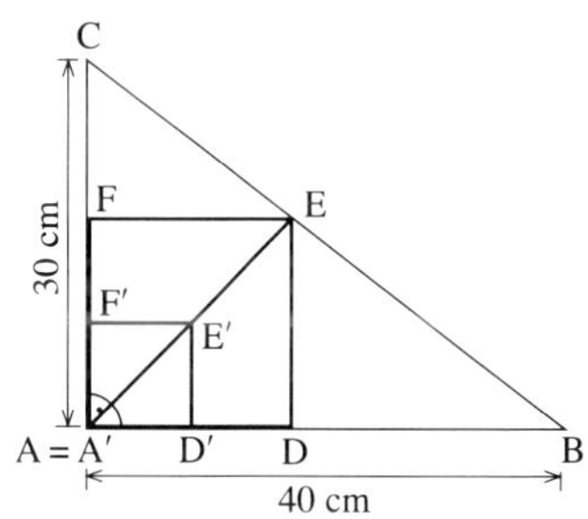

ADEF ist das gesuchte Quadrat, denn D liegt auf $\overline{AB}$, E auf $\overline{BC}$ und F auf $\overline{AC}$.

5. Konstruktion analog zu Aufgabe 4.

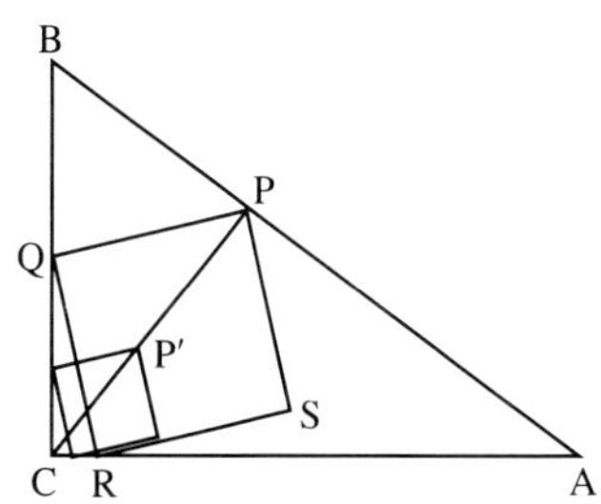

5.3.3 Beweisen mithilfe des Hauptähnlichkeitssatzes für Dreiecke

220 **3. a)** Verbinden wir A mit D und B mit C, so ist ∢ SBC = ∢ ADS (Umfangswinkel) und ∢ CSB = ∢ DSA. Die Dreiecke SBC und SDA sind also ähnlich zueinander und es gilt:
$\frac{b}{c} = \frac{d}{a}$, also $a \cdot b = c \cdot d$.

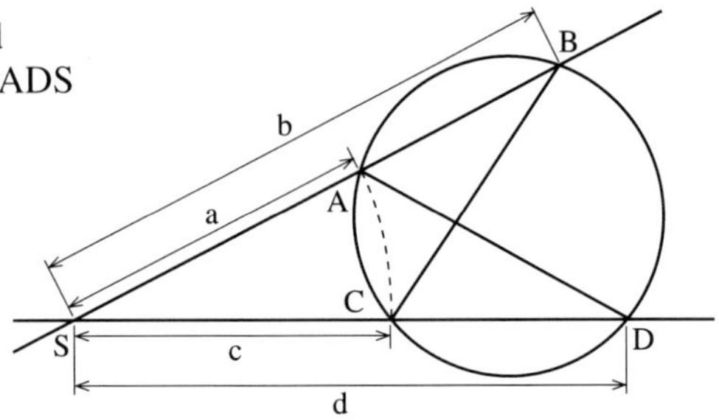

b) Schneiden sich zwei Sekanten eines Kreises, so ist das Produkt der Längen der Abschnitte der einen Sekante gleich dem Produkt der Längen der Abschnitte der anderen Sekante.

4. a) ABC ähnlich zu ADC ähnlich zu BDC.
b) *Beweis:* ∢ CDA = ∢ BDC und ∢ ACD = ∢ CBD, also sind nach der Information auf Seite 216 die drei Dreiecke ähnlich.

5. Die beiden Dreiecke haben den rechten Winkel und den Winkel ρ ASB gemeinsam, sind also ähnlich zueienander.
Es gilt: $\frac{\overline{AB}}{\overline{CD}} = \frac{\overline{SB}}{\overline{SC}} = \frac{\overline{AS}}{\overline{SD}}$

6. Wenn zwei rechtwinklige Dreiecke in einem weiteren Winkel übereinstimmen, gilt nach der Winkelsumme im Dreieck, dass sie in allen Winkeln übereinstimmen. Nach dem Dreiecks-Kongruenzsatz sind sie damit ähnlich.

7. Die Dreiecke ABC und ABD sind ähnlich. Nach Voraussetzung ist
$\overline{CA} = \overline{CB}$ und $\overline{AB} = \overline{AD}$
Daraus folgt $\frac{\overline{CB}}{\overline{AB}} = \frac{\overline{CA}}{\overline{AD}}$. Außerdem haben beide Dreiecke den Winkel ABD gemeinsam, der bei beiden Dreiecken nicht von den gleichlangen Seiten eingeschlossen wird (analog zu ssw).
Damit sind die Dreiecke ABC und ABD ähnlich.

8. a) Die Dreiecke ABC und EFG stimmen in dem Winkel bei C und wegen $\overline{EF} \parallel \overline{AB}$ nach dem Stufenwinkelsatz auch in den Winkeln bei A und E bzw. bei B und F überein. Die Dreiecke ABC und EFG sind also nach dem 1. Ähnlichkeitssatz ähnlich zueinander.
b) Es muss $\frac{\overline{EC}}{\overline{AE}} = \frac{2}{3} = \frac{\sqrt{4}}{\sqrt{9}}$ gelten.

221

9. Für die Längen der Seiten bzw. Mittellinien gilt:
$\frac{\overline{RQ}}{\overline{AB}} = \frac{\overline{PQ}}{\overline{AC}} = \frac{\overline{RP}}{\overline{BC}} = \frac{1}{2}$.
Die Dreiecke ABC und PQR sind nach dem 2. Ähnlichkeitssatz ähnlich zueinander.

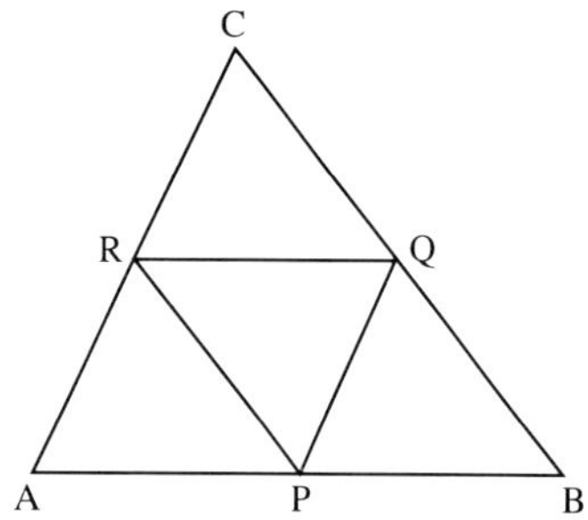

10. a) Der 3. Ähnlichkeitssatz liefert Ähnlichkeit zwischen ACD und A'C'D' sowie zwischen ABC und A'B'C'.
b) Wenn die Vielecke V und V' ähnlich zueinander sind, dann werden sie durch einander entsprechende Diagonalen in zueinander ähnliche Dreiecke zerlegt.

11. a) Zwei Parallelogramme sind ähnlich zueinander, wenn sie paarweise in den Längenverhältnissen zweier anliegender Seiten und der Größe des jeweils eingeschlossenen Winkels bzw. der Größe des jeweils anliegenden Winkels übereinstimmen.
b) Zwei Rauten sind ähnlich zueinander, wenn sie in der Größe eines Winkels übereinstimmen.
c) Zwei Rechtecke sind ähnlich zueinander, wenn sie paarweise in den Längenverhältnissen zweier anliegender Seiten übereinstimmen.
d) Alle Quadrate sind ähnlich zueinander.

12. Die beiden Sehnen $\overline{AB}$ und $\overline{CD}$ schneiden sich in S.
Verbinden wir A mit D und C mit B, so ist
$\sphericalangle$ SDA = $\sphericalangle$ CBS (Umfangswinkel über $\overline{AC}$)
und $\sphericalangle$ ASD = $\sphericalangle$ BSC (Scheitelwinkel).
Die Dreiecke ADS und BCS sind also ähnlich zueinander. Es gilt:
$\frac{a}{d} = \frac{c}{b}$, also $a \cdot b = c \cdot d$.

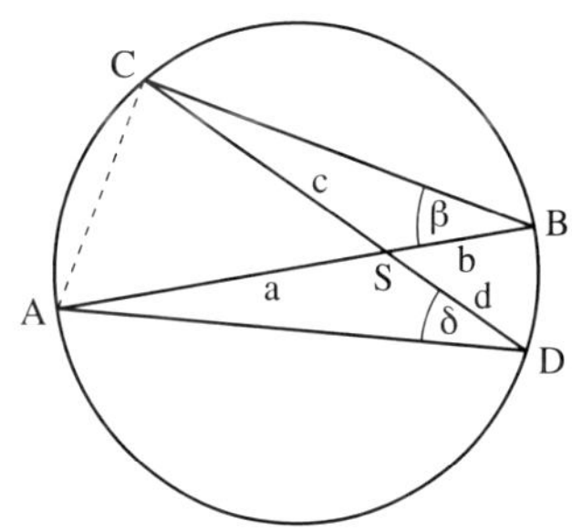

13. Die Sehne ist 19 cm [12,73 cm] lang.

14. $\overline{CD} = 2\frac{2}{3}$ cm $\approx 2{,}7$ cm

15. Nach dem Sekantensatz (Aufgabe 3) gilt für A = B
$\overline{SC} \cdot \overline{SD} = \overline{SA} \cdot \overline{SB} = \overline{SA} \cdot \overline{SA} = \overline{SA}^2$

221

16. Für das Verhältnis 1 : 3 gilt
$\overline{AT} = \frac{1}{4}\overline{AB}$, $\overline{BT} = \frac{3}{4}\overline{AB}$ und
$\overline{CT} = \overline{DT}$.
Nach dem Sehnensatz folgt:
$\overline{CT} \cdot \overline{DT} = \overline{CT}^2 = \overline{AT} \cdot \overline{BT}$
$= \frac{1}{4} \cdot \overline{AB} \cdot \frac{3}{4} \cdot \overline{AB} = \frac{3}{16}\overline{AB}^2$,
also $\overline{CT} = \frac{1}{4}\sqrt{3} \cdot \overline{AB}$ und damit
$\overline{CD} = 2 \cdot \overline{CT} = \frac{1}{2}\sqrt{3} \cdot 16\text{ cm} \approx 13{,}9\text{ cm}$.

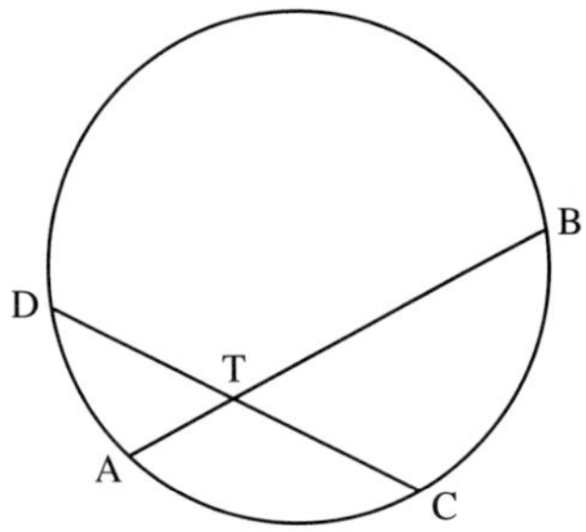

Für das Verhältnis 3 : 5 gilt $\overline{CT} = \frac{1}{8}\sqrt{15} \cdot \overline{AB}$, also $\overline{CD} = \frac{1}{4}\sqrt{15} \cdot 16\text{ cm}$ $\approx 15{,}5\text{ cm}$.

17. **a)** Konstruktion nach dem Sekantensatz (Aufgabe 3) ergibt b = 1,8 cm.
b) Konstruktion nach dem Sekanten-Tangenten-Satz (Aufgabe 15) ergibt a' ≈ 3,55 cm.

18. Konstruktion nach dem Sekanten-Tangenten-Satz (Aufgabe 15) ergibt b' ≈ 3,6 cm.

19. Nach dem Sehnen-Tangenten-Satz (Aufgabe 15) gilt: $s^2 = h \cdot (h + 2R)$
a) s ≈ 61,8 km **b)** s ≈ 112,9 km **c)** s ≈ 357,1 km

Im Blickpunkt: Selbstähnlichkeit

222

1. **a)** -
b) In jedem Teilschritt wird die Figur unsymmetrisch erweitert.

2. Auch bei den Figuren aus Aufgabe 1 sind Teile der Figur verkleinerte Kopien der ganzen Figur.
Beispielsweise nehme man aus der Figur 1 a) den rechten Teil, der entsteht in Schritt 2 - 4, führe noch einen 5. Schritt durch, so ist diese Figur ähnlich zum Original. Sie ist eine 80% große Kopie des Originals.

223

3. **a)** -
b) Auch hier kann man sich einen beliebigen Zweig, der z. B. ab Schritt 2 entstanden ist, herausgreifen und mit dem Original vergleichen. Man stellt fest, dass es sich um eine exakte aber verkleinerte Kopie des Originals handelt.
c) -

4. Man betrachte ein in Schritt n entstandenes weißes Dreieck und vergleiche es mit dem Original. Wenn das Verfahren in unendlich vielen Schritten angewandt wurde, sind beide Figuren zueinander ähnlich, d. h. die Figur ist selbstähnlich.

223 **5.** -

6. Unterteile den Körper in 27 gleich große, dem Original in der Form ähnliche Teilkörper, indem du jede Kante in 3 gleich große Teile unterteilst und auf jede Seitenfläche ein entsprechendes Gitternetz mit 3 Spalten und 3 Reihen markierst.
Von jeder Seitenfläche entferne den mittelsten Teilkörper (Reihe 2, Spalte 2), d. h. insgesamt werden von 27 Teilkörpern 6 entfernt. Mit jedem der übriggebliebenen 21 Teilkörpern verfahre jetzt genauso wie mit dem Originalkörper.

5.4 Anwenden der Ähnlichkeit in ebenen und räumlichen Figuren

225 **3.** **a)** $\frac{x}{\overline{AB}} = \frac{\overline{CD}}{\overline{BC}}$, also x = 38,77 m **b)** $x = \overline{AB}$ $[x = 2 \cdot \overline{AB}]$

226 **4.** **a)** Gesuchte Strecke $\overline{SB_1}$

$\frac{\overline{SB_1}}{\overline{SA_1}} = \frac{\overline{SB_2}}{\overline{SA_2}}$ $\overline{SB_1} = x \Rightarrow x = \frac{3\text{ m}}{2{,}5\text{ m}} \cdot 1{,}5\text{ m}$ $x = 1{,}8\text{ m}$

b) Das Brett muss 1,2 m lang sein.

5. $\frac{\overline{AB}}{\overline{EF}} = \frac{\overline{PA}}{\overline{PE}}$, also $\overline{AB} = 105{,}875\text{ m} \approx 106\text{ m}$

6. $\frac{\overline{CT}}{\overline{RT}} = \frac{\overline{CD}}{\overline{RS}}$, also $\overline{CT} = 80\text{ m}$

7. $\frac{x}{x+a} = \frac{d}{b}$; x = 50 m

Da mit Schritten gemessen wurde, ist die errechnete Flussbreite nur ein Schätzwert.

8. $\frac{h}{2\text{ m}} = \frac{10\text{ m}}{0{,}95\text{ m}}$, also $h = \frac{10\text{ m}}{0{,}95\text{ m}} \cdot 2\text{ m} \approx 21\text{ m}$

227 **9.** **a)** Das Försterdreieck ist gleichschenklig. Das große Dreieck ist dazu ähnlich, also auch gleichschenklig.
Die Höhe des Baumes ist dann gleich der Entfernung zum Baum zuzüglich der Augenhöhe.

b) Höhe des Baumes: 21 m + 1 m = 22 m

c) -

10. (1) $\frac{x}{1\text{ cm}} = \frac{6}{10}$, also x = 0,6 cm (2) $\frac{x}{1\text{ cm}} = \frac{6}{10}$, also x = 0,6 cm

11. $\frac{\overline{ED}}{2{,}40\text{ m}} = \frac{0{,}8\text{ m}}{1{,}20\text{ m}}$, also $\overline{ED} = 1{,}6\text{ m}$

227 **12.** $\frac{\overline{CG} - 1{,}60\text{ m}}{\overline{AB}+\overline{BC}} = \frac{\overline{BF} - 1{,}60\text{ m}}{\overline{AB}}$, also $\overline{CG} = 51{,}4$ m

13. $\frac{g}{b} = \frac{G}{B}$

228 **14. a)** $\frac{y}{a} = \frac{x}{p}$, also $y \approx 693$ m **b)** $\frac{x}{p} = \frac{y}{a}$, also $x \approx 1{,}4$ km

15. Der Punkt F sei am Boden, wo der Baum wächst, dann gilt $\frac{e}{m} = \frac{\overline{AF}}{\overline{AD}}$ ebenso gilt $\frac{x}{\overline{CD}} = \frac{\overline{AF}}{\overline{AD}}$ und somit $\frac{e}{m} = \frac{x}{\overline{CD}} \Leftrightarrow x = \frac{\overline{CD}}{m} \cdot e$.

16. Ungefähr 7,05 m.

17. a) $\overline{DC} = 2{,}57$ cm **b)** M teilt h im Verhältnis 7 : 4.

5.5 Vermischte und komplexe Übungen

229 **1. a)**

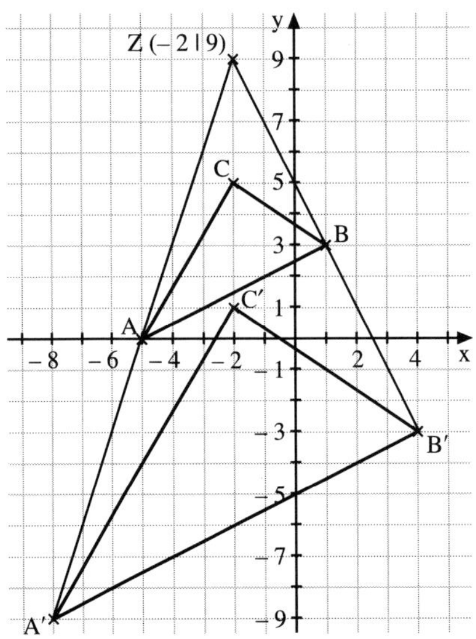

b)

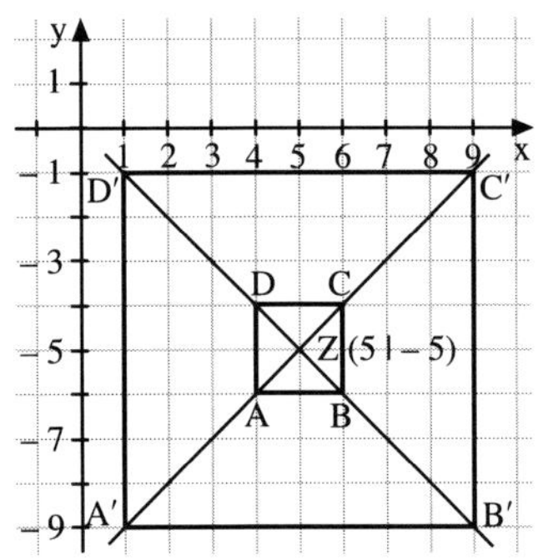

2. a) $k = 2$

b) $k = \frac{2}{3}$

c) Es gibt keine zentrische Streckung.

d) $k = \frac{1}{2}$

229

3. **a)** A’ (–2 | 0) [A’ (–4 | 2)]
B’ (10 |0) [B’ (8 | 2)]
C’ (10 | 4) [C’ (8 | 6)]
D’ (2 | 8) [D’ (0 | 10)]

b) A’ (–2 | 0) [A’ (–6 | 4)]
B’ (16 |0) [B’ (12 | 4)]
C’ (16 | 6) [C’ (12 | 10)]
D’ (4 | 12) [D’ (0 | 16)]

c) A’ (–2 | 0) [A’ (–1 | –1)]
B’ (1 |0) [B’ (2 | –1)]
C’ (1 | 1) [C’ (2 | 0)]
D’ (–1 | 2) [D’ (0 | 1)]

4. Gerade und Bildgerade sind parallel zueinander. Es gilt $\frac{\overline{P'Z}}{\overline{PZ}} = \frac{\overline{Q'Z}}{\overline{QZ}} = k$.

(1) Zeichne von Z aus die Halbgerade durch P und die Halbgerade durch Q.
(2) Konstruiere P’ und Q’ bei der zentrischen Streckung $S_{Z;k}$.
(3) Verbinde P’ und Q’. Man erhält die Bildstrecke $\overline{P'Q'}$.

a) P’(–2 | 1); Q’(1 | 3)
[P’(–15 | 7,5); Q’(7,5 | 22,5); P’(9 | –4,5); Q’(–4,5 | –13,5)]

b) P’(–5 | –4,5); Q’(10 | 1,5)
[P’(–3,5 | –0,75); Q’(4 | 2,25); P’(–1 | 5,5); Q’(–6 | 3,5)]

5. 121 cm²

6. $k \approx \frac{5}{7}$; $A = 18\,cm^2 : \frac{25}{49} \approx 35{,}28\,cm^2$

7. u = 12,5 cm; u’ : u = 2; a’ = 8 cm; b’ = 6 cm; c’ = 11 cm
A : A’ = 1 : 4

230

8.

Maßstab	**a)** 1 cm auf der Karte entsprechen real	**b)** 1 cm² auf der Karte entsprechen real
1 : 10	10 cm	100 cm²
1 : 100	1 m	1 m²
1 : 2 500	25 m	625 m²
1 : 10 000	100 m	10 000 m²
1 : 25 000	250 m	62 500 m²
1 : 50 000	500 m	0,25 km²
1 : 200 000	2 km	4 km²
1 : 300 000	3 km	9 km²

9. Konstruiere die gemeinsamen Tangenten beider Kreise. Z_1 sei der Schnittpunkt der äußeren Tangenten, Z_2 der Schnittpunkt der inneren Tangenten. Der kleinere Kreis um M_1 wird auf den größeren Kreis um M_2 durch die zentrische Streckung mit Zentrum Z_1 und dem Streckfaktor k = 2 abgebildet und umgekehrt mit dem Streckfaktor $k = \frac{1}{2}$. Der kleinere Kreis um M_1 wird auf den größeren Kreis um M_2 durch die zentrische Streckung mit Zentrum Z_2 und dem Streckfaktor k = –2 abgebildet und umgekehrt mit dem Streckfaktor $k = -\frac{1}{2}$.

230 **10.** **a)** Durch zentrische Streckung mit dem Streckfaktor $k = k_1 \cdot k_2$.

b) Für A' gilt

$\overline{ZA'} = k_1 \cdot \overline{ZA}$ und für A''

$\overline{ZA''} = k_2 \cdot \overline{ZA'}$ d. h.

$\overline{ZA''} = k_2 \cdot \left(k_1 \cdot \overline{ZA}\right) = k_1 \cdot k_2 \cdot \overline{ZA} = k \cdot \overline{ZA}$

11. **a)** Der neue Streckfaktor berechnet sich aus dem alten: $k = k_1 \cdot k_2$.

b) Die Seitenlängen des Dreiecks werden bei jeder Streckung um den Streckfaktor verändert:

$\overline{A'B'} = k_1 \cdot \overline{AB}$ und $\overline{A''B''} = k_2 \cdot \overline{A'B'}$ somit ist $\overline{A''B''} = k_2 \cdot \left(k_1 \cdot \overline{AB}\right)$

$\overline{A''B''} = k_1 \cdot k_2 \cdot \overline{AB} = k \cdot \overline{AB}$

12. 7,75 m

231 **13.** $h_2 = 7{,}2$ m

14. Tanja ist 164,7 m vom Tor entfernt.

15. **a)** $a = 12$ cm
$b = 4$ cm
$c \approx 14{,}3$ cm
$\alpha \approx 49°$
$\beta \approx 14°$
$\gamma \approx 117°$

b) $a = 6$ cm
$b = 3$ cm
$c \approx 3{,}5$ cm
$\alpha \approx 134°$
$\beta \approx 21°$
$\gamma \approx 25°$

c) $a \approx 12{,}1$ cm
$b = 7{,}5$ cm
$c = 9$ cm
$\alpha \approx 94°$
$\beta \approx 38°$
$\gamma \approx 48°$

d) $a \approx 4{,}6$ cm
$b = 3\frac{3}{7}$ cm $\approx 3{,}4$ cm
$c = 2\frac{4}{7}$ cm $\approx 2{,}6$ cm
$\alpha \approx 98°$
$\beta \approx 48°$
$\gamma \approx 34°$

e) $a = 4{,}5$ cm
$b = 4{,}8$ cm
$c = 3{,}2$ cm
$\alpha \approx 65°$
$\beta \approx 75°$
$\gamma \approx 40°$

f) $a \approx 4{,}4$ cm
$b = 5{,}4$ cm
$c = 4{,}05$ cm
$\alpha \approx 54°$
$\beta \approx 79°$
$\gamma \approx 47°$

16.

	a	b	c	d	e	f
(1)	7 cm	4,6 cm	0,7 cm	6,3 cm	6,8 cm	4,9 cm
(2)	13 cm	8,9 cm	22 cm	8,3 cm	19,5 cm	18,5 cm

	g	α	β	γ	δ
(1)	4,3 cm	43°	68°	112°	137°
(2)	7,3 cm	118°	125°	55°	62°

231

17. a) (1) Zeichne das Dreieck ABC und ein Quadrat P'Q'R'S', sodass $\overline{P'Q'}$ auf $\overline{AB}$ und der Punkt S auf $\overline{AC}$ liegt.
(2) Die Gerade AR' schneidet die Seite $\overline{BC}$ im Punkt R.
(3) Bilde das Quadrat P'O'R'S' durch die zentrische Streckung mit dem Streckzentrum A und dem Streckfaktor $k = \frac{\overline{AR}}{\overline{AR'}}$ auf das Quadrat PQRS ab.

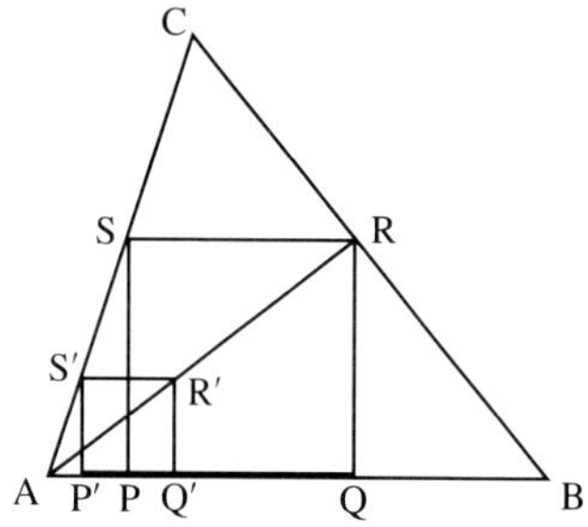

PQRS ist das gesuchte Quadrat, da P und Q auf $\overline{AB}$, R auf $\overline{BC}$ und S auf $\overline{AC}$ liegen.

b) Für $\gamma > 90°$ ist der Lösungsweg wie in Teilaufgabe a).
Für $\alpha > 90°$ bzw. $\beta > 90°$ ist die Aufgabe für $\overline{PQ}$ auf der Seite $\overline{AB}$ nicht lösbar, da entweder der Eckpunkt S oder der Eckpunkt R nicht auf der Seite $\overline{AC}$ bzw. der Seite $\overline{BC}$ liegen kann.

18. (1) Zeichne ein Dreieck ABC und eine Gerade g.
(2) Zeichne eine Strecke $\overline{R'Q'}$, so dass $\overline{R'Q'} \parallel g$ und R' auf $\overline{AC}$ sowie Q' auf $\overline{BC}$ liegen.
(3) Konstruiere ein gleichseitiges Dreieck P'Q'R' (s. Bild).
(4) Die Gerade CP' schneidet die Seite $\overline{AB}$ im Punkt P.

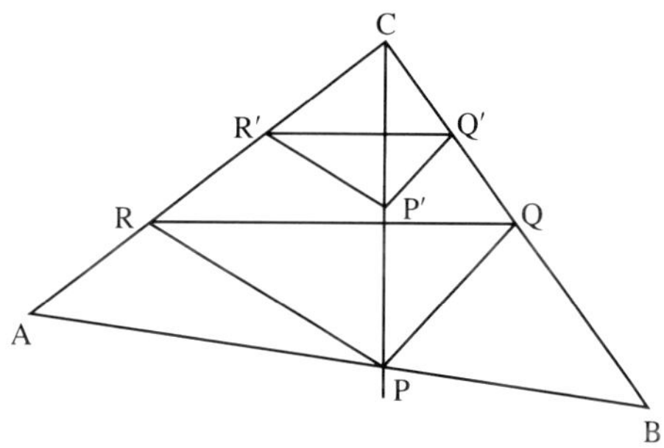

(5) Bilde das gleichseitige Dreieck P'Q'R' durch die zentrische Streckung mit dem Streckzentrum C und dem Streckfaktor $k = \frac{\overline{CP}}{\overline{CP'}}$ auf das Dreieck PQR ab.
PQR ist als Bild eines gleichseitigen Dreiecks wieder ein gleichseitiges Dreieck, dessen Eckpunkte P auf $\overline{AB}$, Q auf $\overline{BC}$ und R auf $\overline{AC}$ liegen.

19. (1) Zeichne einen Kreis mit dem Mittelpunkt M und dem Durchmesser $\overline{AB}$.
(2) Konstruiere ein Quadrat P'Q'R'S', sodass $\overline{P'Q'}$ auf $\overline{AB}$ liegt umd M Mittelpunkt von $\overline{P'Q'}$ ist.
(3) Die Halbgerade $\overline{MR'}$ schneidet den Kreis in R, die Halbgerade $\overline{MS'}$ in S. Nach Konstruktion des Quadrates aus (2) liegen S und R symmetrisch zur Mittelsenkrechten (durch M) zu $\overline{AB}$.

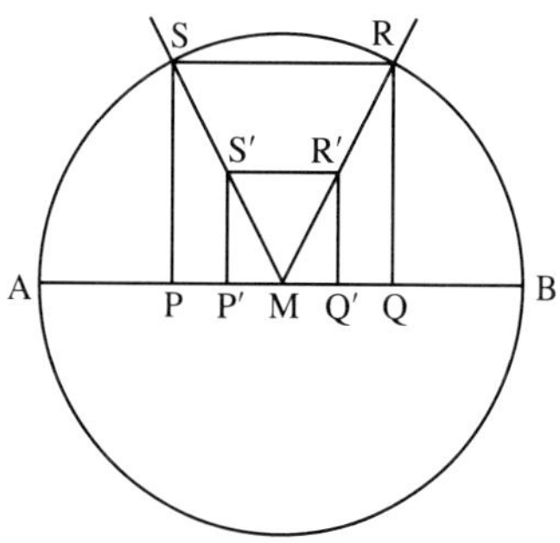

231 **19.** (4) Bilde das Quadrat P'Q'R'S' durch die zentrische Streckung mit dem Streckzentrum M und dem Streckfaktor $k = \frac{\overline{MR}}{\overline{MR'}} = \frac{\overline{MS}}{\overline{MS'}}$ auf das Quadrat PORS ab.

Das Quadrat PQRS erfüllt die geforderten Bedingungen.

20. (1) Zeichne eine Raute ABCD; M sei der Schnittpunkt der Diagonalen.
(2) Konstruiere ein Quadrat P'Q'R'S', sodass M der Schnittpunkt der Diagonalen dieses Quadrats ist. (Die Diagonalen der Raute sind die Mittellinien des Quadrats).
(3) Die Halbgeraden MP', MQ', MR' und MS' schneiden die Seiten der Raute in den Punkten P, Q, R und S.
(4) Bilde das Quadrat P'Q'R'S' durch die zentrische Streckung mit dem Streckzentrum M und dem Streckfaktor $k = \frac{\overline{MP}}{\overline{MP'}} = \frac{\overline{MQ}}{\overline{MQ'}} = \frac{\overline{MR}}{\overline{MR'}} = \frac{\overline{MS}}{\overline{MS'}}$ auf das Quadrat PQRS ab.

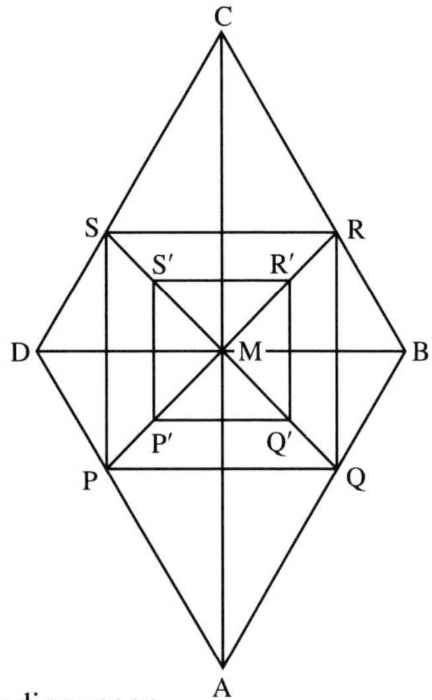

Das Quadrat PQRS erfüllt die geforderten Bedingungen.

21. Folgende Bedingungen müssen erfüllt sein.
(a) A und B liegen auf der gleichen Seite von g.
(b) Der Mittelpunkt M liegt auf der Mittelsenkrechten von $\overline{AB}$ und auf einer Orthogonalen zu g.

Konstruktion:
(1) Zeichne die Strecke $\overline{AB}$ und die Gerade g.
(2) Konstruiere die Mittelsenkrechte m zu $\overline{AB}$. Den Schnittpunkt von m mit $\overline{AB}$ nenne R, den Schnittpunkt von m und g nenne S.

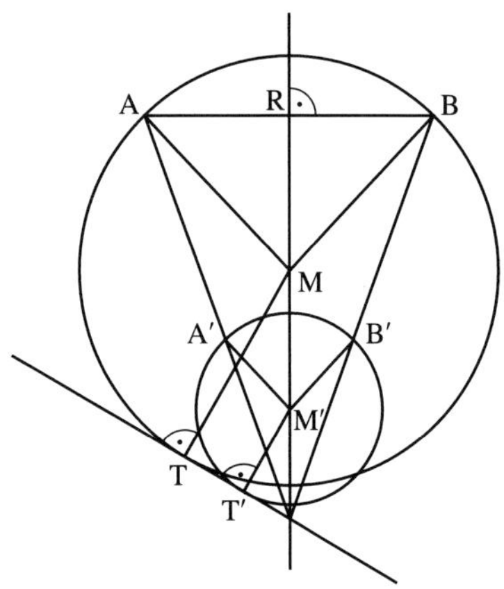

Falls g || AB ist der Mittelpunkt von $\overline{RS}$ der Mittelpunkt des gesuchten Kreises.

Falls g ∦ AB:
(3) Wähle auf RS einen Punkt M' und konstruiere durch M' die Orthogonale zu g; den Schnittpunkt mit g nennt T'.
(4) Konstruiere um M' einen Kreis mit dem Radius $r = \overline{M'T'}$.
(5) Verbinde S mit A und S mit B. Einen Schnittpunkt von SA mit dem Kreis auf (4) nenne A', einen Schnittpunkt von SB mit dem Kreis nenne B'. A' und B' sollen symmetrisch zu m liegen.

231 **21.** (6) Bilde den Kreis um M’ durch eine zentrische Streckung mit dem Streckzentrum S und dem Streckfaktor $k = \frac{\overline{SA}}{\overline{SA'}} = \frac{\overline{SB}}{\overline{SB'}}$ auf den Kreis um M ab.

Nach Konstruktion geht dieser Kreis durch die Punkte A und B, der Mittelpunkt M liegt auf der Mittelsenkrechten m, der Punkt T liegt als Bild des Punktes T’ auf der Geraden g durch das Streckzentrum S und MT ist parallel zu M’T’, also auch orthogonal zu g. Der Kreis erfüllt die geforderten Bedingungen.

22. **a)** Zunächst wird die Teilfläche bestimmt, die P enthält. Hier wird die Winkelhalbierende von g und h konstruiert. Es wird darauf ein Punkt M’ festgelegt und ein Lot auf h gefällt. Der Schnittpunkt mit h sei T. Jetzt wird ein Kreis um M’ mit dem Radius $r = \overline{M'T}$ konstruiert.

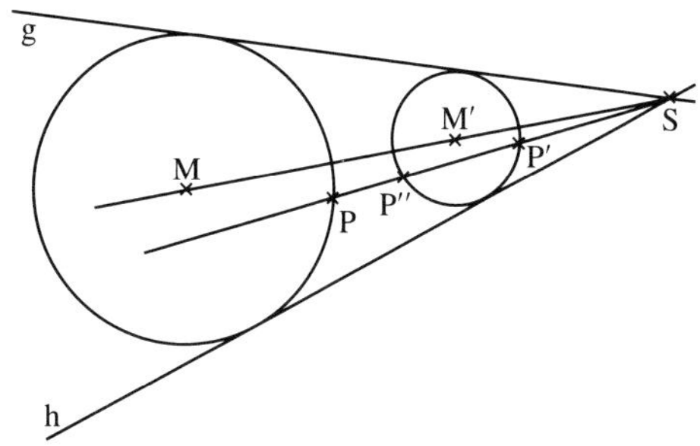

Die Halbgerade $\overrightarrow{SP}$ schneidet den Kreis in den Punkten P’ und P’’. Es gibt jetzt zwei Möglichkeiten der Streckung des Kreises mit dem Streckzentrum S, sodass das Bild durch P geht und beide Geraden berührt. P’ oder P’’ wird auf P abgebildet und entsprechend wird M’ auf M abgebildet. Der Kreis um M mit dem Radius $\overline{MP}$ ist der gesuchte Kreis.

b) Nur möglich, wenn sich P zwischen den Parallelen befindet.
Die Konstruktion ist analog zu a). Statt einer Winkelhalbierenden wird die Mittellinie von g und h konstruiert. Darauf wird M’ festgelegt und ein Kreis um M’ mit $r = \overline{M'T}$ gezeichnet. Die Parallele zu h durch P schneidet den Kreis in P’ und P’’. Statt einer Streckung wird M’ entlang der Mittellinie um $\overline{PP'}$ oder $\overline{PP''}$ verschoben und damit auch der Kreis um M’.

23. (1) Zeichne die Kreise um M_1 bzw. M_2 mit dem Schnittpunkt A.

(2) Bilde den Mittelpunkt M_1 durch die zentrische Streckung mit dem Streckzentrum A und dem Streckfaktor –2 auf den Punkt P ab. P liegt auf der Halbgeraden $\overrightarrow{M_1A}$ und es gilt $\overline{AP} = 2 \cdot \overline{AM_1}$.

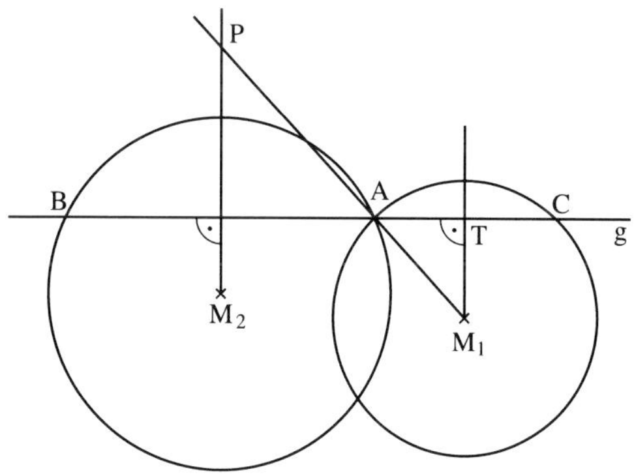

231 **23.** (3) Verbinde P mit M_2 und konstruiere die Orthogonale durch A zu PM_2; den Schnittpunkt der Orthogonalen mit dem Kreis um M_2 nenne B, den Schnittpunkt der Orthogonalen mit dem Kreis um M_1 nenne C.

(4) S sei der Schnittpunkt von AB und PM_2 sowie T der Schnittpunkt von AC mit der Orthogonalen durch M_1 zu AC.

M_2S ist orthogonal zur Sehne $\overline{AB}$ und geht durch den Mittelpunkt des Kreises, ist also Mittelsenkrechte von AB, also gilt $\overline{AS} = \overline{SB}$.
Entsprechend gilt nun $\overline{AS} = 2 \cdot \overline{AT}$, also $\overline{AB} = 2 \cdot \overline{AC}$.
Die Gerade BC ist also die gesuchte Gerade g.

232 **24.** Aus (1) und (2) folgt:
$\frac{g}{b} = \frac{G}{B} = \frac{f}{b-f}$, also gb − gf = bf.
Daraus folgt durch Dividieren durch das Produkt $g \cdot b \cdot f$:
$\frac{1}{f} - \frac{1}{b} = \frac{1}{g}$, also $\frac{1}{g} + \frac{1}{b} = \frac{1}{f}$.

25. Wir ergänzen die Figur zu einer geeigneten Strahlensatzfigur.
In der oberen Figur gilt nach dem 2. Strahlensatz:
$\frac{\overline{EC}}{\overline{AD}} = \frac{\overline{FC}}{\overline{FD}}$, also $\frac{\overline{EC}}{4{,}5\text{ cm}} = \frac{3\text{ cm}}{3\text{ cm}}$ und
damit $\overline{EC} = 4{,}5$ cm und $\overline{BE} = 9$ cm.
Nach dem 1. Strahlensatz gilt:
$\frac{\overline{FE}}{u+v} = \frac{\overline{FC}}{\overline{FD}}$, also $\frac{\overline{FE}}{u+v} = \frac{3\text{ cm}}{3\text{ cm}}$ und damit
$\overline{FE} = u + v$ und $\overline{GE} = 2u + v$.
In der unteren Figur gilt nach dem 2. Strahlensatz:
$\frac{x}{y} = \frac{\overline{AH}}{\overline{BE}}$, also $\frac{x}{y} = \frac{3\text{ cm}}{9\text{ cm}} = \frac{1}{3}$.
Nach dem 1. Strahlensatz gilt:
$\frac{2u+v}{v} = \frac{x}{y}$, also $\frac{2u+v}{v} = 3$ und damit
$\frac{u}{v} = 1$.

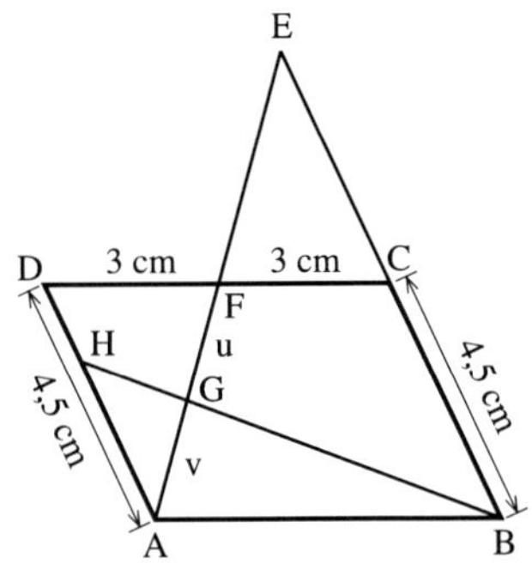

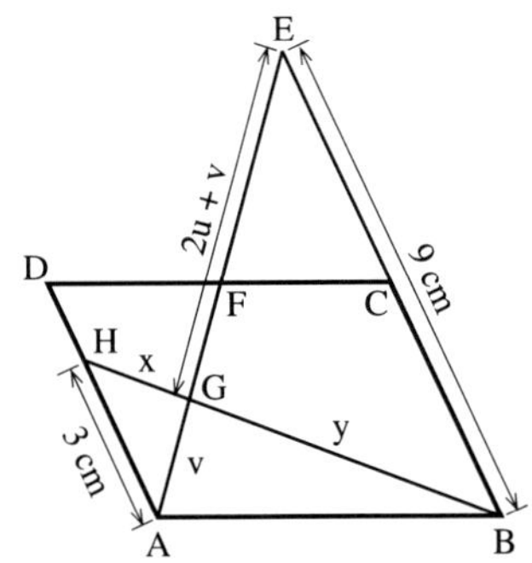

232 **26.** Für den Flächeninhalt des Dreiecks F gilt:

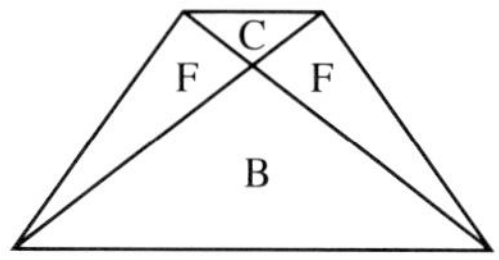

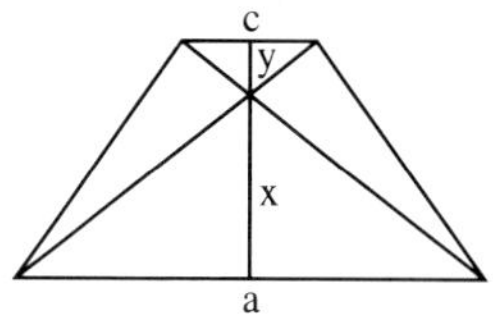

$A_F = \frac{1}{2}\left(A_T - A_B - A_C\right)$

$A_T = \frac{1}{2}(a+c)\cdot(x+y)$

$A_B = \frac{1}{2}a\cdot x$ sowie $A_C = \frac{1}{2}c\cdot y$

Nach dem Strahlensatz gilt:

$\frac{x}{y} = \frac{\frac{a}{2}}{\frac{c}{2}} = \frac{a}{c}$

Einsetzen von a = 200 und c = 56 ergibt $\frac{x}{y} = \frac{200}{56} = \frac{25}{7}$, also $y = \frac{7}{25}x$.

Damit folgt:

$\frac{A_F}{A_T} = \frac{\frac{1}{2}\left(\frac{1}{2}\cdot 256\cdot\frac{32}{25}x - \frac{1}{2}\cdot 56\cdot\frac{7}{25}x\right)}{\frac{1}{2}\cdot 256\cdot\frac{32}{25}x} = \frac{175}{1024}$, also $A_F = \frac{175}{1024}A_T$

27. Man ergänzt das Trapez zum Dreieck ABS. Für die Strahlensatzfigur erhält man dann:

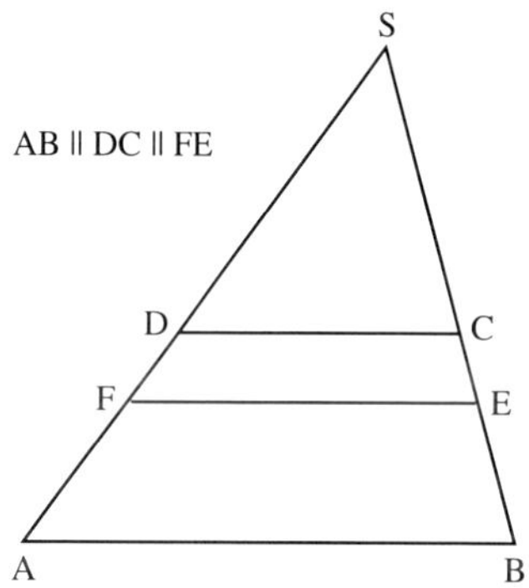

$\frac{\overline{SC}}{\overline{CD}} = \frac{\overline{SC}+\overline{CB}}{\overline{AB}}$

Einsetzen ergibt:

$\frac{\overline{SC}}{4\text{ cm}} = \frac{\overline{SC}+3\text{ cm}}{7\text{ cm}}$, also $\overline{SC} = 4$ cm

Mit den Strahlensätzen folgt:

$\frac{\overline{EF}}{\overline{SC}+\overline{CE}} = \frac{\overline{SC}}{\overline{CD}}$

Einsetzen ergibt:

$\frac{\overline{EF}}{4\text{ cm}+1\text{ cm}} = \frac{4\text{ cm}}{4\text{ cm}}$, also $\overline{EF} = 5$ cm

28. **a)** Die Dreiecke BCF und AEC besitzen einen rechten Winkel und den gemeinsamen Winkel bei C, sind also ähnlich zueinander. Damit gilt: $a : b = h_b : h_a$. Entsprechend gilt in den Dreiecken ABF und ADC dann $b : c = h_c : h_b$ bzw. in den Dreiecken ABE und DBC dann $c : a = h_a : h_c$.

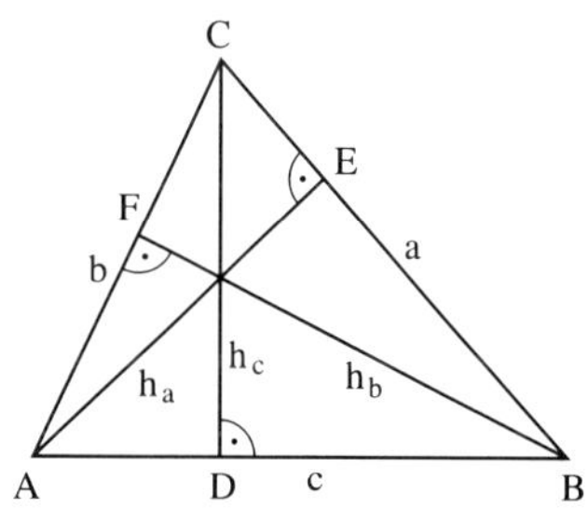

232

28. b) Die Dreiecke ABE und DBC haben beide einen rechten Winkel sowie den Winkel bei D gemeinsam, sie sind also ähnlich zueinander.
Also gilt
$\frac{h_a}{h_c} = \frac{\overline{BE}}{\overline{BD}} = \frac{\overline{BA}}{\overline{BC}}$ und somit $\frac{\overline{BE}}{\overline{BA}} = \frac{\overline{BD}}{\overline{BC}}$.
Die Dreiecke ABC und DBE besitzen zusätzlich den gemeinsamen Winkel bei B, sind also ähnlich zueinander.

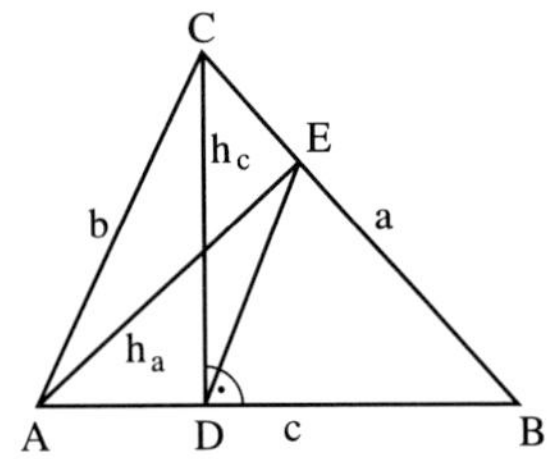

c) Es ist $\sphericalangle AHD = \sphericalangle EHC$ (Scheitelwinkel), also sind die rechtwinkligen Dreiecke ADH und HEC nach dem ersten Ähnlichkeitssatz ähnlich zueinander.
Es gilt also: $\frac{\overline{AH}}{\overline{HC}} = \frac{\overline{DH}}{\overline{HE}}$ und somit
$\overline{AH} \cdot \overline{HE} = \overline{DH} \cdot \overline{HC}$.

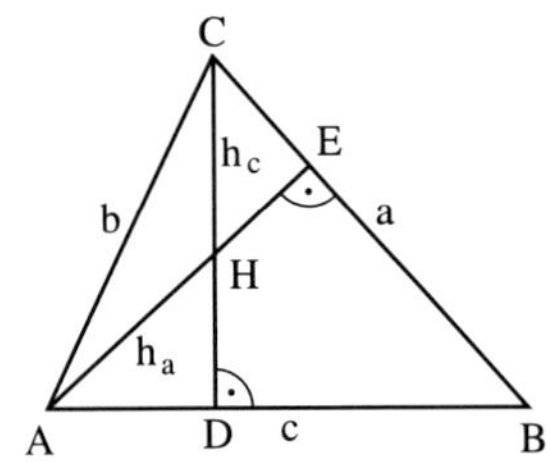

6. Heuristische Strategien

6.1 Einführung

6.2 Das Vorwärtsarbeiten

239 **2. a)** Die Geraden f und g dürfen nicht parallel laufen, g muss flacher sein, wenn sie auch fällt. Wenn g steigt, ist die Nullstelle von f ein Grenzwert.

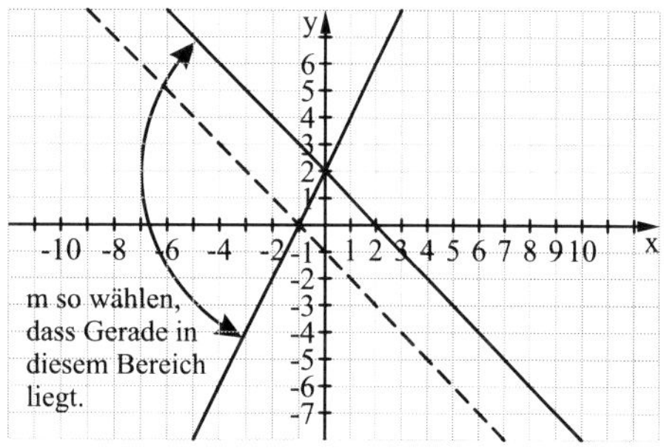

b) $-1 < m < 2$

3. a) -

b)

Anzahl der Arbeitsstunden	Vormittag				Nachmittag		
	1. Std.	2. Std.	3. Std.	4. Std.	1. Std.	2. Std.	3.Std.
Maler 1	1	4	7	10	13	17	21
Maler 2	2	5	8	11	14	18	22
Maler 3	3	6	9	12	15	19	23
Maler 4					15,5	19,5	23,5
Maler 5					16	20	24

c) Beendigung der Arbeit nach der 3. Nachmittagsstunde. Ohne Mittagspause also um 15.00 Uhr.

4. a)

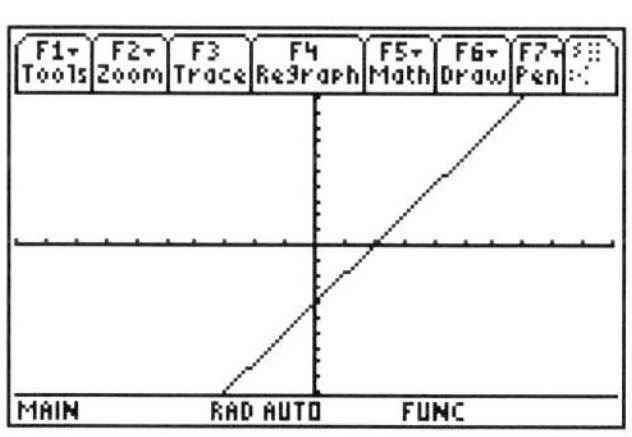

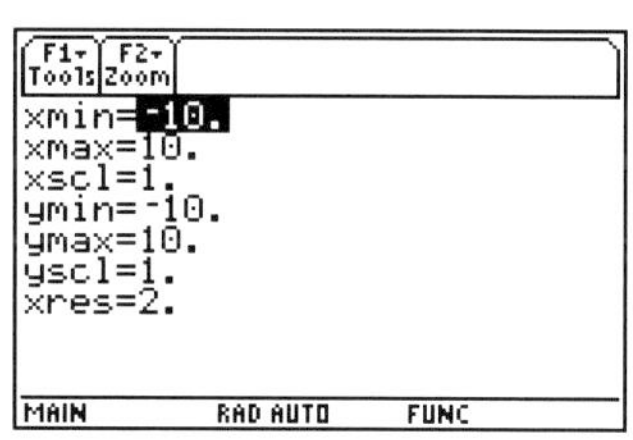

b) A = 4 Flächeneinheiten
Lösungsweg z. B.: Geradengleichung bestimmen.
Schnittpunkte mit Achsen geben Längen der An- und Gegenkatheten (a bzw. b) an.
Formel $A = \frac{1}{2} a \cdot b$, da rechtwinkliges Dreieck.

239 **5.** **a)** Dreieck ABC da ∢ BAC = 72° = ∢ CBA
Dreieck ADB da ∢ DBA = ∢ ADB = 72°
Dreieck CAD da ∢ ACD = ∢ DAC = 36°
b) Dreieck FEC da ∢ CEF = ∢ FEC = 56°

6.3 Das Rückwärtsarbeiten

241 **2.** Volumen zum Abtransport: 810 000 000 cm³
Gewicht zum Abtransport: 1 458 Tonnen
Jeder Lkw muss 73-mal fahren.

3. **a)** -
b) Für die beiden anderen Kantenlängen (a, b) muss gelten $a \cdot b = 38$.

4. Lösungsplan: Welche Möglichkeiten gibt es? Wer gewinnt bei ihnen? Es gibt 20 Möglichkeiten wie die Karten verteilt sein können. Bei 16 Möglichkeiten spielt es keine Rolle wer anfängt. Der Gewinner steht bei sinnvollem Spiel durch die Karten schon fest. Bei den anderen 4 Möglichkeiten gewinnt man 2-mal beim Anfangen und 2-mal verliert man. Daher ist es der Zufall der Karten allein, der entscheidet. Durch das Anfangen verändert man die Chancen nicht.

5. Rückwärtsarbeiten: Sei x die Menge der Äpfel nach einem Tor: $x_7 = 1$.
Die Menge der Äpfel nach dem vorherigen Tor ergibt sich durch

$x_7 = \frac{x_6}{2} - 1$ also $x_6 = 2x_7 + 2$

Man braucht für jeden Schritt die vorherige Anzahl.
Der Handwerksgeselle hatte am Anfang 382 Äpfel.

6. Z. B. Wie alt sind Mutter, Tochter und Oma?
a) Tochter 42, Jahre, Mutter 63 Jahre, Oma 84 Jahre
b) -

6.4 Vermischte Aufgaben zum Vorwärts- und Rückwärtsarbeiten

242 **1.** Um 10:08:34 Uhr holt Petra sie ein, dann sind sie 5,14 km gelaufen.

$f = 4{,}5\,\frac{km}{h} \cdot t$ Lena und Freundin t in h

$g = 8\,\frac{km}{h} \cdot t - 4\text{ km}$ Petra

242 **1.** Fortsetzung

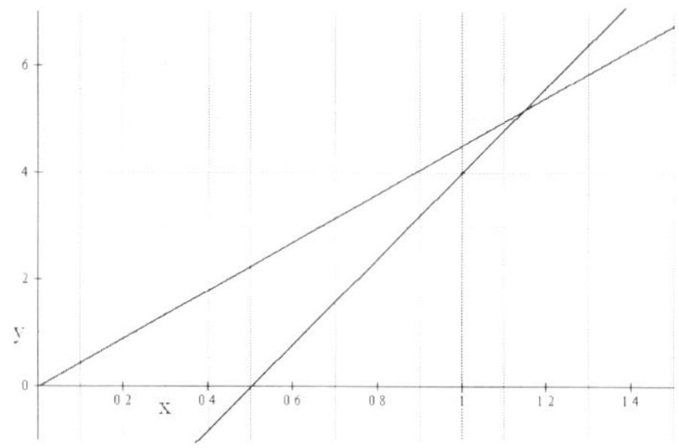

2. Z. B. Lösung durch Aufstellen einer Gleichung
$\frac{x+107}{100} \cdot 11 - 15 = 7$ also $x = 93$

3. Gerechtes Verteilen bedeutet prozentual gleiche Erhöhung.
Kinder zahlen nun 4,70 €,
Erwachsene zahlen 8,80 € (gerundete Werte).

4. nach 18 Tagen

5. **a)** 28 €
b) 24 Fahrten
c) nein
d) 2-mal 20er Karte + 8-mal Einzelfahrt, Kosten 296 €
e) Ca. 285 €, da es nicht proportional ist, ist eine genaue Angabe nicht möglich.

6. 13 Kartons

243 **7.** Benötigte Werte:
durchschnittliche Geschwindigkeiten des Fahrrads und des Autos.
Lösungsskizze ähnlich zu S. 242 Aufg. 1.

8. Tabelle oder Pfeildiagramm sind geeignet
(Anne Richter, Paul Richter, Tim Richter, Anne Müller, Tim Müller, Paul Müller, Lena Müller, Anne Schneider, Paul Schneider, Anne Musol, Tim Musol)

9. ja

Höhe (in cm)	2	3	4,5	6,75	10,125
Zeit (in s)	0	1	2	3	4
	5	6	7	…	
	10	…			
	…			38	39
	40				

243 **10.** Ja, mit 55 Litern und Dachgepäckträgern kommt sie maximal 637,68 km weit.

11. Größe einer Person mit Länge des Schattens der Person in Beziehung bringen.
Länge des Schattens des Schornsteins abmessen und zurückrechnen.

12. 16

244 **13.** MUSIK

14. **a)** 80 maximal
Die Längsseite mit 30 cm der Schachteln wird in die Höhe der größeren Kartons gestapelt (60 cm), sodass genau 2 Lagen entstehen.
b) 20 cm Länge; 20 cm Breite; 10 cm Höhe oder 30 cm Länge; 10 cm Breite; 10 cm Höhe usw.

15. 20 Mitglieder

16. Die Katheten haben die Länge von jeweils 4 cm, die Hypothenusen folglich ≈ 5,657 cm.

17. $\frac{3}{a+b+c} < \frac{1}{a+b} + \frac{1}{a+c} + \frac{1}{b+c}$

$3 < \frac{a+b+c}{a+b} + \frac{a+b+c}{a+c} + \frac{a+b+c}{b+c}$

$3 < 1 + \frac{c}{a+b} + 1 + \frac{b}{a+c} + 1 + \frac{a}{b+c}$

$3 < 3 + \frac{a}{b+c} + \frac{b}{a+c} + \frac{c}{a+b}$

245 **18.** 45 000 Goldstücke Gesamtvermögen

älteste Tochter	15 000	Goldstücke
mittlere Tochter	15 000	Goldstücke
jüngste Tochter	10 000	Goldstücke
Sohn	5 000	Goldstücke

19. **a)**

245 **19. b)**

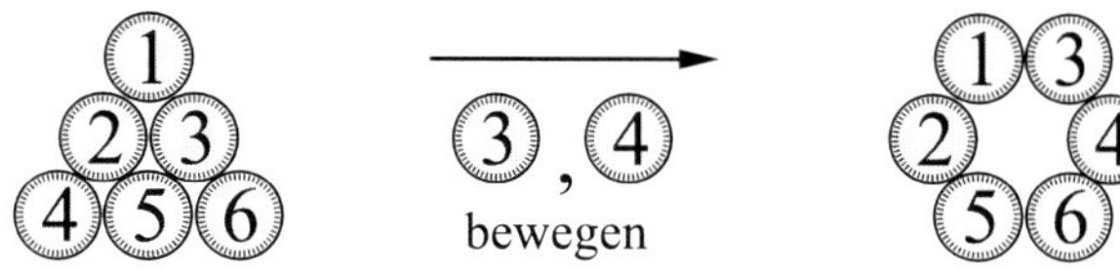

3 „Züge“

20. Das Spiel ist nicht fair: von 27 Würfeln haben alle mindestens 2 Flächen aus Holz.

Wahlthema: Programmierung mathematischer Algorithmen

Algorithmen

246 **1. a)** [Handy einschalten] ⟶ [Mitteilungen "senden" auswählen] ⟶ [Text schreiben] ⟶

⟶ [Empfänger auswählen] ⟶ [SMS senden]

b) [Zeichne Gerade g durch Mittelpunkt M und Punkt P auf dem Kreis] ⟶ [Errichte das Lot auf g durch Punkt P] ⟶ [Zeichne Gerade t durch Punkt P und einen Punkt des Lotes]

Struktur von Algorithmen

247 **1. a)** Strecke zwischen Punkt A und Punkt B der Länge d

[Eingabe Punkt A] ⟶ [Eingabe Punkt B] ⟶ [Eingabe Länge d]

⟶ [Zuweisung $r := \frac{3}{4}d$ (z. B.)] ⟶ [Zeichne Kreis um A mit Radius r] ⟶

[Zeichne Kreis um B mit Radius R] ⟶ [Verbinde Schnittpunkte der Kreise] ⟶ [Ausgabe: Die Gerade durch die Schnittpunkte ist Mittelsenkrechte]

247 **1. b)** (1) Konstruktion Dreiecks-Kongruenzsatz (sss) 3 Seiten

Zeichne s1 → Zeichne Kreis um einen Endpunkt mit Radius von s2 → Zeichne Kreis um anderen Endpunkt mit Radius von s3 → Verbinde Endpunkte mit Schnittpunkt der Kreise → Zeichne Kreis um A mit Radius r

(2) Konstruktion Dreiecks-Kongruenzsatz (sws) 2 Seiten, 1 Winkel

Zeichne s1 → Trage Winkel w an einem Endpunkt von s1 an → Zeichne s2 von dem Endpunkt im Winkel w an → Verbinde die unverbundenen Enden von s1 und s2

(3) Konstruktion Dreiecks-Kongruenzsatz (wsw) 1 Seite, 2 Winkel

Zeichne s → Zeichne eine Gerade im Winkel w1 an einem Endpunkt von s → Zeichne eine Gerade im Winkel w2 an den anderen Endpunkt von s → Der Schnittpunkt bildet die dritte Ecke des Dreiecks

(4) Konstruktion Dreiecks-Kongruenzsatz (sww) 1 Seite, 2 Winkel

Zeichne s mit Endpunkten A, B → Trage Winkel w1 an B ab → Verlängere s über B hinaus → Trage den Winkel w2 in B an w1 an → Zeichne Kreis um B mit beliebigem aber festem Radius r →

Zeichne um A einen Kreis mit Radius r → Nenne Schittpunkt des Kreises um A mit s Punkt M → Messe mit dem Zirkel Abstand a der Schnittpunkte vom verlängertem s mit dem Kreis um B und dem Schnittpunkt des Winkels w2 mit dem Kreis →

Zeichne Kreis mit Radius a um Punkt M → Zeichne Gerade durch A und Schnittpunkt der Kreise um A und M → Schnittpunkt der Geraden und Winkel w1 ist der dritte Dreieckspunkt

247 **1. b)** (5) Konstruktion Dreiecks-Kongruenzsatz (SsW) 2 Seiten und Gegenwinkel der großen Seite

[Zeichne 2 Geraden mit Winkel W] → [Trage auf einer der Geraden Strecke s ab] → [Zeichne Kreis um Endpunkt von s mit Radius S]

→ [Verbinde Endpunkt von s mit Schnittpunkt des Kreises mit der 2. Geraden]

c) Flächeninhalt eines Trapezes: Seitenlängen der parallelen Seiten a, b und Abstand der parallelen Seiten h

[Eingabe a] → [Eingabe b] → [Eingabe h]

→ [Zuweisung $A = \frac{1}{2} \cdot (a+b) \cdot h$] → [Ausgabe A]

248 **2.** Quadratische Grundfläche mit Seitenlänge a und Höhe h; Volumen V; Oberfläche O

[Eingabe a] → [Eingabe h] → [Eingabe: Volumen berechnen?]

↗ [$V = \frac{a^2 h}{3}$] → [Ausgabe V]

↘ [$h_s = \sqrt{h^2 + \frac{a^2}{4}}$] → [$O = a^2 + 2ah_s$] → [Ausgabe O]

3. Startbetrag S, Zinssatz p, Jahre n, Kapitel nach n Jahren

[Eingabe S] → [Eingabe n] → [Eingabe p]

→ [Von i =1 bis n] → [$S = S \cdot (1+p)$] → [Ausgabe K]

← Wiederhole n-mal

4. Vergleiche dazu Handbuch des Taschenrechners, Kapitel „Zusammenschließen zweier Geräte“.

Umsetzung eines Algorithmus mit dem Taschenrechner

249 **1.** -

249

2.
```
patra()
Prgm
Disp "Tippe 1 für Parallelogramm Berechnung"
Disp "Tippe 2 für Trapez Berechnung"
Input n

If n=1 Then
Goto  para
ElseIf n=2 Then
Goto  trap
Else
Disp  "Exiting Program"
Return
EndIf

Lbl  para
Disp "Laenge der Seite:"
Input a
Disp "Laenge der zugehoerigen Hoehe:"
Input h
a*h→F
Disp  "Flaecheninhalt="
Disp  F
Goto  ende

Lbl  trap
Disp  "Laenge obere Seite:"
Input  c
Disp  "Laenge untere Seite:"
Input  a
Disp  "Abstand der Seiten:"
Input  h
1/2*(a+c)*h→f
Disp  "Flaecheninhalt="
Disp  f
Goto  ende

Lbl  ende

EndPrgm
```

249

3.
```
muenze()
Prgm
Disp "Anzahl Wuerfe eingeben"
Input n

0→Z
0→W

For i,1,n,1
rand(2)»R
If R=1 Then
Z+1→Z
Else
W+1→W
EndIf
EndFor

Disp "Anzahl Zahl:"
Disp Z
Disp "Anzahl Wappen:"
Disp W
Disp "relative Haeufigkeit von Zahl:"
Disp Z/n*1.0

EndPrgm
```

4. **a)** Flächeninhalt eines Trapezes
a, c Längen der parallelen Seiten
h Abstand der parallelen Seiten
I Ergebnisfläche

b) Überprüfung ob ein Punkt auf einer Geraden liegt
m = Steigung der Geraden n = y-Achsenabschnitt
px = x-Koordinate des Testpunktes
py = y-Koordinate des Testpunktes

5. **a)** 200 Simulationen

Augensumme	Relative Häufigkeit
2	0,015
3	0,035
4	0,095
5	0,105
6	0,140
7	0,170
8	0,140
9	0,125
10	0,080
11	0,060
12	0,035

b) -